COURS

D'AGRICULTURE PRATIQUE

Ch. Lahure et Cⁱᵉ, imprimeurs du Sénat et de la Cour de Cassation,
rues de Fleurus, 9, et de l'Ouest, 21.

PLANTE OLÉAGINEUSE.
Planche 1. 
Rameau
Plant
COLZA

LES PLANTES
INDUSTRIELLES

PAR

GUSTAVE HEUZÉ

Professeur d'agriculture à l'École impériale de Grignon
ancien Fermier et Sous-Directeur de l'Institut de Grand-Jouan
Membre de la Société d'Agriculture de Seine-et-Oise
Correspondant des Sociétés d'Agriculture de Paris, Clermont, Turin, etc.

PREMIÈRE PARTIE

**PLANTES OLÉAGINEUSES, TINCTORIALES
SALIFÈRES, A BALAIS, A CANNES, CONDIMENTAIRES, A CARDES
ET D'ORNEMENT FUNÉRAIRE**

avec 21 vignettes sur bois et 10 planches gravées en taille-douce et coloriées

PARIS

LIBRAIRIE DE L. HACHETTE ET Cie

RUE PIERRE-SARRAZIN, Nº 14

1859

PLANCHES

AVERTISSEMENT.

Cet ouvrage traite de la culture des plantes qui, par les produits qu'elles fournissent, alimentent le commerce, l'industrie et les arts.

Il forme le tome VII du *Cours d'agriculture pratique*.

Les volumes consacrés aux *Plantes fourragères* et aux *Matières fertilisantes*, ont reçu du public agricole un accueil que je n'osais espérer. Quelques écrivains même n'ont pas dédaigné de leur faire de nombreux emprunts.

Je n'ai rien négligé pour mériter à ce nouvel ouvrage la faveur qui s'est attachée à mes précédents volumes.

J'ai étudié sur les lieux mêmes où elles sont cultivées, les plantes que je voulais décrire Voici, entre autres, celles qui ont été l'objet d'un examen tout spécial :

Colza, en Flandre, en Normandie et dans la vallée de la Garonne ;

Pavot œillette, dans l'Artois, la Flandre et la Picardie ;

Safran, dans le Gâtinais et le Comtat Venaissin ;

Gaude, en Normandie ;

Pastel, dans l'Albigeois ;

Maurelle, dans le Bas-Languedoc ;

Garance, en Alsace et dans le Comtat Venaissin ;

Chicorée à café, dans l'Artois et la Flandre ;

Chardon à foulon, en Provence, dans le Languedoc et en Normandie ;

Lin, en Flandre, en Bretagne, dans l'Artois, le Maine, l'Anjou, la Guyenne, le Béarn, etc. ;

Chanvre, en Picardie, en Alsace, en Bourgogne, dans le Dauphiné, la Champagne, l'Anjou, etc. ;

Houblon, dans l'Alsace, la Lorraine et la Flandre ;

Tabac, dans la Flandre, l'Alsace, la Bretagne et la Guyenne, etc. ;

Plantes à parfums, dans la Provence et le Languedoc ;

Immortelle jaune, dans la Provence.

Dans la rédaction, j'ai suivi le cadre adopté déjà pour le volume intitulé *Plantes fourragères*.

Je n'ai pas mentionné la place que chaque plante industrielle doit occuper dans les successions de culture. Je l'indiquerai dans l'ouvrage intitulé : *Assolements et rotations*.

Les *Plantes industrielles* formeront deux volumes. Chaque volume contiendra :

1° Un *Calendrier aide-mémoire ;*
2° Une *Bibliographie générale ;*
3° Une *Table alphabétique détaillée.*

Puisse ce travail, sur l'un des sujets les plus ardus que présente la pratique de l'agriculture, me permettre de compter encore sur la bienveillance et les bons conseils de ceux qui ont daigné m'encourager dans la tâche que j'ai entreprise !

Versailles, le 10 août 1858.

DIVISIONS DES PLANTES INDUSTRIELLES.

LES
PLANTES INDUSTRIELLES.

PREMIÈRE PARTIE.

PLANTES OLÉAGINEUSES, TINCTORIALES, SALIFÈRES, A BALAIS, A CANNES, CONDIMENTAIRES, A CARDES ET D'ORNEMENT FUNÉRAIRE.

La première partie des *plantes industrielles*, comprend les huit premières classes du tableau qui précède, savoir :

1. Plantes oléagineuses.
2. Plantes tinctoriales.
3. Plantes salifères.
4. Plantes à balais.
5. Plantes à cannes.
6. Plantes condimentaires.
7. Plantes à cardes.
8. Plantes d'ornement funéraire.

Les plantes qui appartiennent aux classes 3, 4, 5, 6 et 7 sont souvent désignées sous le nom de *plantes commerciales*.

Ces végétaux et leurs produits sont principalement destinés aux arts et aux industries. Quand ils concourent à l'alimentation de l'homme, ils n'y participent que d'une manière très-secondaire.

1*

LIVRE PREMIER.

PLANTES OLÉAGINEUSES.

Les végétaux qui appartiennent à cette classe ont des semences qui fournissent par extraction, de l'huile comestible ou industrielle.

Voici la liste des principales plantes oléifères :

1. Colza.	10. Soleil.
2. Navette.	11. Madia.
3. Rutabaga.	12. Radis oléifère.
4. Julienne.	13. Moutarde.
5. Pavot.	14. Chanvre.
6. Cameline.	15. Lin.
7. Ricin.	16. Citrouille.
8. Arachide.	17. Olivier.
9. Sésame.	18. Noyer.

Je n'étudierai dans ce volume que les végétaux herbacés ; j'examinerai la culture de l'olivier et du noyer dans le volume IX, qui comprendra les *arbres et arbustes fruitiers de grande culture*.

Je ne traiterai pas, dans le livre premier, de la culture du chanvre, du lin et de la moutarde. En étudiant le chanvre et le lin comme *plantes textiles* ou *filamenteuses*, je ferai connaître les produits en huile que fournissent leurs graines ; je mentionnerai la culture de la moutarde dans le livre quatrième.

J'ai indiqué dans le tome V, en plant des *plantes fourragères*, la quantité d'huile que contiennent les semences de citrouille.

CHAPITRE PREMIER.

PLANTES BISANNUELLES.

SECTION I.

Colza d'hiver.

(De *bressic*, nom celtique du chou).

BRASSICA OLEIFERA, D. C.   BRASSICA ARVENSIS, T.
BRASSICA OLERACEA, Lam.   BRASSICA CAMPESTRIS, L.

Plante dicotylédone de la famille des Crucifères.

Anglais. — Rape, cole-seed.   *Hollandais.* — Koolzaad.
Allemand. — Raps.   *Polonais.* — Rzepak.

Historique. — Climat. — Végétation. — Composition. — Variétés. — Sol :
nature, préparation, fertilité. — Quantité d'engrais à appliquer. — Semis :
époque; semis en place : préparation du sol, exécution des semis à la volée et en lignes; semis en pépinière : préparation du sol, exécution des
semis en plein et en rayons; quantité de graines, trempage et germination des graines; espacement des lignes. — Etendue de la pépinière. —
Propagation par boutures. — Transplantation : époque, préparation du
sol, arrachage et qualités des plants, exécution de la plantation : au
plantoir simple, au plantoir double, à la béquille, à la bêche et à la charrue. — Espacement des lignes et des plants. — Opérations qui suivent la
mise en place : palotage, purinage. — Soins d'entretein : éclaircissage, binage à bras et à la houe à cheval et buttage. — Ecimage. — Insectes et oiseaux nuisibles. — Maladie. — Maturité. — Récolte : coupe des tiges, javelage et battage sur place et à la grange. — Nécessité de rentrer les graines avec des siliques. — Nettoyage et conservation des graines. — Rapport
de la paille et des siliques à la semence. — Poids de l'hectolitre. — Rendement en graines, en paille. — Usage des graines, des siliques et de la
paille. — Quantité d'huile et de tourteau par 100 kil. de graines. — Valeur de la graine et du tourteau. — Prix de revient. — Bibliographie.

Historique. — Le colza est cultivé depuis longtemps
en Allemagne et en Flandre. Il y a un siècle, il n'était pas

connu dans les autres parties de la France comme plante oléagineuse. L'ouvrage de Duhamel, publié en 1762, ne le mentionne pas. En 1774, Rozier a publié un mémoire sur la meilleure manière de le cultiver et d'extraire l'huile que contient sa graine. Cet ouvrage a beaucoup contribué à sa propagation.

D'après Dupuy-Demporte, on ne cultivait, en Flandre, en 1762, que le *colza de mars*, auquel on donnait le nom de *colza chaud*. C'était seulement aux environs de Lille qu'on rencontrait le *colza d'hiver*, que l'on nommait alors *colza froid*.

En 1818, la culture de cette plante était déjà répandue en Angleterre, en Lombardie, dans les États de Venise et dans plusieurs provinces de la région septentrionale de la France.

Cette crucifère couvre annuellement, de nos jours, des surfaces étendues dans les départements du Nord, de l'Est, du Centre et de l'Ouest. Depuis quelques années, on la cultive dans plusieurs contrées de la région du Sud-Ouest et du Sud-Est. Les départements qui possèdent les plus grandes cultures de colza sont : le Nord, le Pas-de-Calais, le Calvados, la Somme, la Seine-Inférieure et Seine-et-Oise.

En 1840, le colza occupait en France 173,506 hectares, et il produisait 2,279,362 hectolitres ayant une valeur de 51,126,700 fr. Cette production, quoique très-élevée, ne suffit pas aux besoins du commerce. En 1855, on a importé de l'Allemagne et d'Angleterre, 23,331 hectolitres de graines.

Le mot colza vient de *kool-zaat*, nom flamand qui signifie graine de chou.

Climat. — Le colza demande un climat tempéré. Il redoute les longues sécheresses et les chaleurs brûlantes lorsqu'il arrive à maturité. C'est pour ces causes qu'il occupe annuellement une faible surface dans le Midi.

COLZA

Enfin, il craint, dans les contrées du Nord, s'il végète sur des sols humides, les gelées et les dégels successifs, et lorsqu'il est en fleur, les froids tardifs et intenses, et les transitions brusques de température, lui sont souvent très-nuisibles.

Végétation. — Cette crucifère a une racine ramifiée, forte et pivotante, une tige rameuse, glabre, glauque, et haute de 1ᵐ à 1ᵐ,60 ; ses feuilles sont glabres et glaucescentes : les radicales sont pétiolées et découpées en lyre ; les caulinaires sont sessiles, lancéolées et entières ; ses fleurs, jaunes, forment une grappe lâche ; ses siliques sont bosselées, terminées par une pointe presque quadrangulaire à la base et à valves convexes. Quant aux graines, elles sont globuleuses et noires lorsqu'elles sont complétement mûres, et leur albumen jaune foncé renferme de nombreuses gouttelettes d'huile.

Cette plante croît spontanément, d'après M. Rouchet, sur les côtes de la Normandie.

Suivant M. de Gasparin, le colza d'hiver exige pour mûrir 1700 à 1800° de chaleur totale, après le renouvellement de la végétation printanière.

Composition. — La paille du colza est riche en soude et en carbonate et hydrochlorate de chaux. A l'état normal, elle contient, d'après M. Boussingault :

Eau.	12,80
Azote	0,75

La graine renferme beaucoup de potasse et une proportion assez forte de phosphate de chaux. Elle contient, à l'état normal :

Eau.	6,10
Azote.	3,31

Quand elle a été bien récoltée, elle donne en moyenne 30 p. 100 d'huile.

Voici deux analyses complètes faites par Ramelsberg :

	Graines.	Paille.
Potasse	25,18	8,13
Soude	»	19,32
Chaux	12,91	20,01
Magnésie	11,39	2,56
Peroxyde de fer	0,52	2,56
Acide phosphorique	45,95	4,76
— sulfurique	0,53	7,60
— carbonique	2,30	16,31
— chlorhydrique	0,11	17,91
Silice	1,11	0,84
	100,00	100,00

Ces analyses démontrent la nécessité de cultiver le colza sur des terres contenant des sels alcalins.

Variétés. — On cultive aujourd'hui plusieurs variétés de colza d'hiver.

1° *Colza parapluie*. — Cette variété a des tiges latérales retombantes qui lui permettent de mieux supporter les pluies violentes qui surviennent à l'époque de la formation des siliques et de leur maturité; en outre, elle est très-productive. Elle est répandue en Normandie; aux environs de Caen, on l'appelle *colza à rabat*. On doit choisir avec soin les porte-graines, car elle a une tendance à dégénérer.

2° *Colza à fleur blanche*. — Cette variété a été importée d'Allemagne en Flandre en 1758 et 1759. On la cultive dans les départements du Nord et de l'Aisne; elle est très-productive, mais sa graine est souvent un peu plus petite que la semence du colza ordinaire. Elle est aussi plus difficile à battre.

Terrain. — A. NATURE. — Le colza demande de préférence, comme la plupart des espèces du genre chou, un sol un peu argileux, profond et frais, c'est-à-dire des terres silico-argileuses, argilo-siliceuses, argilo-calcaires, à sous-sols perméables, dites *bonnes terres à froment*. Il redoute beaucoup, surtout pendant les temps de gelée, les sols humides, les terrains à sous-sols imperméables. Cultivé sur des sols sains, il supporte sans souffrir 10 à 12° de froid. Lorsque la neige l'abrite sur un tel terrain, il résiste très-bien aux froids de 15 à 18 degrés.

Il est utile que la couche arable reste un peu fraîche pendant les mois de mai et de juin.

Le colza ne réussit bien sur les terres légères, graveleuses ou caillouteuses, que lorsqu'elles sont fertiles ou qu'elles ont été marnées ou chaulées et bien fumées.

B. Préparation. — Cette crucifère réclame un sol très-bien préparé. Selon la plante qui la précède, on donne à la couche arable deux ou trois labours, plusieurs roulages et hersages. Quelquefois, on fait précéder le premier labour par un déchaumage exécuté au moyen d'un extirpateur ou d'un scarificateur. Cette opération a l'avantage d'ameublir superficiellement la terre et de déraciner les plantes à racines vivaces sans les enterrer. Lorsque celles-ci sont sèches, on les rassemble à l'aide d'une herse ou d'un râteau à cheval, et on les incinère afin qu'elles ne végètent pas de nouveau en infestant encore le sol.

En résumé, la terre consacrée à la culture du colza doit avoir été parfaitement ameublie et débarrassée des plantes nuisibles auxquelles elle a donné naissance.

Lorsque la couche arable est saine, perméable, on la laboure à plat ou en grandes planches. Quand, au contraire, elle est humide ou qu'elle repose sur un sous-sol imperméable, on doit la labourer en petites planches ou en larges billons.

C. Fertilité. — Le colza exige une terre riche et abondamment fumée. Cette fécondité est indispensable parce qu'il est très-épuisant. Il produit peu lorsque les terres sont encore dans la période fourragère. Ordinairement on ne cultive que sur les terrains appartenant à la période céréale ou commerciale.

On peut le cultiver avec avantage sur des prairies naturelles ou artificielles nouvellement défrichées, sur des fonds d'étangs ou de marais non graveleux et assainis ou sur des terrains argileux conquis sur la mer.

Quantité d'engrais à appliquer. — Le colza est très-épuisant, probablement parce que ses feuilles, à cause de l'enduit cireux qui couvre leur page supérieure, empruntent peu de parties alimentaires à l'atmosphère.

D'après M. de Gasparin, il faut appliquer, par chaque 100 kilog. de graine que le sol peut fournir, 2,870 kilog. de bon fumier de ferme. Ainsi, pour obtenir une récolte de 25 hectolitres, ou 1700 kil. de graines par hectare, il faudrait fumer la terre à raison de 48,500 kilog. Cette quantité de fumier n'est pas celle que la pratique applique ordinairement, quoiqu'un excès d'engrais ne lui nuise pas.

La fumure qu'il est nécessaire d'enfouir sur un hectare est de 1,040 kilogr. par chaque 100 kil. de graines, ou 720 kil. par chaque hectolitre qu'on espère récolter.

Crud a indiqué 1328 kil., et de Woght 1424 kil. de fumier. Ces quantités sont encore trop élevées.

A Grignon, où l'on applique pour les deux soles qui terminent la rotation, 30,000 kil. de fumier par hectare, on obtient en moyenne sur la même superficie :

Colza	24	hectolitres qui absorbent	17,600 kil. de fumier.
Froment	25	— —	11,100 —
		Total.	28,800 kil.

Ainsi, une fumure de 30,000 kilog. suffit complétement aux besoins du colza et du froment.

L'un des assolements adoptés à Roville se terminait aussi par un colza et un blé pour lesquels on appliquait seulement 16,000 kil. de fumier à l'hectare. Voici les produits moyens que Mathieu de Dombasle a obtenus :

	hect.			
Colza	12,78	qui absorbaient	9,200	kil. de fumier.
Froment	14,32	—	6,400	— —
Total.			15,600	kil.

C'est donc à la faible fumure qu'il faut attribuer les produits très-ordinaires obtenus par ce célèbre agriculteur.

Ainsi, d'après ce qui précède, 100 kil. de fumier produisent environ 10 kilogr. de graines.

Semis. — Le colza se sème en place ou en pépinière.

Autrefois, on exécutait de préférence les semis en place ; aujourd'hui on a renoncé, sur beaucoup d'exploitations, à ce mode de culture, quoiqu'il soit le plus simple et le plus économique. On a reconnu que, pour le pratiquer, il fallait faire précéder le colza par une récolte fourragère pouvant être fauchée ou pâturée sur place au mois de juin, ou au plus tard vers la mi-juillet. Lorsque le colza suit un froment d'hiver ou une céréale de mars, on est forcé d'adopter les semis en pépinière, puisque la terre ne devient libre qu'au mois d'août, époque trop tardive pour que les semis puissent être exécutés d'une manière convenable.

A. Époque. — Dans le Nord, le Centre et l'Est, les semis se font vers le 15 de juillet ou dans les premiers jours d'août ; dans la région du Sud-Ouest on les exécute du 15 août à la mi-septembre. Dans l'Ouest, on les pratique en juin lorsqu'on répand les graines sur des terres ensemencées en sarrasin ou blé noir.

Dans les contrées du Nord, on ne doit pas les exécuter après le 15 août ou, au plus tard, avant la fin de ce mois, à moins qu'il soit question de semis en place faits sur des sols riches. Ordinairement, on profite des pluies qui surviennent à l'époque de la canicule ou dans la première quinzaine d'août. On ne doit pas non plus les pratiquer avant la mi-juillet, parce qu'alors on est exposé à voir fleurir un grand nombre de pieds avant l'hiver.

Ainsi, en semant trop tôt, les plantes peuvent être trop développées à l'époque de la plantation; en semant trop tard, on court le risque d'avoir à cette époque des plantes trop faibles pour résister aux froids rigoureux de l'hiver.

B. SEMIS EN PLACE. — 1° *Préparation du sol*. — Lorsque le sol sur lequel le semis doit être fait est libre, on donne un labour et un hersage, on conduit le fumier et on l'enterre par un second labour. Avant d'exécuter le semis, on roule et on herse, afin que la superficie du sol soit aussi meuble que possible. Quant on remplace le fumier par un engrais pulvérulent, on répand celui-ci sur le dernier labour, et on l'incorpore au sol par un hersage, ou un léger coup de scarificateur.

Il est utile de bien exécuter cette préparation, afin que la couche arable soit parfaitement ameublie dans toute son épaisseur.

2° *Exécution des semis*. — Les semis en place se font de deux manières.

a. **A la volée**. — Pendant longtemps on semait de préférence le colza à la volée; on croyait que ce mode d'ensemencement remédiait aux ravages des pucerons, et qu'il était économique. Aujourd'hui, on l'a presque complétement abandonné, parce que, quoique simple en apparence, il est coûteux à cause de la difficulté que présentent les binages.

b. **En lignes.** — Les semis en lignes parallèles se font avec un *semoir à brouette* ou au moyen d'un *semoir à cheval.* Dans le premier cas on rayonne le sol et on couvre les graines avec une herse. Ce hersage est aussi nécessaire lorsque le semoir à cheval ne recouvre pas les graines qu'il répand.

Lorsqu'on prévoit une sécheresse après la semaille, on fait suivre le semoir ou la herse par un rouleau. Ce plombage, en concentrant plus de fraîcheur dans le sol, favorise la germination des graines.

C. SEMIS EN PÉPINIÈRE. — 1° *Préparation du sol.* — La terre que l'on consacre à une pépinière de colza doit être parfaitement préparée, c'est-à-dire très-bien divisée par des labours, roulages et hersages. On doit commencer cette préparation en juin.

En outre, il est nécessaire que la terre soit naturellement riche et fraîche, si cela est possible, et qu'elle ait été fertilisée avec des engrais appliqués dans une forte proportion, afin que les plantes trouvent dans le sol une suffisante quantité de substances alimentaires. On doit éviter, dans cette circonstance, d'employer des engrais qui manifestent leur action très-lentement. Ainsi il faut renoncer à appliquer des fumiers longs ou peu décomposés, des chiffons, des tourteaux, etc., et préférer à ces matières fertilisantes les *excréments de mouton* ou *le parcage, la poudrette, la chair de cheval desséchée,* etc., substances qui agissent presque immédiatement après leur application.

2° *Exécution des semis.* — Ces semis se font aussi à la volée, en lignes, ou en rayons à deux ou trois reprises différentes, afin d'avoir en automne des plants à planter successivement.

a. **En plein.** — Le mode de semis le plus en usage

consiste à répandre les graines à la volée et très-régulièrement. Cette semaille permet aux jeunes plantes de mieux résister à l'attaque des insectes et de se défendre de l'apparition des mauvaises herbes.

Lorsque le sol a été bien préparé et fumé, et que la germination des graines a été favorisée par une température à la fois chaude et humide, il n'est pas ordinairement nécessaire de pratiquer pendant le développement des plantes des sarclages ou des binages.

b. **En rayons.** — Les pépinières doivent être semées en lignes, lorsqu'elles sont établies sur des terrains peu fertiles, mal fumés, et sujets à être envahis par un grand nombre de mauvaises herbes. Alors on leur donne un ou deux sarclages et binages, afin que le sol soit propre, et que les plantes puissent végéter librement et rapidement.

D. QUANTITÉ DES GRAINES. — Lorsque les semis se font en place, on répand par hectare : à la volée, 7 à 8 litres; en lignes, 3 à 4 litres.

Un hectare de pépinière exige : à la volée, 8 à 10 litres; en lignes, 4 à 5 litres.

On doit éviter de semer trop dru, afin que les plantes ne s'étiolent pas, et pour éviter un ou deux éclaircissages.

E. TREMPAGE DES SEMENCES. — On a proposé de faire tremper les graines, pendant six heures environ, dans un mélange de suie et de sel marin, et de les saupoudrer ensuite de cendres de bois. On pensait que par ce moyen on rendrait la germination plus prompte, et que leurs cotylédons ne seraient pas ravagés par les altises. L'expérience a prouvé que ce moyen n'avait pas l'efficacité qu'on lui avait attribuée. C'est bien à tort qu'on a proposé de les couvrir d'huile et de les saupoudrer ensuite de plâtre en poudre.

F. GERMINATION DES GRAINES. — La graine de colza germe

très-promptement. Quand il survient, après la semaille, une pluie, ou que celle-ci a été exécutée sur une terre encore fraîche, on voit ordinairement apparaître les cotylédons à la surface du sol au bout de six à huit jours.

Les cotylédons du colza ressemblent beaucoup à ceux du moutardon (SINAPIS ARVENSIS, L.) et de la ravenelle (RAPHANUS RAPHANISTRUM, L.).

G. ESPACEMENT DES LIGNES. — Les lignes des *semis en place* doivent être espacées de 0ᵐ,30 à 0ᵐ,45, suivant que les binages doivent être faits à bras ou à la houe à cheval.

Les lignes des *semis en pépinières* sont toujours écartées de 0ᵐ,20 à 0ᵐ,25.

Étendue de la pépinière. — Quelle est l'étendue que doit avoir une pépinière, eu égard à la surface qui doit être plantée?

La surface que les pépinières doivent avoir varie chaque année suivant la réussite des semis, la végétation des plantes et le nombre de pieds que l'on repique par hectare. Quand une pépinière a été établie sur un sol parfaitement préparé et bien fumé, et qu'elle est bien garnie de bons plants, elle fournit le nombre de pieds nécessaire pour planter une étendue de terrain cinq à six fois plus grande que la superficie qu'elle occupe. En pratique, on compte, afin de ne pas manquer de plants à l'époque du repiquage, qu'il faut un hectare de pépinière pour chaque cinq hectares consacrés à cette culture.

Propagation par boutures. — En Normandie, on propage quelquefois le colza par boutures. Celles-ci sont des pieds allongés privés de leurs racines. On coupe ces boutures avec la faux et on les enfonce dans le sol, sans l'aide du plantoir, jusqu'au collet. Leur reprise est presque toujours assurée; elle est complète vingt à trente jours environ après leur mise en place. Alors on remarque à leur base un bourrelet d'où part une houppe épaisse de jeunes racines qui s'étendent dans plusieurs directions. Ce mode de propagation ne peut être avantageux que lorsque le colza est cultivé sur des terres riches et sur une faible étendue.

Ce genre de multiplication prouve qu'on ne doit pas rejeter, à l'époque de la transplantation, les bons plants privés de racines ou qui en ont fort peu, parce qu'ils ont été mal arrachés.

Transplantation. — La transplantation du colza a l'avantage d'éviter de faire précéder la culture de cette plante par une jachère ou fourrage annuel. Il est vrai que ce mode de culture augmente les dépenses, mais il permet aux plants d'acquérir plus de rusticité et de donner de meilleurs produits. La robusticité des plantes provient du temps d'arrêt que l'on observe dans la végétation après la mise en place, et du plus grand nombre de ramifications que les plants présentent au printemps suivant. Les colzas qui proviennent de semis faits en place sont toujours, à conditions égales dans la nature et la fertilité de la terre, plus grêles, moins vigoureux et moins branchus.

A. Époque. — On exécute la transplantation vers la fin de septembre ou dans le courant d'octobre. Il faut éviter, dans les régions du Nord et de l'Est, de planter pendant le mois de novembre. On ne peut exécuter des repiquages aussi tardifs que dans les régions de l'Ouest et du Sud-Ouest.

B. Préparation du sol. — Lorsque la plantation doit avoir lieu sur un champ qui a supporté une céréale d'hiver ou de printemps, on *déchaume* au moyen d'un scarificateur, d'une charrue ordinaire ou d'un polysocs. Cette opération est faite dans le but : 1° d'ameublir le sol ; 2° de déraciner les plantes à racines vivaces ; 3° de faciliter la germination des graines qui ont été produites par les plantes nuisibles qui végétaient associées au blé. Si la couche arable était infestée de *chiendent* (TRITICUM REPENS), d'*agrostis traçante* (AGROSTIS STOLONIFERA), il faudrait rassembler leurs tiges et leurs racines et les incinérer. On exécute cette opération à l'aide d'une herse, de la herse-Bataille, ou d'un râteau à cheval de Howard ou de Morelli.

Quand il s'est écoulé quelques semaines depuis le moment où le labour de déchaumage a été pratiqué, on herse le sol et on le laboure aussi profondément que le permet l'épaisseur de la couche arable. Quinze jours environ après cette dernière opération, on conduit le fumier et on l'enterre par un troisième labour.

Lorsque les terres sont propres et qu'elles sont fertilisées par le parcage des bêtes à laine, on ne donne souvent que deux labours.

Nonobstant, dans les deux cas, on ne doit pas faire suivre le dernier labour par un hersage si la plantation doit être faite au plantoir.

Lorsque les terres sont perméables, on les laboure à plat. Quand elles reposent sur un sous-sol imperméable, il faut les disposer en planches étroites.

Dans la Flandre, les planches ont $2^m,50$ de largeur, et parfois elles ont une forme un peu convexe. Ces planches sont formées de 10 à 12 bandes de terre.

C. ARRACHAGE DES PLANTS. — Quand le moment d'exécuter la plantation est arrivé, on procède à l'arrachage des plants de la pépinière. Cette opération se fait ordinairement à la main, si on opère par un temps humide ou après une pluie. Lorsque le sol est sec et dur, on se sert d'une houe fourchue, d'une bêche ou d'une fourche à dents plates pour soulever les plants. Quand on les arrache à la main, on doit avoir le soin de les saisir par leur base et de les tirer verticalement, afin de ménager les racines et les feuilles et de ne pas rompre les tiges. Chaque ouvrier doit réunir en bottes les plants qu'il a arrachés ; il se sert de liens de paille pour exécuter cette mise en paquets.

Quand la plantation est confiée à des tâcherons, l'arrachage des plants qu'ils doivent repiquer est exécuté par des femmes ou des enfants dont le salaire est à leur charge.

On ne coupe ni la racine, ni les feuilles.

D. Qualité des plants. — Un plant de colza, pour être bon, doit être court, trapu, ou fort développé. Les plants qui ont une tige allongée ou très-effilée, sont considérés à bon droit comme mauvais, parce qu'ils sont toujours moins rustiques que les premiers et qu'ils sont sujets à être altérés par les premiers froids.

Les plants faibles, chétifs, étiolés avant l'hiver, donnent presque toujours de faibles récoltes.

E. Exécution de la transplantation. — La mise en place du colza s'exécute de cinq manières différentes :

1° *Au plantoir simple.* — Lorsque la mise en place a lieu au moyen du plantoir ordinaire, on dépose çà et là des paquets de plants, et des femmes ou des enfants distribuent ces plants sur le terrain labouré, en ayant soin de bien suivre le rayage et de placer les pieds aussi régulièrement que possible, suivant les distances qui leur auront été indiquées.

Alors l'ouvrier, tenant le plantoir dans sa main droite, fait un trou en l'implantant dans le sol, saisit avec la main gauche un des plants placés sur la terre et l'introduit dans l'ouverture qu'il vient de faire, de manière que le collet soit aussi rapproché de terre que possible; ensuite il le consolide en frappant la terre contre les racines avec le plantoir, ou il implante de nouveau celui-ci à quelques centimètres du trou dans lequel il a placé le plant, afin de le *borner*. Une fois ce plant mis en place, il avance un peu, il en repique un second et ainsi de suite.

La plantation au plantoir simple est peu expéditive sur les sols très-pierreux.

Pour que les lignes soient droites et régulières, on se trouve dans la nécessité de planter sur l'arête d'une bande de terre ou dans l'angle rentrant formé par deux tranches.

Les Flamands labourent les terres qu'ils destinent au colza en planches étroites, et ils exécutent la mise en place des plants en travers de chaque planche.

Un ouvrier habile peut, s'il est aidé par une femme ou un enfant, planter par jour de 10 à 12 ares.

La plantation faite au plantoir simple, y compris l'arrachage, est payée à Grignon de 30 à 35 fr. l'hectare.

2° *Au plantoir double.* — Le plantoir double (*fig.* 1) se compose de deux branches en bois longues de 0^m,85 à 0^m,90, unies l'une à l'autre par une traverse inférieure située au-dessus des douilles en fer, et d'une barre supérieure aussi en bois, présentant deux poignées. L'ouvrier qui s'en sert appuie fortement le pied droit sur la traverse inférieure, et il exerce en même temps une pression avec les mains sur la traverse supérieure, afin que les deux pointes en fer pénètrent dans le sol et ouvrent deux trous. Cet outil exige beaucoup de force, et il ne permet pas d'éloigner ou de rapprocher à volonté les trous ou les pieds de colza.

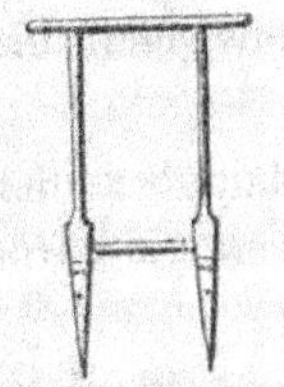

Fig. 1. — Plantoir à deux branches.

Ces inconvénients ont conduit beaucoup d'agriculteurs à lui préférer la béquille.

La mise en place des plants se fait de la même manière que lorsqu'on emploie le plantoir suivant.

3° *A la béquille*. — Ce plantoir se compose d'une seule douille, d'un manche et de deux poignées; sa hauteur est semblable à celle du plantoir double. L'ouvrier chargé de l'employer saisit sa traverse avec les deux mains, l'élève au-dessus du sol et le laisse tomber avec force pour qu'il pénètre la terre labourée jusqu'à $0^m,15$ ou $0^m,20$ de profondeur; ensuite, il le fait vaciller sur la pointe pour élargir un peu le trou, le retire et l'implante de nouveau dans la terre, en suivant l'un des rayons ou sillons que présente le labour. Il est nécessaire que cet ouvrier soit habitué à manier cet outil, afin que les trous soient également espacés et situés sur des lignes bien parallèles.

Au fur et à mesure que les ouvriers ouvrent les trous, des femmes déposent dans chaque ouverture un des plants qu'elles tiennent sous leur bras gauche, et des enfants pressent la terre contre les racines avec le talon ou la pointe du pied, en ayant soin que les trous soient bien fermés.

Un ouvrier exercé au maniement du plantoir à deux branches ou de la béquille, peut ouvrir environ 30,000 trous par jour.

En Flandre, on accorde par hectare, quand la plantation se fait à la tâche, 9 à 12 fr. à l'ouvrier qui fait les trous, et 10 à 14 fr. aux deux ouvriers chargés de garnir les trous de plants et de consolider ceux-ci dans le sol. On compte qu'il faut par hectare 4 journées d'ouvriers et 15 journées de femmes et d'enfants.

Les frais d'arrachage et de mise en paquets varient de

8 à 10 fr. l'hectare ; ils ne sont pas compris dans les chiffres qui précèdent.

4° *A la bêche.* — Lorsque les plants sont très-allongés, on exécute leur mise en place avec la bêche. Ce moyen permet de rapprocher davantage leur collet de la surface du sol. Voici comment on opère : un ouvrier implante profondément le fer d'une bêche dans la couche arable, et, pour que l'entaille soit évasée par le haut, il imprime à l'outil un mouvement de balancement. Alors il retire l'instrument et ouvre un autre trou, et ainsi de suite. L'enfant qui l'accompagne place deux plants aux extrémités de chaque entaille restée béante, et il la ferme avec le pied en exerçant une pression sur ses deux bords.

Un homme aidé par un enfant peut planter de 8 à 10 ares par jour.

5° *A la charrue.* — Dans les grandes exploitations et dans les contrées où les ouvriers n'ont pas l'habitude de manier l'un des plantoirs que je viens de mentionner, ou lorsque les plants sont effilés ou très-longs, on exécute la plantation à la charrue, quand on pratique le dernier labour.

Voici comment on procède :

La charrue commence par faire un *endos* bien droit, c'est-à-dire par détacher et renverser l'une contre l'autre deux bandes de terre épaisses de 0^m,15 à 0^m,20. Lorsqu'elle a fait cet endos, elle continue son travail ; mais des hommes ou des femmes, se distribuant à la suite du laboureur, déposent çà et là des plants sur le revers des deux tranches, en les inclinant légèrement pour qu'ils ne tombent pas dans les raies ouvertes par la charrue. Quand les deux bandes ont été garnies de plants, les ouvriers cessent leur travail jusqu'à ce que la charrue ait renversé une ou deux bandes de terre contre les plants. Lorsque la plantation a lieu toutes les deux raies, la charrue doit labourer deux planches alternativement, afin que les ouvriers soient sans cesse occupés. Il est important que les poseurs aient le soin d'examiner, tout en travaillant, les lignes plantées, et de découvrir les pieds que la charrue a trop enterrés.

Un des deux animaux qui composent l'attelage, celui qui suit le fond de la raie, déplace quelquefois les plants ou en écrase un certain nombre. On évite cet inconvénient en les attelant de file et en les faisant marcher sur la terre non labourée.

La transplantation à la charrue est simple, facile, économique et expéditive, mais elle est bien moins parfaite que la mise en place exécutée avec le plantoir.

Une charrue peut en un jour planter en moyenne, avec le même attelage, 50 ares, et 65 ares si on relaie les animaux; elle doit être desservie par 6 à 9 ouvriers, selon la longueur du rayage.

Espacement des lignes et des plants. — Pendant longtemps on a espacé les lignes de colza transplanté à $0^m,60$, et les plants sur ces lignes à $0^m,33$. Depuis quelques années, on a reconnu que ces distances étaient trop considérables, et qu'il fallait les diminuer pour se rapprocher de la culture flamande. Dans cette province, où le colza donne annuellement d'excellents produits, les plants sont à $0^m,25$ l'un de l'autre en tous sens, quand ils ont été repiqués au plantoir, et à $0^m,33$ lorsque leur mise en place a été faite avec la charrue.

Cet éloignement explique pourquoi on se borne maintenant, sur un grand nombre d'exploitations où la culture du colza est bien comprise, aux espacements suivants :

Lignes : $0^m,45$ à $0^m,50$.   Pieds : $0^m,25$ à $0^m,30$.

Ces distances permettent de planter par hectare, déduction faite de la surface des dérayures, de 60,000 à 70,000 plants, au lieu de 40,000 à 45,000, que l'on plantait il y a dix ans. En Flandre, où les planches sont très-étroites et séparées par des rigoles de 0^m,30 à 0^m,40 de largeur, chaque hectare contient environ 120,000 à 130,000 pieds de colza.

Les lignes espacées à 0^m,50 permettent d'exécuter les binages avec la houe à cheval.

Travaux complémentaires de la plantation. — Le colza, une fois planté, n'est pas toujours abandonné à lui-même. Dans plusieurs contrées, on exécute après cette opération des travaux qui contribuent puissamment à sa réussite.

A. PALOTAGE, AUGELAGE, RIGOLAGE OU RUOTAGE. — En Flandre et sur quelques fermes des environs de Paris, où le sol est disposé en planches de 2^m,50 ou 4 mètres de largeur, lorsque les plants sont bien enracinés, on creuse les *dérayures* ou *ruots* à l'aide d'un louchet ou d'une bêche. La terre que l'on extrait des dérayures est déposée sur les planches à droite et à gauche, entre les pieds ou les rangées de colza. Il faut éviter de diviser les bêchées de terre. Les ouvriers doivent les laisser sous forme de mottes à la surface de la terre. Plus ces bêchées sont grosses et plus elles préservent le colza de l'action du froid pendant l'hiver.

La profondeur que l'on donne aux ruots est ordinairement de toute la longueur du fer de l'instrument que les ouvriers emploient, soit 0^m,25 à 0^m,33. Quant à la largeur, elle est égale ou double de celle d'un fer de bêche ou du louchet, soit 0^m,25 à 0^m,40.

Cette opération a une importance très-grande lorsque les terres sont argileuses, argilo-siliceuses ou argilo-calcaires à sous-sol imperméable et quand on l'exécute par un beau temps. Elle assainit la couche arable et permet au colza de mieux résister aux gelées, et rechausse les plants à la fin de l'hiver. En Flandre, on la pratique depuis un siècle.

Dans les environs de Douai (Nord), on répète une seconde fois cette opération avant les grands froids. Par ce nouveau ruotage on augmente et la profondeur et la largeur des rigoles qui séparent les planches.

Un ouvrier peut paloter en un jour environ 25 ares lorsque les rigoles égalent en largeur et en profondeur les dimensions d'un fer de bêche.

Lorsque les dérayures sont creusées à deux fers de bêche, un homme ne palote pas au delà de 10 ares.

Dans ces deux exemples, les planches sont supposées avoir 3 mètres de largeur. Ainsi dans le premier cas un ouvrier palote 800 mètres de dérayures; dans le second, il ne creuse que 340 mètres environ de longueur.

Quand les rigoles sont éloignées les unes des autres de 3 à 4 mètres, on donne, si les travaux se font à la tâche, de 4 à 7 centimètres par mètre, suivant la profondeur et la largeur que doivent avoir les dérayures.

B. APPLICATION D'ENGRAIS. — Lorsque le colza a été transplanté sur des terres médiocrement fumées ou peu fertiles, on répand quelquefois sur toute l'étendue de la couche arable, du purin, de l'engrais flamand, ou du tourteau pulvérisé. Le *purin* et la *courte-graisse* ne peuvent être appliqués que pendant la gelée. (Voir t. II, ENGRAIS LIQUIDES.)

Le tourteau doit être placé au pied des plantes avant le palotage ou le premier binage, si ce dernier est exécuté en automne.

Cultures d'entretien. — Les soins d'entretien que

l'on donne au colza pendant sa végétation varient selon qu'il a été ou non semé en place.

1° Colza semé en place. — A. *Premier binage*. — Cette opération se fait à l'aide d'une binette ou de la rasette flamande, lorsque les plantes ont 4 ou 6 feuilles. On l'exécute en août ou dans les premiers jours de septembre.

Quand les ouvriers ne binent que les espaces compris entre les lignes, on leur donne de 10 à 12 fr. par hectare. Un binage complet se paie de 20 à 25 fr. Dans le premier cas, on compte qu'un ouvrier peut biner de 20 à 25 ares par jour; dans le second, il ne bine pas au delà de 8 à 10 ares si le sol présente beaucoup de mauvaises herbes.

B. *Éclaircissage*. — Lorsque les plants sont trop nombreux, on les éclaircit à la main. Ce dédoublement a lieu en septembre, et quelquefois les ouvriers l'exécutent lorsqu'ils pratiquent le premier binage. Dans ce dernier cas, ils se servent souvent de la binette pour détruire les plants superflus.

Les plants doivent être espacés de 0^m,25 à 0^m,30 les uns des autres.

C. *Transplantation sur les parties vides*. — Les semis de colza exécutés en place et en lignes ne réussissent pas toujours complétement. Lorsqu'on observe des lacunes sur les lignes, on doit, à l'époque de l'éclaircissage, les garnir de plants. Ce repiquage se fait au moyen du plantoir ordinaire ou de la béquille. On doit avoir soin de bien aligner les plants, afin de ne pas détruire la régularité des rangées.

D. *Deuxième binage*. — Cette opération se fait souvent en automne et au moyen de la houe à cheval. Lorsque le sol est propre et que le premier binage a été exécuté tardivement, on se dispense souvent de le pratiquer.

E. *Buttage* .— On butte rarement le colza. Cependant cette opération est utile à cette plante quand les terres labourées en grandes planches sont sujettes à être soulevées par les gelées et lorsque les plants ont acquis à la fin de l'automne un grand développement. Elle garantit les pieds élevés de l'humidité, des froids intenses et des alternatives de gels et de dégels. La plupart des colzas cultivés en Alsace, sont buttés avant l'hiver.

On exécute ce chaussage au moyen d'un *buttoir* ou charrue à deux versoirs, et quelquefois avec la *binette*.

F. *Troisième binage*. — Cette culture d'entretien se fait à la fin de l'hiver par un beau temps et lorsqu'on n'a plus à craindre de fortes gelées. Il est nécessaire de l'exécuter soit en mars, soit dans la première quinzaine d'avril, c'est-à-dire avant l'époque à laquelle le colza développe ses ramifications, afin que les ouvriers ne brisent pas les extrémités de ces branches.

On le pratique au moyen d'une houe à cheval. Cet instrument permet de biner en un jour de 1 hectare à 1 hectare 50 ares.

On complète le travail de la houe à cheval en faisant biner les intervalles qui existent sur les lignes entre les plants. Ce binage complémentaire se paie de 6 à 8 fr. l'hectare.

Lorsque cette culture d'entretien est entièrement exécutée à bras, on paie de 15 à 18 fr. par hectare, suivant l'espacement des lignes. Elle exige de 9 à 11 journées d'ouvrier.

2° COLZA TRANSPLANTÉ. — Le colza que l'on a repiqué à la charrue ou au plantoir ne réclame pas de nombreuses cultures d'entretien.

Quand la transplantation a été exécutée de bonne heure et que le sol a donné naissance à une foule de mauvaises plantes, on pratique un binage à bras ou à la houe à cheval.

On se dispense de cette opération lorsque la mise en place a eu lieu tardivement ou qu'elle a été pratiquée sur des sols propres.

Nonobstant, on bine les colzas en février ou en mars. (Voir *troisième binage*). Cette opération, en ameublissant et aérant le sol, favorise d'une manière remarquable le développement des tiges et des ramifications.

Écimage ou étêtage. — Depuis quelques années dans diverses contrées, on supprime la partie supérieure de la tige principale quand elle commence à s'élever, et qu'elle présente déjà quelques ramifications et quelques boutons à fleurs un peu apparents. Cet écimage s'exécute en mars ou avril; on l'opère avec la main ou un couteau, en coupant la tige à $0^m,15$ ou $0^m,20$ au-dessous de son sommet. Cette opération a l'avantage, suivant les uns, de provoquer le développement d'un plus grand nombre de tiges latérales, et selon les autres, elle a l'inconvénient de rendre la maturité des siliques un peu inégale.

Insectes nuisibles. — Le colza est attaqué par plusieurs insectes :

1° Le *puceron*, la *puce de terre* ou l'*altise bleue* (ALTICA), attaquent les cotylédons quand ils apparaissent à la surface de la terre. On prévient leurs ravages, qui sont souvent très-grands, en répandant, quand ces organes sont encore couverts de rosée, de la cendre et de la chaux en poudre. Ces substances, par leur adhérence sur les feuilles séminales, obligent les altises à s'attaquer à d'autres végétaux. On doit répéter ces saupoudrages toutes les fois que cela est nécessaire.

M. Hintz a inventé un appareil propre à détruire ces insectes. Cette puceronière a été perfectionnée par M. Bella fils. On l'emploie avec avantage à Grignon.

2° La *nitidule bronzée* (NITIDULA ÆNŒA, Fab.) paraît en même temps que les boutons à fleurs qu'elle ronge intérieurement et qu'elle détruit à mesure qu'ils se développent. Ce coléoptère a faits de grands ravages en 1844 dans les cultures de colza de la Bavière rhénane. M. Villeroy a observé que quand il a paru une fois dans un champ, on l'y revoit ordinairement les années suivantes. Cet insecte est très-petit, de forme ovoïde-oblongue et d'un vert bronzé brillant ; son corselet et ses pattes sont d'un brun noirâtre. Jusqu'à ce jour on n'est pas parvenu à empêcher ses ravages.

3° Le *charançon du colza* (GRYPIDIUS BRASSICÆ, Sch.) se nourrit du parenchyme des grains et occasionne souvent des dégâts considérables. Ce coléoptère a une tête globuleuse mince, munie d'un bec cylindrique, courbé en dessus et un peu plus développé à son extrémité. C'est à l'aide de son bec qu'il perfore les siliques encore vertes et s'attaque aux grains.

4° Des *larves* longues de 2 à 3 millimètres habitent l'intérieur des siliques qu'elles dévastent. Ces larves sont des ennemies très-redoutables ; les dégâts qu'elles commettent sont souvent considérables. M. Focillon les a décrits dans son remarquable *mémoire sur les insectes qui nuisent aux colzas*, mais il n'a pu faire connaître les insectes parfaits qui leur donnent naissance.

Animaux nuisibles. — Le colza est aussi attaqué, pendant sa végétation, par la *petite limace grise* (LIMAX HORTENSIS, L.). Ce mollusque s'attaque en automne aux feuilles et détruit souvent un très-grand nombre de pieds de colza. Les pluies continues favorisent ses ravages. Quand on redoute cette limace, il faut éviter, si cela est possible, de repiquer des pieds faibles. Les plants forts et vigoureux résistent mieux à son attaque.

Oiseaux nuisibles. — Le colza a aussi pour ennemis quelques oiseaux. Ainsi, pendant l'hiver, alors que la neige couvre la terre, mais qu'elle n'abrite pas complétement les pieds de colza, les *corneilles*, les *pigeons ramiers* et les *pies* s'attaquent aux feuilles et les déchiquètent. Ces dégâts sont parfois si considérables que les préfets autorisent la destruction de ces oiseaux pendant les temps de neige.

Les *grives*, les *merles*, les *tourterelles* et les *pigeons ramiers*, attaquent les siliques lorsque les graines qu'elles contiennent sont presque mûres. L'importance du dommage qu'ils peuvent occasionner est tel que les cultivateurs doivent faire garder les pièces de colza quand ils constatent leur présence en grand nombre dans la contrée qu'ils habitent.

Maladie — On a observé, il y a quelques années, que les tiges de colza étaient sujettes à une altération. Cette maladie a été désignée sous le nom de *blanc de colza* ; elle est due à un commencement de pourriture qui se montre à l'intérieur de la tige principale et quelquefois des ramifications. Cette altération fait disparaître la moelle. Elle est caractérisée d'une manière apparente par la couleur blanche des tiges qu'elle attaque et le développement d'un champignon nommé *sclerotium varium*. On croit qu'il faut l'attribuer à une humidité surabondante dans le sol et l'atmosphère. Les graines des pieds ainsi altérés sont moins grosses, moins développées que celles produites par les pieds sains.

Maturité. — A. ÉPOQUE. — La récolte a lieu ordinairement dans toute la région septentrionale, vers la fin de juin ou dans les premiers jours de juillet. Dans le Centre, on l'exécute vers la mi-juin. Les cultivateurs du Midi l'opèrent à la fin de mai ou au plus tard dans les premiers jours de juin.

B. SIGNES DE LA MATURITÉ. — Le colza est mûr quand les tiges et les feuilles sont jaunâtres, lorsque les graines provenant des fleurs qui se sont épanouies les premières sont noires, brunes et libres à l'intérieur des siliques.

On ne doit pas attendre, pour commencer la coupe des tiges, que toutes les siliques soient complétement mûres. Si l'on agissait ainsi, on s'exposerait à perdre une très-grande quantité de graines. Le colza s'égrène facilement quand il survient, à l'époque de sa maturité, de fortes chaleurs et des vents violents.

Quoiqu'il soit utile de couper un peu prématurément, il est nécessaire cependant de ne pas couper trop tôt. Lorsque la coupe a lieu avant la maturité parfaite du tiers environ des siliques, les graines de la partie supérieure des tiges restent presque rougeâtres; alors elles ont moins de valeur commerciale, parce qu'elles contiennent moins d'huile.

Récolte. — A. Coupe des tiges. — On coupe le colza sans secousses avec une *forte serpette*, une *petite serpe*, une *faucille ordinaire* ou une *faucille volante*, à 0^m, 08 ou 0^m, 12 de terre. Ces instruments doivent être très-tranchants.

Cette opération doit être faite de préférence le soir ou le matin. Il faut éviter de couper pendant le milieu du jour, à moins que les plantes n'aient été humectées par une pluie, ou que le temps soit couvert. On peut agir sans crainte pendant la pluie. Par l'effet de la rosée, du serein ou de la pluie, les siliques restent fermées. Quand on opère par un soleil ardent, un nombre plus ou moins grand de siliques s'ouvrent sous le plus petit choc et laissent échapper les graines qu'elles contiennent. C'est pour éviter la perte qui résulte de l'égrenage qu'on coupe souvent la nuit quand le temps est beau ou que la lune éclaire, si la maturité est avancée. Alors les ouvriers se reposent le jour. Quelquefois ces derniers commencent leurs travaux à 2 ou 3 heures de la nuit pour cesser vers 8 ou 9 heures du matin; ils les reprennent vers 4 à 5 heures du soir pour les continuer jusqu'à la nuit.

Chaque ouvrier agit sur 3 à 5 lignes à la fois, suivant leur espacement, la longueur des tiges et la force des javelles. Il doit commencer le champ de manière à couper perpendiculairement à la direction du renversement des tiges; ainsi, il faut qu'il se place de manière que cette inclinaison soit à sa droite. A mesure qu'il coupe, il dépose le colza en javelles, en ayant soin de bien réunir la base des tiges et d'orienter celles-ci de façon que leur sommet soit opposé à la direction du vent.

En Flandre, les ouvriers se placent dans les ruots, coupent à droite et à gauche jusqu'au milieu de chaque planche et posent les colzas coupés en javelles, en ayant soin que leurs pieds affleurent avec le bord de la rigole.

La grosseur des javelles doit être telle qu'un ouvrier puisse, à l'époque du battage, les saisir très-aisément entre ses mains seulement.

Lorsque la coupe du colza est donnée à tâche, on est obligé de surveiller sans cesse les ouvriers afin qu'ils évitent d'égrener les siliques.

On paie, pour cette opération, de 14 à 16 fr. par hectare.

Un ouvrier peut couper par jour de 15 à 20 ares selon le développement des tiges. Quand celles-ci sont couchées et nchevêtrées, l'ouvrier qui agit de manière que l'égrenage soit aussi faible que possible, ne coupe souvent que 10 à 12 ares.

B. JAVELAGE. — Le colza reste en javelle sur le sol jusqu'à la maturité complète des siliques; ordinairement, ce javelage dure environ huit jours.

Si, pendant ce temps, il survenait des pluies abondantes et continues, il faudrait profiter des alternatives de beau temps pour retourner les javelles, afin d'empêcher la germination des graines. Cette opération doit être faite avec précaution pour que les semences ne s'échappent pas des siliques.

Le javelage trop prolongé et mal surveillé occasionne une perte qui s'élève quelquefois au cinquième de la récolte.

E. MISE EN MEULE. — En Flandre et sur plusieurs points de la Normandie, les colzas sont mis en meules avec tout le soin possible 24 heures après qu'ils ont été coupés. Par cette méthode on soustrait les siliques à l'action si nuisible des orages, de la grêle et des alternatives de pluie et de beau temps, et les graines gagnent en volume et en qualité.

Le seul reproche qu'on puisse faire à ce procédé, c'est qu'il exige un plus grand nombre d'ouvriers.

Cette meule varie de forme et de grosseur suivant les localités. Quand elle est cylindrique, on lui donne de 4 à 5 mètres de diamètre et 4 mètres environ de hauteur. On l'établit sur un endroit un peu élevé où l'on a placé un lit de paille et au centre duquel s'élève une perche de 3 à 4 mètres qui assure la solidité de son sommet et l'empêche d'être renversée lorsque le vent est violent. Les javelles y sont placées de manière que les siliques n'apparaissent pas à l'extérieur. On la termine en lui donnant supérieurement la forme d'un cône. Alors, quand on est prêt de la finir, on croise un peu les extrémités des javelles vers le centre afin de diminuer graduellement son diamètre et de donner aux tiges une pente du dedans au dehors. Lorsque la meule est terminée on couvre sa partie supérieure de paille. Le colza y est porté au moyen de toiles ou de civières.

On a calculé que la construction d'une semblable meule exigeait 12 ouvriers pendant 5 à 6 heures, et qu'elle contenait la récolte de 50 ares environ.

En Flandre, le colza reste en meule au milieu des terres pendant quatre à six semaines et quelquefois deux mois, afin que ses graines deviennent plus noires et plus oléifères, sous l'influence de la fermentation qui s'établit dans la masse.

Quand le battage doit avoir lieu huit à quinze jours après le faucillage, on construit des meules de dimensions beaucoup plus petites. Dans ce dernier cas, on opère comme lorsqu'il est question de construire des moyettes de céréales (*Voir* t. VI, PLANTES A GRAINS FARINEUX]).

Battage. — Le battage a lieu aussitôt la dessiccation des plantes et la maturité des graines renfermées dans les siliques supérieures. On l'opère avec le fléau, soit sur une grande toile étendue sur le champ même où le colza a été cultivé, soit dans une grange.

A. SUR PLACE. — On arrache d'abord les pieds de colza, on enlève les pierres pour éviter qu'ils ne percent la toile ou la *bâche* sous les coups des fléaux et on unit le sol à l'aide d'une bêche. Quand ces travaux sont terminés, on étend la toile de chanvre sur la surface préparée, on relève ses bords au moyen d'un bourrelet de paille et on la fixe à des piquets fichés en terre à l'aide de bouts de ficelle. Une bâche ordinaire a de 12 à 15 mètres de côté; elle exige une *bretelle* de huit à neuf ouvriers. Une telle toile suffit pour une étendue de 10 hectares de colza. Elle doit être déplacée trois à quatre fois pendant l'opération.

Lorsque la bâche a été ainsi étendue, quatre ouvriers portant des civières garnies intérieurement d'un drap ou d'une toile (*fig.* 2), apportent continuellement des tiges; un cinquième armé d'une fourche les étend sur l'aire et les trois ou quatre autres toujours marchant exécutent le battage. Au fur et à mesure que les *batteurs* avancent, le cin-

quième ouvrier, que l'on nomme *poseur*, retourne les tiges;
quand celles-ci ont été battues de nouveau, il les secoue et
les jette ensuite en dehors de la bâche.

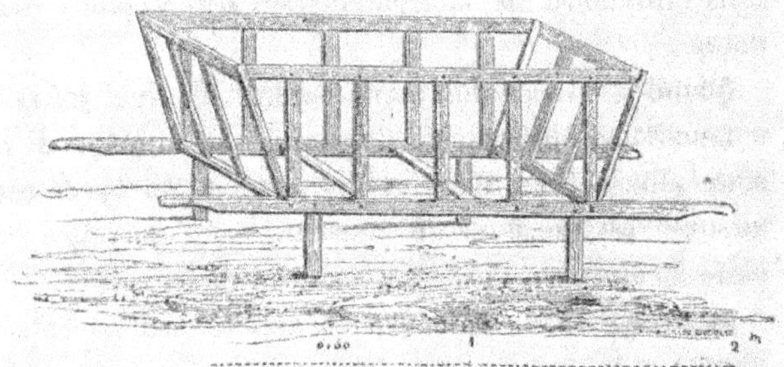

Fig. 2. — Civière à colza.

Lorsque la toile est en partie remplie de siliques, l'ouvrier chargé de disposer le colza sur l'aire doit les enlever
afin qu'elles n'amortissent pas les coups de fléaux. Alors,
saisissant un râteau en bois à dents et écartées (*fig.* 3), il

Fig. 3. — Râteau pour enlever les siliques.

rassemble une partie des siliques ou *cossettes* et les jette en
dehors sur un endroit donné, en ayant soin qu'elles n'entraînent pas de graine. Il répète cette opération trois à cinq
fois par jour, selon que le produit du battage est plus ou
moins élevé et l'accumulation des siliques plus ou moins
grande.

On ne procède au battage que quand le temps est beau
et certain.

Les porteurs varient en nombre selon la distance qu'ils doivent parcourir à chaque voyage. On les diminue en ayant des civières ou des cadres en toiles supplémentaires et en faisant charger ces ustensiles par des femmes ou *ramasseuses* intelligentes.

En Flandre, où l'emmeulage du colza est chaque année en usage, le transport du colza est confié à de jeunes filles; celles-ci l'apportent sur leur tête après l'avoir enveloppé dans des toiles.

Dans quelques localités, les batteurs se servent de gaules de 3 mètres environ de longueur au lieu de fléaux. Dans d'autres contrées, on opère le battage avec des fourches. Ces instruments ne sont pas supérieurs au fléau.

Quand, pendant la journée, la bâche ou *banne* est trop chargée de graines, on nettoie celles-ci avec le râteau et on les met dans des sacs. Le soir, on débarrasse entièrement la toile et on rapporte le produit du battage à la ferme.

Le salaire que l'on accorde aux ouvriers qui exécutent le battage à la tâche, varie entre 1 fr. et 1 fr. 25 par hectolitre de graines nettoyées, selon le rendement du colza.

Une *bricole* ou bretelle de huit hommes bat ordinairement 24 hectol. par jour, soit par chaque ouvrier le produit de 8 à 10 ares ou 2 à 4 hectolitres, selon le rendement par hectare.

M. Bodin a construit récemment une machine à battre mobile destinée au battage du colza. Cette machine, remarquable par sa simplicité et sa grande solidité, est mise en mouvement par un manége ou une locomobile à vapeur; elle présente une ouverture plus grande que celle des machines avec lesquelles on égrène les céréales; en outre, le batteur, qui est composé de plateaux en fonte, présente des battes en fer forgé; enfin, le contre-batteur a été modifié, il a moins d'étendue.

Cette machine a battu 3 hectares 10 ares de colza en 20 heures. Ainsi, elle a égrené 5 hectolitres de graines par chaque heure de travail, soit en 20 heures 100 hectolitres, ou plus de 33 hectolitres à l'hectare. Les tiges de cette plante oléagineuse avaient au moins 2 mètres de hauteur, et, après les avoir coupées, on les avait disposées en petits tas ou *moyettes*.

Cette machine rendra d'importants services aux agriculteurs de la région septentrionale, qui ont une locomobile à vapeur et qui cultivent en grand chaque année le colza ou la navette d'hiver ou de printemps.

C. EN GRANGE. — Lorsque par des circonstances particulières on a rentré la récolte dans une grange, on ne procède au battage qu'au moment de la vente des graines. On l'effectue avec le fléau sur l'aire de ce bâtiment. Cette opération est moins rapide, moins économique que le battage en plein air; mais elle a l'avantage sur ce dernier de permettre aux graines de conserver leur volume et leur poids, et d'avoir plus de qualité.

On peut aussi, lorsque le colza a été semé à la volée et que la partie inférieure des tiges n'est pas très-développée, opérer le battage à l'aide d'une *machine à battre fixe*, ayant un contre-batteur mobile. Dans ce cas, on règle cette dernière pièce de manière que les tiges puissent passer sous le batteur sans arrêter ses évolutions et nuire à l'égrenage des siliques.

Les voitures qui servent au transport des tiges de colza du champ à la ferme, doivent être garnies intérieurement d'une grande bâche.

D. BOTTELAGE DE LA PAILLE. — Dès que le battage est terminé ou à mesure qu'on l'exécute, on procède au bottelage

des tiges. Ces bottes se font avec un lien de paille de seigle ;
on les fait ordinairement de 6 à 8 kilog.

Ce bottelage se paie 1 fr. les 104 bottes. Un ouvrier fait
environ 300 bottes par jour ; il confectionne les liens dont
il a besoin.

Rentrée de la graine dans les greniers. — On
doit rapporter les graines des champs avec 1/3, 1/4 ou 1/5ᵉ
de siliques. Celles-ci, mêlées aux semences, empêchent que
ces dernières s'échauffent, fermentent et perdent de leur
qualité ; elles permettent aussi de les déposer en couche un
peu plus épaisse dans les greniers ou dans les granges.

Lorsque les graines ont été nettoyées ou criblées sur le
champ, elles doivent être déposées dans les magasins en
couche mince.

Dans les deux cas, il faut les remuer plusieurs fois pendant les premières semaines qui suivent le battage, soit à
l'aide d'une pelle, soit au moyen du râteau.

Les graines qui s'échauffent dans les greniers prennent
une teinte blanchâtre et une odeur de moisi qui les font
déprécier par les huiliers parce qu'elles donnent toujours
moins d'huile.

On ne peut rentrer les graines complétement nettoyées
que lorsque les tiges ont séjourné en meules avant le battage, ou qu'elles ont été récoltées dans une contrée où l'air
est sec et chaud.

Nettoyage et conservation des graines. —
Lorsque les graines sont sèches ainsi que les siliques, on
procède à leur séparation. On exécute cette opération au
moyen d'un crible à larges opercules. La graine passe au
travers des ouvertures et les siliques restent sur la peau ou
la toile métallique du crible.

On complète ce nettoiement avec un tarare muni d'un

petit grillage. Cette opération permet de séparer la poussière et les graines chétives des bonnes semences. On remplace quelquefois le tarare par un crible à opercules beaucoup plus petits que la grosseur des graines ordinaires de colza.

Une fois ce nettoiement opéré, on conserve les graines en tas de 0^m,30 à 0^m,50 d'épaisseur. Il est utile de temps à autre, tous les mois par exemple, de les soumettre à un nouveau tararage ou criblage. Cette opération empêche les insectes de nuire à la qualité de la graine.

Les graines que l'on conserve pendant trois ou quatre mois après la récolte, perdent environ 1/15e à 1/10e de leur volume.

Insectes qui attaquent les graines dans les greniers. — La graine de colza conservée dans les greniers est attaquée par un insecte acarien que l'on désigne sous le nom de *mite*. Suivant M. Focillon, cette mite vit des débris pulvérulents que produisent les semences malades ; elle a donc l'inconvénient de salir la graine et d'altérer sa qualité. On prévient cette altération en soumettant de temps à autre les semences à un tararage ou à un criblage.

Rapport de la paille et des siliques à la semence. — Il est utile de connaître les quantités de paille et de siliques que l'on doit obtenir par chaque 100 kilog. de graines récoltées. Ces données servent à établir des calculs de prévision.

A. PAILLE. — La paille est plus ou moins abondante selon la fertilité du sol et la végétation des plantes. Voici les chiffres que l'on a observés :

De Gasparin. .	100 kil. de graines proviennent de 165 kilog. de paille.	
Boitel	100 — —	150
Grignon	100 — —	190

Moyenne.	168 kilog.

Ainsi, 1 hectare qui produirait 24 hectolitres, ou 1,600 à 1,700 kil. de graines, devrait donner de 2,700 à 2,900 kil. de tiges ou de paille.

B. SILIQUES. — Les siliques sont abondantes. Elles sont à la graine :: 1 : 10.

Ainsi, 1 hectare qui produirait 24 hectolitres de graines doit donner environ 240 hectolitres de siliques.

Un hectolitre de siliques pèse de 4 à 4 kilog. 500.

Poids de l'hectolitre. — Un hectolitre de bonne graine de colza pèse en moyenne de 68 à 70 kilog. C'est accidentellement que ce poids atteint 72 kilog.

Les graines mal nourries, avortées, piquées par le charançon du colza, ne pèsent souvent que 62 à 65 kilog.

En général, le poids de l'hectolitre est en raison directe de la beauté, du volume et de la dessiccation des semences.

Un litre de graines de première qualité contient de 150,000 à 180,000 graines.

Rendement. — Le colza donne plus ou moins de graines et de paille selon la richesse des terres où il est cultivé et les accidents qu'il éprouve pendant sa végétation.

A. EN GRAINES. — Voici les résultats moyens que la statistique générale a enregistrés en 1840 :

		Colza.	Blé.
Nord	par hectare	19 hect. 34	20 hect. 74
Seine-Inférieure	—	19 — 05	18 — 25
Seine-et-Oise	—	18 — 85	19 — 05
Pas-de-Calais	—	14 — 10	16 — 51
Moyennes		17 hect. 83	18 hect. 64

Ainsi, le colza, à conditions égales de culture, est un peu moins productif que le froment; c'est par exception que l'on observe le contraire. Des faits analogues à ces résultats ont été observés à Grignon, de 1829 a 1855.

	Colza.	Blé d'hiver.
Première rotation.	18 hect. 25	21 hect. 00
Seconde —	21 — 96	23 — 10
Troisième —	24 — 48	25 — 00
Quatrième —	21 — 34	26 — 40
Moyennes. . . .	21 hect. 50	23 hect. 87

De 1832 à 1842, on a obtenu à Hohenheim, où l'on a adopté, comme à Grignon, un assolement alterne de sept années, 21 hect. 81 litres de colza par hectare et 25 hect. 92 litres de blé d'hiver,

Je compléterai ces données sur le rendement du colza en inscrivant les produits moyens que l'on a signalés :

		Hect.			Hect.
Rendu,	*Flandre*	35	Martine,	*Aisne*	26,00
Pluchet,	*Trappes*	32	Ducouytes,	*Lot-et-Garonne.*	24,00
Cordier,	*Flandre*	30	Lecouteux,	*Versailles.* . . .	20,40
Morière,	*Plaine de Caen.*	30	Boussingault,	*Alsace.*	18,70
Dailly,	*Trappes*	38	Mettray,	*Touraine*	16,90
	Moyenne	31,40		Moyenne.	21,20

Ainsi, d'après ces divers produits, c'est bien à tort qu'on adopterait, comme on l'a proposé, le chiffre 30 pour établir un budget de prévision concernant la culture du colza.

Les binages bien exécutés exercent une très-grande influence sur le produit de cette plante. Voici des résultats obtenus par M. le Barillier, qui confirment cette influence :

	Colza non biné.	Colza biné.
1839.	23 hect. 80	39 hect. 50
1840.	14 — 40	21 — 80
1841.	24 — 60	33 — 70
1842.	27 — 10	36 — 20
1843.	21 — 30	27 — 90
Moyenne. . . .	22 hect. 20	31 hect. 80

Les colzas non binés avaient été plantés toutes les raies;

autres étaient séparés par deux bandes de terre. Dans deux cas, les plantes, sur les lignes, étaient espacés de 0^m,20 à 0^m,25.

B. En paille. — Le colza produit une quantité de tiges sèches à peu près égale à celle que donne le blé. Voici les productions que l'on a obtenues par hectare :

	Produit des graines.	Produit en paille
Bertel.	2,590 kil.	4,250 kil.
Grignon	1,500	3,280
Pluchet	2,240	3,000
Dailly.	1,960	3,000
Mettray	1,180	2,850
Hohenheim.	1,520	2,000
Moyennes.	1,883 kil.	3,060 kil.

D'après ces résultats la graine est donc à la paille comme 100 : 160.

C. En racines. — M. Boitel a pesé les racines munies d'un fragment de tige de 0^m,15 environ, que contient 1 hectare de colza. Il a trouvé que la quantité s'élevait en moyenne, à l'état frais, à 3,300 kilog., quand la production en paille avait atteint 4,200 kilog. Les racines desséchées ont pesé 820 kilog. Ainsi la

Paille : racines fraîches :: 100 : 76.
Paille : racines sèches :: 100 : 19.

Ces rapports varient naturellement suivant la richesse du sol, c'est-à-dire la vigueur avec laquelle les plants de colza se seront développés.

Usages des produits. — A. Graines. — Les graines de colza fournissent une huile qui sert à l'éclairage et que l'on emploie aussi dans la fabrication des savons noirs, l'apprêt des cuirs, etc. Cette huile est ordinairement jaune et elle a une odeur forte qui est caractéristique. Lorsqu'elle est vieille ou qu'elle reste exposée à l'air, elle blanchit, sa viscosité augmente et elle devient impropre à l'éclairage. Sa densité est de 0,9136. Elle ne se solidifie que sous un froid de 10 à 12 degrés au-dessous de zéro.

L'huile de colza se vend épurée ou non épurée, en tonnes qui contiennent un peu plus de 1 hectolitre et qui pèsent 91 kilog.

B. Siliques. — On emploie les siliques ou *cossettes* de colza dans l'alimentation des animaux domestiques. On les donne de préférence aux vaches et aux bêtes à laine quand on leur fait consommer des racines : betteraves, carottes, etc. Les agriculteurs qui ont une distillerie de betteraves mêlent les pulpes qui proviennent de cette opération avec des siliques. Ces cossettes tempèrent avantageusement l'action de l'humidité que possèdent ces aliments, sur la vie des animaux. Quand on les destine à l'alimentation, il faut les rentrer aussitôt que le battage est terminé et les conserver dans des endroits secs. On exécute leur transport au moyen de sacs, de grands tombereaux ou de charrettes garnies intérieurement d'une toile.

Les cultivateurs qui ont suffisamment de fourrages, les brûlent lentement sur place et répandent les cendres qui résultent de cette opération avant de procéder au déchaumage du champ.

C. Paille. — La paille de colza est employée comme litière dans les étables et les bouveries ou elle sert pour former des *soutraits* sous les meules de grains ou de foin, ou pour les couvrir. Quand on l'emploie comme litière on doit la laisser séjourner plusieurs jours et même une semaine sous les animaux, afin qu'elle absorbe le plus possible de déjections liquides. Cette paille sert à fabriquer d'excellent fumier, parce qu'elle contient beaucoup de substances salines, mais elle est peu absorbante.

On la place quelquefois dans les cours et sur les chemins.

On doit la conserver en meule. Si on la laissait longtemps exposée à l'action des pluies, elle prendrait une teinte brune et perdrait de ses qualités.

Quantité de produits fournie par la graine. — La graine de colza fournit deux produits : de l'huile et du tourteau.

A. HUILE. — La graine de colza contient environ 50 p. 100 d'huile quand elle est de première qualité, mais elle n'en rend ordinairement que 35 à 40 p. 100. Un hectolitre du poids moyen de 67 kilog. fournit donc de 24 à 27 kilog. d'huile.

En fabrique, on compte qu'il faut écraser et presser de 325 à 425 litres, ou 218 à 285 kilog. de graines, pour remplir une tonne d'huile de 91 kilog.

Un hectare qui produit 21 hectolitres ou 1,400 kilog. de graines, fournit par conséquent de 490 à 560 kilog. d'huile.

B. TOURTEAU. — Le résidu qui reste dans la presse constitue ce qu'on appele le *tourteau de colza*. Ce tourteau est mince, assez friable ; sa couleur chiné noir, rouge et jaune ; son odeur rappelle un peu celle de l'huile de colza.

> 100 kilogr. de graines donnent de 45 à 50 kil. de tourteau.
> 1 hectol. du poids de 67 kilog. de 30 à 33 —

On l'emploie comme engrais ou on le donne aux animaux comme substance alimentaire.

Ce tourteau est riche en azote. D'après MM. Payen et Boussingault, il contient à l'état normal 10, 5 pour 100 et et 4, 92 d'azote. Quelque sec qu'il soit, il renferme environ 14 pour 100 d'huile.

Valeur commerciale. — A. GRAINES. — La graine de colza se vend à l'hectolitre. Son prix varie suivant l'abondance des produits et les besoins des huileries et du commerce ; il est en moyenne de 25 fr. l'hectolitre. En général il ne descend pas au-dessous de 18 fr. et il ne s'élève pas au-dessus de 30 fr.

Pour qu'une graine soit de première qualité, il faut qu'elle soit ronde, noire et dure, et qu'écrasée elle offre une chair jaune foncée qui graisse beaucoup. Les semences rougeâtres sont moins recherchées et moins estimées par le commerce et les huiliers.

En Flandre, les graines que l'on regarde comme les meilleures sont celles que l'on récolte à Cambrai, à Douai, et à Hazebrouck. Celles des environs de Lille sont plus grosses, mais elles sont un peu moins oléagineuses. Ainsi, la statistique générale constate que le prix moyen des premières est de 25 fr. 60 l'hectolitre, et que les secondes se vendent en moyenne 24 fr. 75.

Voici deux analyses, l'une faite par M. Boussingault et l'autre par M. Moride, qui démontrent que la valeur oléifère des graines de colza varie suivant la provenance de ces semences.

	Graines d'Alsace.	Graines de Bretagne.
Huile	50,00	38,50
Matières organiques	35,10	55,44
Sels divers	3,90	3,50
Eau.	11,00	2,56
	100,00	100,00

Tout porte à croire que les graines récoltées en Bretagne, avaient été presque complétement desséchées, car en général ces semences contiennent plus de 2 pour 100 d'humidité.

B. TOURTEAU. — Le tourteau de colza se vend au poids. Les 100 kilog. valent en moyenne 12 à 15 fr.

Prix de revient. — La culture du colza engage par hectare un capital un peu élevé. Voici un extrait de la comptabilité de Grignon et un de Versailles (1). Le premier concerne huit années de culture et près de 240 hectares cultivés en colza; le second embrasse 2 années d'exploitation et 98 hectares.

	Grignon.	Versailles.
Dépenses par hectare.	430 fr. 70	346 fr. 95
Produit brut —	535 80	485 42
Bénéfices —	105 10	138 45
Prix de revient de l'hectolitre.	20 58	17 03
Prix de vente —	25 60	23 83
Bénéfice par hectolitre.	5 18	6 80

M. F. Pigeon a inscrit sur sa comptabilité les moyennes suivantes, résultat de dix années de culture :

Produit, 20 hectol. ; dépenses, 466 fr. ; recettes, 580 fr. ; bénéfices, 114 fr.

Tous ces chiffres démontrent qu'on ne peut pas compter réaliser par hectare, à l'aide de la culture du colza, un bénéfice de 449 fr., ainsi que l'a avancé M. de Gasparin. Il faudrait, pour obtenir un tel produit net, récolter en moyenne 40 hectolitres ayant une valeur de 1,000 fr. De tels rendements ne s'obtiennent que très-accidentellement.

Si la culture de cette oléagineuse a occasionné, à Roville, de 1825 à 1835, une perte de 4 fr. 69 par hectare, cela tient à ce que Mathieu de Dombasle ne fumait pas assez les terres qu'il lui consacrait. Si, au lieu d'appliquer seulement par hectare 15,000 à 17,000 kilog. de fumier, il en eût fait répandre 30,000 kilog., le produit moyen aurait été très-certainement de 23 hectolitres au lieu de 11 hectolitres 50, les dépenses eussent atteint 340 fr. 97 au lieu de 259 fr. 85, les recettes se seraient élevées à 510 fr. 32 au lieu de 255 fr. 16, et au lieu d'une perte il aurait réalisé un bénéfice de 162 fr. 35.

(1) Cultures de l'ancien Institut agronomique.

BIBLIOGRAPHIE.

Dupuy-Demportes. — Gentilhomme cultivateur, 1762, in-4, t. VI, p. 226.

? — Société économique de Berne, 1762, in-12, p. 191.

Rozier. — Traité sur la culture du colza, 1774, in-8.

Lebrun. — Mémoires de la Soc. centrale d'agric., 1777 trim. d'automne, in-8.

Rozier. — Cours complet d'agriculture, 1783, in-4, t. III, p. 346.

Gruvee. — Encyclopédie méthodique, 1797, in-4, t. III, p. 181.

Marshall — Cours d'agric. anglaise, 1808, in-8, t. I, p. 442.

Bosc. — Nouveau cours complet d'agric., 1821, in-8, t. IV, p. 540.

Yvart. — Nouveau cours complet d'agric., 1823, in-8, t. XIV, p. 571.

Cordier. — Agriculture de la Flandre, 1823, in-8, p. 307.

De Dombasle. — Mém. de la Soc. cent. d'agric., 1822, in-8, t. I, p. 339.

Thaër. — Principes raisonnés d'agriculture, 1831, in-8, t. IV, p. 247.

Hotton. — Culture du colza, 1832, in-8.

F. Pigeon. — Mém. de la Soc. d'agric. de Seine-et-Oise, 1832, in-8, p. 197.

Leclerc-Thouin et **Vilmorin**. — Maison rustique, 1826, gr. in-8, t. II.

Crud. — Économie de l'agriculture, 1839, in-8, t. II, p. 103.

Schwertz. — Assolement de l'Alsace, 1839, in-8, p. 288.

Fabre. — Culture du colza dans le Sud-Ouest, 1842, in-8.

Rendu. — Agriculture du Nord, 1843, in-8, p. 226.

De Dombasle. — Calendrier du bon Cultivateur, 1846, in-12, p. 98.

Schlipp. — Manuel d'agriculture, 1844, in-8, p. 134.

Schwertz. — Plantes économiques, 1847, in-8, p. 97.

Royer. — Agriculture allemande, 1847, in-8, p. 58.

Turin. — Culture du colza dans le Berry, 1847, in-8.

Lœuillet. — Encyclopédie moderne, 1847, in-8, t. X, p. 79.

De Gasparin. — Cours d'agriculture, 1848, in-8, t. IV, p. 141.

Bazin. — Compte-rendu du Mesnil-Saint-Firmin, 1849, in-8, p. 44.

Du Moncel. — Culture du colza, 1850, in-8.

Richard et **Payen**. — Précis élém. d'agriculture, 1851, in-8, t. I, p. 569.

Girardin et **Dubreuil**. — Cours élém. d'agric., 1852, in-12, t. II, p. 371.

Le Docte. — Culture des plantes oléagineuses, 1852, in-12, p. 11.

Niel. — Mém. de la Soc. d'agric. de Toulouse, 1852, gr. in-8.

Boitel. — Recueil encyclop. d'agriculture, 1852, in-8, t. III, p. 181.

De Sauley. — Journal d'agriculture pratique, 1853, 3e série, t. VII, p. 83.

De Villeneuve. — Manuel d'agriculture pratique, 1855, in-8, t. I, p. 286.

Morière. — Annuaire de l'Association normande, 1855, in-8, p. 1.

Vilmorin. — Bon jardinier, 1855, in-12, p. 610.

SECTION II.

Navette d'hiver.

(De *bressic*, nom celtique du chou.)

BRASSICA NAPUS, L.   BRASSICA ASPERIFOLIA, Lam.

Plante dicotylédone de la famille des Crucifères.

Anglais. — Winter rape.   *Espagnol.* — Nabina.
Allemand. — Rübsamen.   *Italien.* — Rapetto.

Historique. — Climat. — Végétation. — Terrain : nature, préparation, fertilité. — Semis : époque, procédé, quantité de semences, recouvrement des graines. — Éclaircissage. — Soins d'entretien. — Insectes nuisibles. — Récolte : maturité, époque, exécution, battage, conservation des graines. — Rendement : en graines, en paille. — Rapport des semences à la paille. — Poids de l'hectolitre, quantité d'huile et de tourteau par 100 kil. de graines. — Usages de l'huile, du tourteau et des tiges sèches. — Valeur commerciale des graines et du tourteau. — Prix de revient. — Bibliographie.

Historique. — La navette, appelée quelquefois *ravette* ou *rabette*, était cultivée en France au temps où vivait Olivier de Serres. Suivant La Chesnaye Desbois, sa culture, en 1751, était répandue dans la Normandie, la Brie, la Flandre et en Hollande, localités où sa graine donnait lieu à un commerce important. De nos jours on la cultive très en grand dans les provinces de l'Est, dans le Holstein, la Silésie, etc.

Climat. — Cette oléagineuse est rustique; dans les sols

sains, elle supporte très-bien les froids rigoureux des hivers de la région septentrionale. Si au printemps les neiges tardives lui sont plus nuisibles qu'au colza, parce qu'elles brisent souvent ses tiges, elle redoute moins que cette plante le vent et la sécheresse.

Végétation. — La navette n'atteint jamais un développement aussi grand que le colza d'hiver. Ses feuilles inférieures sont pétiolées, lyrées et hérissées ; ses feuilles supérieures sont glabres, glaucescentes, lancéolées, cordiformes et munies de deux oreillettes embrassantes. Ses fleurs sont d'un jaune foncé et ses siliques, au lieu d'être horizontales comme celles du colza, sont redressées sur les pédoncules. Ses graines sont plus petites que celles de cette oléagineuse.

Les ramifications de la navette partent ordinairement du collet ; celles du colza se développent sur la tige principale.

Terrain. — A. NATURE. — La navette réussit très-bien sur les terrains légers et calcaires ayant une moyenne profondeur. Craignant l'humidité, on doit éviter de les semer sur les terres à sous-sols imperméables. En général, on ne la cultive que sur les sols calcaires-argileux, calcaires-siliceux ou silico-calcaires perméables. Elle vit assez bien dans les sols pierreux.

B. PRÉPARATION. — Les terrains consacrés à la navette d'hiver ne demandent pas une préparation aussi parfaite que celle que l'on donne aux terres qui doivent être semées ou plantées en colza. Ordinairement on déchaume le sol aussitôt que la moisson est terminée, et on complète cette opération par un labour et plusieurs hersages exécutés à l'époque où les semailles doivent être faites.

C. FERTILITÉ. — La navette d'hiver est moins exigeante et

moins épuisante que le colza d'hiver. Cependant il est utile de ne la cultiver que sur des terres de bonne qualité. Quand elle végète sur des sols pauvres, ses produits sont faibles, et leur valeur ne dépasse pas toujours les dépenses. Le plus ordinairement, on ne l'adopte comme plante oléagineuse que lorsque la terre appartient à la période céréale, c'est-à-dire produit de bonnes récoltes de froment ou d'abondantes récoltes de seigle. A fertilité égale, ses produits dépassent ceux du colza. C'est pour cette raison qu'elle est toujours cultivée sur des terres d'une richesse moyenne.

Quand la terre n'est pas assez fertile, on applique par hectare la moitié ou au plus les deux tiers de la fumure qu'exige le colza.

Semis. — A. Époque. — Cette crucifère se sème dans le mois de septembre et quelquefois à la fin d'août. Autrefois, on ne pratiquait les semis qu'en octobre, mais l'expérience a prouvé qu'il fallait confier les graines à la terre beaucoup plus tôt. Les plantes qui proviennent de semis exécutés en septembre, ont plus de force pour résister pendant l'hiver à des gelées très-intenses ou à un excès d'humidité.

On ne doit pas semer la navette aussitôt que le colza. Semée en juillet, elle serait trop forte, trop élevée à la fin de l'automne. Les pieds courts, trapus, forts, bien garnis de feuilles, sont ceux qu'il faut regarder comme les plus rustiques et les meilleurs.

B. Procédé. — On a proposé : 1° de semer la navette d'hiver en pépinière et d'exécuter sa transplantation à l'époque où l'on opère la mise en place des plants de colza ; 2° de pratiquer les semis en lignes. Le premier mode de culture, en usage en Angleterre, il y a bientôt un siècle, occasionne des dépenses qui ne sont pas en rapport avec la valeur du produit en graines de la navette ; le second n'est nécessaire que lorsqu'on cultive cette plante, ce qui ne doit pas avoir lieu, sur des terres envahies par des plantes nuisibles à racines traçantes ou susceptibles de produire en grand nombre de mauvaises herbes.

On doit répandre la graine à la volée et à demeure. Ce mode d'ensemencement est celui que l'on a adopté dans la Picardie, la Champagne, la Normandie, etc. L'expérience a prouvé qu'il ne laisse rien à désirer quand il a été bien exécuté.

C. QUANTITÉ DE SEMENCES. — On répand par hectare de 6 à 8 litres de graines.

D. RECOUVREMENT DES GRAINES. — On recouvre les semences par un hersage. La graine de navette est trop volumineuse pour qu'on puisse l'enfouir par un roulage.

On doit l'enterrer à 0^m, 03 ou 0^m, 05 de profondeur.

Éclaircissage. — Lorsque les graines ont bien germé et qu'elles ont donné naissance à un très-grand nombre de pieds, il faut détruire ceux qui sont superflus, à la fin de septembre ou pendant le mois d'octobre, c'est-à-dire quand la navette a développé 4 à 6 feuilles.

On n'exécute pas cet éclaircissage à la main ou au moyen de la binette. On le pratique à l'aide d'une herse. Ainsi, par un beau temps, on fait traîner une herse légère par un cheval sur les endroits où les plants sont trop épais. Les dents de cet instrument déracinent un nombre plus ou moins grand de pieds, suivant la manière dont il a été réglé.

La herse est traînée en accrochant ou en décrochant, selon le nombre de plants qu'elle doit détruire.

Un champ est suffisamment garni quand les pieds sont éloignés de 0^m, 16 à 0^m, 20.

On ne doit nullement s'effrayer du travail de la herse.

Si le hersage a été bien exécuté, il restera sur la terre assez de plants pour que la couche arable soit complétement abritée à la fin de l'automne par la navette.

Cette manière d'éclaircir les semis de navette trop drus est très-économique. J'ai dit, en parlant de la culture des navets sur un chaume de céréales, qu'on les éclaircissait de cette manière. (*Voir* PLANTES FOURRAGÈRES, t. v, p. 92.)

On a proposé d'éclaircir les semis trop drus en traçant des allées avec un extirpateur auquel on a laissé seulement les socs placés sur la traverse postérieure du bâtis. Ce moyen est imparfait puisqu'il oblige à éclaircir les plants qui restent sur le sol.

Soins d'entretien. — La navette ne réclame aucune culture d'entretien si la terre a été bien préparée et si elle est propre.

Si l'on constatait en octobre, qu'un certain nombre de pieds de *moutardon* (SINAPIS ARVENSIS, L.), de *ravenelle* (RHA-PHANUS RHAPHANISTRUM, L.), se sont développés en même temps que la navette, il faudrait les enlever en exécutant un ou deux sarclages. Si l'on hésitait à détruire les plants superflus avec la herse, il faudrait les enlever à la main.

Animaux nuisibles. — La limace grise a fait souvent beaucoup de dégâts aux champs de navette. On amoindrit ses ravages en répandant de la poudre de chaux sur les plantes qu'elle attaque.

Récolte. — A. ÉPOQUE. — La navette d'hiver se récolte en juin, dans les provinces du Nord et de l'Est, et à la fin de mai, dans les contrées du Midi. En Angleterre, cette plante n'arrive à maturité qu'en juillet.

Elle mûrit toujours un peu avant le colza d'hiver.

B. MATURITÉ. — Cette plante est arrivée à maturité quand les tiges et les siliques ont pris une teinte jaunâtre et lorsque les graines des premières siliques sont noires ou très-brunes. On ne doit procéder à la récolte ni trop tôt, ni trop tard. Dans le premier cas, les graines conservent une teinte rougeâtre; dans le second, on perd beaucoup de semences par l'égrenage.

C. PROCÉDÉ. — On procède à la récolte de trois manières : 1° on arrache les tiges; 2° on les coupe avec la faucille; 3° on les sépare avec la faux.

1° *Arrachage*. — Lorsque les terres sont légères, on arrache les tiges et on les dépose en javelles par poignées sur le sol. Cette opération est expéditive. On peut la confier à des femmes ou des enfants.

2° *Faucillage*. — Lorsque la navette végète sur des sols argileux ou un peu compacts, et qu'on opère la récolte par un temps sec, on coupe les tiges avec une faucille bien tranchante. Dans de telles conditions, l'arrachage n'est pas possible, à moins de se résigner à supporter la perte qui en résulterait.

3° *Fauchage*. — On peut remplacer la faucille par la faux. Cet instrument permet d'agir promptement. Toutefois, comme il égrène plus que la faucille, on se trouve dans la nécessité, lorsqu'on s'en sert, d'opérer de préférence le matin, quand les plantes sont encore couvertes de rosée, le soir ou pendant la nuit.

La *faux* est *nue* ou *armée* d'un *crochet* ou d'un *playon*, suivant la hauteur des tiges et leur degré de maturité.

D. JAVELAGE. — La navette une fois arrachée ou coupée reste en javelles sur le sol jusqu'à ce que les siliques et leurs graines soient complétement mûres.

La durée du javelage varie entre trois et six jours, suivant la latitude où la navette est cultivée et selon aussi les degrés de dessiccation qu'elle avait atteints avant la récolte.

On peut renoncer au javelage et mettre les tiges, liées ou non, en petites meules ou moyettes.

E. Battage. — L'égrenage des siliques se fait sur une bâche établie en plein champ ou à l'intérieur d'une grange. (*Voir* Colza d'hiver, *battage*, p. 31.)

En Angleterre, le battage de la navette constituait, vers 1780, une des scènes les plus remarquables que puisse présenter l'agriculture. Les jours où il se pratiquait étaient considérés comme des jours de fête publique, et une foire ne présentait pas plus d'animation. Les ouvriers étaient divisés en *ramasseurs*, *porteurs*, *étendeurs*, *batteurs*, *retourneurs*, *enleveurs*, *râteleurs*, *cribleurs*, *remplisseurs* et *porteurs*. Cette opération se répétait dans toute la vallée du Yorkshire toutes les fois que la navette était cultivée sur une étendue de 8 à 12 hectares. Cette scène champêtre et pittoresque a été très-bien décrite par Marshall.

On peut aussi battre la navette sur place ou à l'intérieur des bâtiments, au moyen d'une machine à battre. Ses tiges, bien moins développées que celles du colza d'hiver, passent facilement entre le batteur et le contre-batteur, si surtout la mobilité de ce dernier a permis de l'éloigner des battes plus que de coutume.

Nettoyage des graines. — Les graines de navette, après avoir été déposées dans un grenier avec une certaine quantité de siliques, sont remuées deux ou trois fois par semaine, afin qu'elles ne s'échauffent pas. Quand elles sont sèches, on les nettoie à l'aide d'un tarare et d'un crible. (Voir *nettoyage du colza*, p. 35.)

Conservation des graines. — Les graines que l'on conserve dans les greniers demandent les mêmes soins que les semences de colza.

Rendement. — La navette d'hiver, cultivée sur des terres à froment, donne de bons produits. L'expérience permet de dire que ce rendement est sensiblement égal à celui que fournit le colza. Voici les produits moyens que l'on a obtenus par hectare :

Gaujac	(Seine-et-Marne). . . .	31	hectolitres.
Bella	(Seine-et-Oise)	20	—
Risler	(Bas-Rhin).	20	—
De Dombasle	(Meurthe).	16	—
Thaër	(Basse-Saxe).	29	—
Marshall	(Angleterre).	28	—
Burger	(Autriche).	27	—
Podwills	(Carinthie).	25	—
	Moyenne.	24 hect. 50	

Dans le Holstein, on récolte en moyenne, suivant Rixen, 44 hectolitres. Ce produit doit être regardé comme un rendement tout à fait exceptionnel.

Poids de l'hectolitre. — La graine de navette est un peu moins pesante que celle du colza. Lorsqu'elle est de belle qualité, elle pèse de 65 à 68 kilog. l'hectolitre.

Cette graine est plus petite que celle du colza. Un litre en contient de 220,000 à 235,000.

Rapport des graines à la paille. — La navette d'hiver, ayant des tiges plus grêles et moins élevées que le colza, produit moins de paille par hectare.

D'après les faits constatés à Grignon, les graines sont à la paille : : 100 : 12.

Ainsi, lorsqu'un hectare produit 20 hect. de graines, on peut compter récolter environ 1600 kilog. de tiges sèches.

Quantité d'huile et de tourteau fournie par les graines. — La graine de navette fournit moins d'huile que la semence de colza. On en obtient ordinairement environ 33 kilog. par 100 kilog. de graines.

Ainsi, 1 hectolitre de semences pesant 66 kilog., doit donner 23 kilog. d'huile.

La navette fournit plus de tourteau que le colza. On a reconnu que 100 kilog de graines fournissent 62 kilog de tourteau, et 1 hectolitre, de 40 à 42 kilog.

Valeur commerciale des produits. — A. HUILE. — L'huile de navette est aussi employée pour l'éclairage, la fabrication des savons mous, le foulage des étoffes, etc. Elle se vend le même prix que l'huile de colza.

B. GRAINES. — Les graines de cette plante atteignent rarement le prix que l'on accorde aux semences de colza.

Le commerce préfère les graines récoltées dans la plaine de Caen, et après celles-ci, celles qui proviennent des environs de Rouen. Les graines récoltées dans la Lorraine et la Franche-Comté sont moins estimées.

C. TOURTEAU. — Le commerce n'établit pas de différence entre le tourteau de navette et celui de colza. Tous les deux se vendent le même prix.

Usage de la paille et des siliques. — Les tiges de navette, toujours plus blanchâtres que celles du colza, sont employées comme litière. Cette paille absorbe assez facilement les urines.

Dans la nourriture du bétail on peut employer les siliques.

BIBLIOGRAPHIE.

Bosc. — Encyclopédie méthodique, 1797, in-4, t. v, p. 416.

Rozier. — Cours complet d'agricult., 1799, in-4, t. VIII, p. 554.

Marshall. — Agricult. prat. de l'Angleterre, 1803, in-8, t. I, p. 297.

Yvart. — Cours complet d'agricult., 1823, in-8, t. XIV, p. 196.

Vilmorin et Leclerc-Thouin. — Maison rustique du XIX° siècle, 1846, gr. in-8, t. II, p. 8.

Schwertz. — Culture des plantes économiques, 1847, in-8, p 125.

De Gasparin. Cours d'agriculture, 1848, in-8, t. IV, p. 149.

Rey. — L'Agriculteur praticien, 1851, in-12, p. 246.

SECTION III.

Rutabaga.

(De *bresic*, nom celtique du chou.)

BRASSICA RUTABAGA.

Plante dicotylédone de la famille des Crucifères.

Anglais. — Swedish turnip.   *Allemand.* —Swedische rübe.

Le rutabaga, dont j'ai décrit tome v, p. 99, la culture comme plante fourragère, a été proposé comme oléifère.

Cultivé en 1817 par M. Vilmorin, sur des terres légères, il a fourni 2,000 kilog. de graines par hectare, soit environ 30 hectolitres.

Ce résultat est remarquable; mais il ne me permet pas de proposer cette crucifère comme plante oléagineuse. J'ai dit, dans le tome v, qu'elle redoutait pendant l'hiver les sols humides et que sa racine était sujette à pourrir du collet durant cette saison quand elle végétait sur de tels terrains. J'ajouterai que les vents violents détachent et renversent souvent les tiges alors qu'elles sont chargées de siliques. Enfin, si le rutabaga était cultivé pour ses graines, il faudrait renoncer aux racines si précieuses qu'il fournit quand on le transplante sur des terres de qualité très-ordinaire.

Quoi qu'il en soit, le rutabaga peut donner par hectare, suivant M. Gaujac, les produits moyens suivants :

Graines 1950 kil. ; huile 650 kil. ; tourteau 1216 kil.

Ainsi 100 kilogr. de graines fournissent 33 kilog. d'huile et 62 kilogr. de tourteau.

SECTION IV.

Julienne.

(De ἕσπερος, soir; allusion au parfum que les fleurs exhalent le soir.)

HESPERIS MATRONALIS, L.

Plante dicotylédone de la famille des Crucifères.

Anglais. — Rocket. *Italien.* — Giuliana.
Allemand. — Fauennacht viole. *Espagnol.* — Violo matronal.

Fig. 5. — Julienne.

Cette oléagineuse est bisannuelle. On la cultive dans les jardins comme plante d'ornement. Ses fleurs ont beaucoup de rapport avec celles de la giroflée blanche et simple.

On la sème au mois de septembre ou d'octobre. Les semis doivent être faits en lignes. La graine se répand à raison de 3 à 5 kil. à l'hectare.

La julienne (*fig.* 5) a été expérimentée par un grand nombre d'agriculteurs, et presque toujours on a reconnu qu'elle donnait de très beaux produits.

Ces résultats, obtenus à l'aide de cultures faites malheureusement sur de petites surfaces et dans des temps très-riches, n'ont pas été confirmés lorsqu'on a cultivé la julienne en grand.

M. Vilmorin a reconnu que son produit en graines laissait à désirer, et M. Gaujac a constaté que ses semences donnaient seulement 350 kilogr. d'huile par hectare, soit 18 pour 100. Ce rendement est évidemment trop faible pour qu'on puisse la recommander comme une bonne plante oléagineuse.

L'huile que fournit la julienne est très-âcre et amère. Lorsqu'on la brûle, elle produit une fumée abondante qui noircit le linge des personnes qui travaillent à la lumière de cette huile.

C'est le chanoine Delys qui a extrait le premier, en 1787, de l'huile des graines de la julienne. Voici les résultats qu'il obtint et qui l'engagèrent à en recommander la culture :

Graines, 8 kil. 800, huile, 7 lit. 78; soit 50 pour 100.

Sonini de Mononcourt expérimenta aussi cette plante et il constata comme l'abbé Delys que ses graines donnaient plus d'huile que celle de la navette. Ces faits n'ont pas été confirmés.

Je mentionne ici cette crucifère, qu'on ne cesse chaque année, depuis trente ans, de préconiser, afin qu'on sache bien qu'elle n'a aucun mérite comme plante industrielle oléifère.

BIBLIOGRAPHIE.

Sonini de Mononcourt. — Culture de la julienne, 1804, in-8.

Gaujac. — Annales de l'agriculture française, in-8, 1re série, t. XXXXI.

Vilmorin et Leclerc-Thouin. — Maison rustique du XIXe siècle, 1846, gr. in-8, t. II, p. 11.

CHAPITRE II.

PLANTES ANNUELLES.

SECTION PREMIÈRE.

Pavot ou Œillette.

(Du celtique *papa*, bouillie ; allusion à l'aliment qu'on préparait autrefois avec les graines.)

PAPAVER SOMNIFERUM, L.

Plante dicotylédone de la famille des Papavéracées.

Anglais. — Poppy.	*Portugais* — Dormidiera.
Allemand. — Mohn.	*Espagnol.* — Dormidera.
Hollandais. — Meutzaad.	*Italien.* — Papavero.
Suédois. — Valmo.	*Polonais.* — Mak.

Historique. — Climat. — Végétation. — Variétés. — Composition. — Terrain : nature, préparation, fertilité. — Quantité d'engrais nécessaire. — Semailles : époque, exécution, quantité de graines, recouvrement des semences. — Germination. — Soins d'entretien : premier et deuxième binages, éclaircissage, troisième binage. — Insectes, animaux et agents atmosphériques nuisibles. — Récolte de l'œillette ordinaire : époque, exécution ; arrachage, dessiccation et battage des tiges. — Récolte du pavot aveugle. — Nettoiement et conservation des graines. — Poids de l'hectolitre. — Rendement. — Rapport des graines aux tiges. — Quantité d'huile contenue dans les graines. — Usage de l'huile. — Nature du tourteau. — Emploi des tiges. — Valeur commerciale des graines, huile, tourteaux et tiges sèches. — Bibliographie.

Historique. — La culture du pavot n'est pas très-ancienne ; elle prit naissance en France dans les premières années du xviii⁵ siècle ; mais pendant longtemps l'huile

que ses graines fournissaient fut seulement employée dans
l'industrie et les arts, car on la regardait comme nuisible
pour la vie humaine.

En 1717, le lieutenant-général de police consulta la Faculté de médecine afin de savoir si elle contenait un narcotique, ainsi que le disaient ceux qui demandaient qu'elle
ne fût pas vendue pure ; mais quoique la Faculté eût dé-
claré que cette huile ne renfermait rien qui pût altérer la
santé, et que l'usage devait en être permis (1), une sentence
du Châtelet, en date du 17 janvier 1718, fit défense à tous
les marchands d'huile de pavot de mêler celle-ci à l'huile
d'olive, sous peine d'une amende de 3,000 livres. Cet arrêt
n'empêcha pas les huiliers de continuer de faire leur mélange.

De nouvelles plaintes ayant été adressées au chef de la
police, celui-ci obtint du Châtelet, le 11 mars 1735 et
le 6 juillet 1742, de nouveaux arrêts, qui ordonnaient aux
marchands de comestibles de jeter dans chaque baril
d'huile d'œillette 500 grammes d'essence de térébenthine.
Ces arrêts furent confirmés, le 22 décembre 1754, par des
lettres-patentes que le parlement enregistra le 29 janvier 1755. Ces lettres, qui étaient contraires à l'avis que la
Faculté de médecine avait donné le 28 juin 1717, puisqu'elles portaient que l'huile d'œillette avait été reconnue
de tout temps d'un usage pernicieux, frappèrent vivement
l'abbé Rozier.

Convaincu que ces arrêts avaient été rendus sur la demande de personnes intéressées, il entreprit une suite
d'expériences dans le but de bien constater que l'huile de

---

(1) Cum sensuissent doctores nihil narcoti aut sanitati inimici in se conti-
nere ipsius usum tolerandum esse existimarunt. (*Registres de la Faculté,*
t. XVIII, p. 150.)

pavot ne contenait rien de narcotique, rien de dangereux, et lorsque, en 1773, il eut acquis la certitude qu'elle était très-salubre, il s'adressa au lieutenant de police, et lui demanda que la Faculté fût de nouveau consultée. Cette compagnie rendit, le 12 février 1774, un décret qui confirma l'avis qu'elle avait donné cinquante-sept ans auparavant, et la décision rendue le 16 septembre de l'année précédente par le collège des médecins de Lille. Cette sentence donna à Rozier l'occasion de demander de nouveau le retrait des arrêtés qui défendaient l'usage de l'huile de pavot. A force de démarches et de sollicitations, il obtint des lettres-patentes permettant la fabrication et la vente de cette huile sans la mélanger avec d'autres substances. Les félicitations que Rozier reçut des agriculteurs, le dédommagèrent des persécutions dont il fut l'objet de la part de ceux auxquels les lois fiscales et de prohibition qu'il avait renversées, permettaient de réaliser d'immenses bénéfices au détriment de l'agriculture.

C'est sous l'empire de ces arrêts que la culture du pavot s'introduisit dans l'Artois, l'Alsace et la Lorraine ; avant cette époque, elle n'était pratiquée qu'en Flandre. En 1820, année durant laquelle périrent un si grand nombre d'oliviers dans le midi de la France, la Société centrale d'Agriculture de Paris lui imprima une impulsion remarquable, en proposant des prix de 2,000 et 1,000 francs aux cultivateurs qui la pratiqueraient dans les localités où elle était encore inconnue. Cette Société pensait avec juste raison que la culture des plantes oléifères, usitée dans le nord de la France, est bien insuffisante pour nous dispenser, quand la récolte des olives n'est pas abondante, de tirer des huiles de l'étranger, et que l'huile de pavot remplace, mieux qu'aucune autre, celle de l'olivier.

Voici quelles ont été les importations de l'huile d'olive :

	Importation.	Valeur.
1840.	36,500,000 kil.	29,500,000 fr.
1855.	29,599,000	36,300,000

Les exportations pendant ces deux années ne se sont pas élevées au delà de 1,300,000 kilog.

La France a importé, en 1855, 1,586,000 kilog. de pavot œillette, ayant une valeur de 461,000 fr.

Les froids intenses et tout à fait extraordinaires qui ont eu lieu en janvier 1855, dans les contrées du Midi, ont gelé un grand nombre d'oliviers. On sait que la plupart périrent en 1789, année durant laquelle le thermomètre descendit pendant dix-neuf jours à 15°,63 au-dessous de 0.

Ces désastres déplorables et l'importance des importations d'huile d'olive nous engagent à vivement insister pour que le pavot, cet olivier du Nord, comme l'appelait Royer, soit désormais plus cultivé qu'il ne l'a été jusqu'à ce jour; quand sa culture réussit, il donne un bénéfice net qu'il est difficile d'obtenir par l'intermédiaire du colza. Cette plante a, en outre, l'avantage de pouvoir remplacer cette dernière oléifère quand elle a été détruite par les gelées et les dégels, ou par les alouettes.

Le pavot œillette est cultivé dans les départements du Nord, du Pas-de-Calais, de l'Aisne, de la Somme, du Haut et du Bas-Rhin, de la Meurthe, de la Meuse, etc.

Climat. — Le pavot peut être cultivé sous tous les climats. On le multiplie en Carinthie, à plus de 1,000 mètres au-dessus de la mer. Toutefois, s'il résiste bien aux gelées à glace, il redoute un excès d'humidité et surtout les dégels. C'est pourquoi on le sème de préférence au printemps dans les contrées du nord de la France. Mais comme il craint, lorsqu'il est jeune, le printemps et principalement les étés secs, on se trouve dans la nécessité, dans les provinces du midi de l'Europe, de pratiquer les semailles en automne. Ainsi cultivé, il supporte très-bien, dans le Midi et en Algérie, les fortes chaleurs de mai et de juin.

Végétation. — Le pavot (*fig.* 6) appartient à la famille des papavéracées; sa racine est pivotante; sa tige est droite, lisse, cylindrique, rameuse ou ramifiée à 2 ou 3 décimètres du sol, et haute de 1 mètre à 1^m,50; ses feuilles sont larges, embrassantes, alternes, incisées, dentées, glabres et glauques; les fleurs, chiffonnées dans le bouton, sont grandes et à quatre pétales planes; les fruits, appelés *têtes de pavot* ou capsules, sont presque globuleux et couronnés d'un stigmate sessile et étoilé par douze à treize rayons; à leur intérieur, (*fig.* 7), on remarque des cloisons papyracées qui se fendent à la maturité, et qui forment alors autant de lames ou fausses cloisons que le stigmate offre de rayons ou de divisions.

Fig. 6. — Pavot œillette.

Lorsque les plantes sont vertes, elles ont une forte odeur vireuse peu agréable, et les tiges et les capsules sont gonflées d'un suc propre ordinairement laiteux.

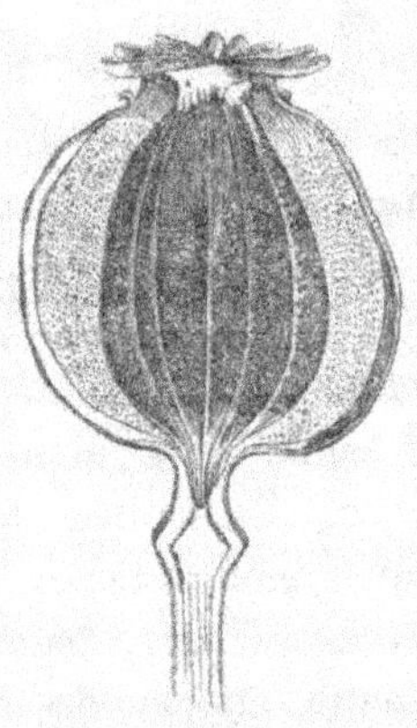

Fig. 7. — Coupe d'une capsule.   Fig. 8. — Capsule de pavot œillette.

Sous le climat de Paris, les boutons apparaissent en juin et les fleurs s'épanouissent en juillet.

Dans le Midi, c'est en mai, qu'a lieu la floraison.

En général, les jeunes plantes ont une jeunesse lente, mais lorsqu'elles ont atteint de 0ᵐ,20 à 0ᵐ,30 de hauteur, elles montent vite, surtout si l'atmosphère est à la fois chaude et humide, et elles fleurissent ordinairement vers le quatrième mois qui suit la germination. Quant a la récolte, elle a lieu six semaines ou deux mois après la floraison. Ainsi, les plantes qui proviennent de semis pratiqués à la fin de l'hiver, accomplissent toutes leurs phases d'existence dans un laps de temps qui varie entre le 5ᵉ et le 6ᵉ mois.

D'après les remarques de M. de Gasparin, le pavot exige pour mûrir 2,300 degrés de chaleur totale depuis l'appari-

PAVOT. Œillette

tion des cotylédons à la surface de la terre; la fève en exige 2,500.

Variétés. — On cultive deux variétés de pavot.

A. *Pavot œillette ordinaire*. — Cette variété est la plus cultivée; on la nomme *oliette*, *pavot gris*, *pavot à fleurs pourprées*, *pavot rouge*, *pavot noir*, *pavot à capsules ouvertes* (PAPAVER SOMNIFERUM, L.). Elle a des fleurs lilas, blanc rosé avec une tache violet noirâtre à la base des pétales. C'est par erreur que Tessier indique que la fleur est rouge.

Les capsules (*fig.* 8) offrent à la maturité, des opercules ou simples spores sous le disque stigmatifère, et elles prennent une teinte légèrement violacée ou bleuâtre; c'est pourquoi on désigne quelquefois cette variété sous le nom de *pavot bleu*. Thaër dit que le stigmate se détache de lui-même lorsque les semences sont mûres; ce fait n'a lieu que très-accidentellement. Le plus ordinairement il reste attaché à la capsule sur laquelle il forme une sorte de toit, dans le but de préserver les graines de l'action des pluies.

Les semences sont très-petites et nombreuses, et de couleur gris perle foncé. On a souvent dit que ces graines étaient noires; cette coloration n'est pas celle que présentent les graines qui ont été bien récoltées.

A cause des opercules que possèdent les têtes de cette variété, il faut, autant que possible, qu'elle soit cultivée dans des champs abrités des vents violents.

B. *Pavot aveugle*. — Cette variété, à laquelle on a donné les noms d'*œillette aveugle*, *pavot gris sans opercules*, *pavot à capsules fermées* (PAPAVER SOMNIFERUM INAPERTUM), n'est cultivée qu'en Alsace et en Allemagne, et la culture du pavot décrite par Thaër la concerne exclusivement.

Cette variété diffère de la précédente en ce que ses fleurs sont plus foncées, ses capsules plus grosses, et que ces dernières n'offrent pas de valvules sous le disque stigma-tifère.

(*Voir* pour la culture du *pavot blanc* et du *pavot à opium*, livre V, PLANTES ÉCONOMIQUES.)

Composition. — Suivant M. de Gasparin, les graines de pavot contiennent 3,05 d'azote, et les tiges 0,50.

Analysées par M. Boussingault, les graines ont donné :

Huile.	41,0
Matières organiques non azotées.	13,7
— — azotées. . .	17,5
Ligneux	6,1
Phosphates et sels.	7,0
Eau.	14,7
	100,0

Terrain. — Il est peu de plantes agricoles qui soient aussi difficiles que le pavot sur la nature et la préparation du sol sur lequel il peut être cultivé.

A. NATURE. — Il demande une terre très-propre, pro-fonde, un peu légère, douce, calcaire-argileuse, calcaire-siliceuse et substantielle ; il réussit très-bien sur les allu-vions riches. Dans les sols légers, il ne trouve pas assez de fraîcheur pendant les fortes chaleurs, et presque toujours il y manque de fixité. Mais ces terres ne sont pas les seules sur lesquelles sa réussite soit très-incertaine ; les sols à sous-sols imperméables, les terrains humides et les sols très-argileux lui sont aussi peu favorables. A Hohenheim, on a cessé de le cultiver à cause de la nature forte des terres.

B. PRÉPARATION. — Quelle que soit la nature des terrains sur lesquels le pavot doit être cultivé, il est indispensable que la couche arable soit parfaitement préparée. On donne ordinairement aux terres un labour d'hiver, et cette opéra-tion est suivie après les gelées à glace par un second et même un troisième labour, si la nature du sol l'exige.

En général, les terres qui ont supporté précédemment une récolte de betteraves, de carottes, de chanvre ou de tabac, peuvent être très-bien préparées par deux labours, si le premier a été exécuté en automne, aussitôt après les ensemencements des céréales d'hiver.

Comme la terre doit être très-meuble ou aussi pulvérulente que possible à l'époque des semailles, à cause de la finesse de la graine, on n'exécute le dernier labour que vers la fin de février, en ayant soin de le pratiquer par un temps sec. Cette opération est suivie par un ou deux hersages exécutés aussi par un beau temps. C'est en préparant ainsi la terre que l'on parvient à ameublir le plus possible sa surface.

Dans le nord de la France, on regarde comme essentiel pour la réussite de l'œillette, d'ameublir complétement la superficie des terres, tout en laissant le fond ferme, probablement dans le but de permettre aux plantes d'avoir, par l'intermédiaire de leurs racines, une plus grande fixité, et de mieux résister par conséquent à l'action des vents violents.

C. FERTILITÉ. — Le pavot a été regardé par plusieurs agriculteurs comme une plante peu épuisante. Les faits que la pratique a permis de recueillir ne confirment pas cette observation ; ils obligent au contraire de dire qu'il faut le considérer comme très-exigeant par rapport à la fertilité du sol. C'est pourquoi on ne doit le cultiver que sur les terres riches et fertilisées par une bonne fumure. Dans les sols pauvres, la valeur de son produit excède bien rarement les dépenses que nécessite sa culture.

Quantité d'engrais nécessaire. — Selon Crud, 100 kil. de graines enlèveraient au sol 909 kil. de fumier, et

1 hectolitre du poids de 66 kilog. 600 kil. MM. Girardin et Dubreuil adoptent ces derniers chiffres, et croient qu'une fumure de 13,200 kil. doit produire une récolte de 22 hectolitres par hectare. M. de Gasparin considère le pavot comme plus épuisant. D'après ses observations, c'est 3,990 kilogr., qu'il faudrait appliquer pour obtenir 100 kilog. de graines. Si l'hectare pouvait produire 30 hectolitres, la fumure à répandre sur cette superficie s'élèverait donc à 68,840 kilogr.; sur cette quantité, le pavot enlèverait seulement 18,580 kilogr., et il resterait dans le sol 50,260 kilog. de fumier.

Dans la pratique, la fumure que l'on applique pour cette oléagineuse est bien moins considérable. En Flandre, on répand par hectare, quand on n'emploie pas de fumier et d'engrais flamand, 1,500 kilogr. de tourteau de colza. Comme cette fumure permet d'obtenir 1,000 kilogr. de graines, il en résulte que 100 kilogr. peuvent être produits par 125 kilogr. de tourteau dosant, d'après M. Soubeiran, 5,55 d'azote et équivalent à 1,387 kilogr. de fumier.

A Grignon, le pavot vient après une fumure de 30 hectol. ou 2,100 kilogr. de poudrette, et produit en moyenne, par hectare, 16 hectol. 50 ou 1,000 kilogr. de graines. Comme la poudrette contient en moyenne 1,77 pour 100 d'azote, cette fumure doit être regardée comme équivalente à 9,300 kilogr. de fumier dosant 0,40 d'azote. Cette quantité explique pourquoi les récoltes de pavot, à Grignon, ne sont pas plus élevées.

On a dit qu'avec 1,000 à 1,200 kil. de tourteau, on pouvait compter sur une récolte de 18 hectol. par hectare : une telle fumure serait certainement insuffisante si la terre n'était pas très-riche. Je reste convaincu qu'il faut appliquer 1,100 kilogr. de fumier par chaque 100 kilogr. de graines que la nature du sol permet d'espérer. Ainsi, pour obtenir une récolte de 20 hectolitres ou 1,300 kilogr., la fumure devrait être de 14,000 kilogr. de fumier. Dans le cas où cette culture serait suivie, comme cela a souvent lieu, par un froment d'hiver pouvant produire 24 hectolitres ou 1,920 kilogr. par hectare, la quantité de fumier à répandre serait de 27,000 à 30,000 kilogr.

Toutes choses égales d'ailleurs, l'engrais à appliquer doit être riche en azote, et on doit éviter d'employer ceux qui ne se décomposent pas très-vite ou très-lentement, parce que la végétation du pavot s'accomplit entièrement dans l'espace de six mois environ.

Semailles. — A. ÉPOQUE. — Les semis de pavots se font vers la fin de février, en mars, et en dernier lieu dans la première quinzaine d'avril, dans la région septentrionale de la France.

Crud conseille de répandre la graine sur la neige ; cette méthode, proposée aussi par Thaër, réussit bien rarement. On a dit qu'on pouvait exécuter les semailles jusqu'en mai ; mais des semis faits à une époque aussi tardive sont presque toujours incertains.

En général, les semis hâtifs sont ceux qu'il faut pratiquer de préférence, parce que les plantes sont toujours plus développées quand arrivent les grandes chaleurs, et qu'elles donnent, en outre, plus de graines ; mais on se tromperait si on pensait, avec Mathieu de Dombasle, qu'il faut de toute nécessité semer le pavot avant le 1er mars.

Dans le Midi et en Algérie, les semis se font en octobre ou dans les premiers jours de novembre. Si on les pratiquait à la fin de l'hiver, les plantes n'auraient pas assez de force pour résister aux hâles ou aux sécheresses de mars ou d'avril.

B. Exécution. — Il y a quelques années on semait encore les pavots à la volée ; aujourd'hui, sur un grand nombre d'exploitations, la graine est répandue en lignes parallèles, distantes les unes des autres de 0^m,40 à 0^m,60. En pratiquant ainsi les ensemencements, on rend les cultures d'entretien plus faciles à exécuter et moins dispendieuses.

Les semis en lignes se font au moyen : 1° d'un semoir à cheval ; 2° d'un semoir à brouette ; 3° d'une bouteille (*fig.* 9) ; 4° de la main.

Quand les graines doivent être répandues à l'aide d'un semoir à brouette ou avec la main, on doit rayonner préalablement le sol. Ce travail s'exécute à l'aide d'un rayonneur traîné par un cheval, au moyen du rayonneur ou d'un cordeau et d'un traçoir. Toutefois, comme la graine de pavot est très-fine, et qu'elle doit être légèrement recouverte, il est utile de ne tracer que des sillons petits et superficiels.

Fig. 9. — Bouteille servant à répandre les graines dans les rayons.

Souvent, pour rendre les semailles à la main plus faciles et plus régulières, on mêle les semences à deux ou trois fois leur volume de sable, de terre sèche tamisée ou de cendres de foyer. Ces semis doivent être faits par un temps calme, afin que la graine ne tombe pas au delà des rayons qui doivent la recevoir.

On fait une bonne opération toutes les fois qu'on peut répandre un engrais pulvérulent, d'une prompte solubilité, concurremment avec les graines. Cet engrais a ce grand avantage qu'il excite la végétation des jeunes plantes et les rend plus aptes à résister aux premières chaleurs ou sécheresses du printemps et à l'envahissement du sol par les mauvaises herbes.

C. Recouvrement des graines. — Lorsque les graines sont semées à l'aide d'un semoir à cheval, du semoir de Grignon, par exemple, il n'est pas nécessaire ensuite de les recouvrir, puisque les tubes les conduisent jusque dans la couche arable. Il n'en est pas de même pour les semis faits avec le semoir à brouette de Dombasle, à l'aide de la main ou d'une bouteille; il faut pratiquer après le semis un hersage léger, un râtelage ou un roulage. On peut aussi faire passer sur toute la surface ensemencée un fagot d'épines ou une herse milanaise.

Quand on prévoit, après la semaille, une pluie prochaine, ce qui est très-rare, parce que les semis doivent être faits par un très-beau temps et lorsque la terre est très-meuble et sèche, on peut se dispenser de couvrir les graines.

D. Quantité de graines. — Lorsque les semis ont lieu à la volée, on répand par hectare 4 à 5 litres ou 2 à 3 kilog. de semences.

Les semailles en lignes exigent moins de graines. On doit en répandre de 2 à 2 kilog. 500 ou environ 3 litres.

Schwertz recommande d'employer aussi peu de graines que possible, 168 à 338 grammes par hectare; cette faible quantité non-seulement est insuffisante, mais il serait presque impossible de la répandre avec régularité.

M. Vilmorin fils a constaté que 1 litre de pavot œillette

du poids de 620 grammes contient un million de graines.

Les cotylédons du pavot apparaissent à la surface du sol quand la température est en moyenne à 10° au-dessus de zéro, au bout de quinze à vingt jours. Comme toutes les plantes agricoles dicotylédonées à cotylédons très-étroits, la première végétation du pavot est très-lente. Ce n'est qu'un mois environ après l'apparition des feuilles séminales que les plantes commencent véritablement à se développer.

Soins d'entretien. — A. PREMIER BINAGE. — Quand elles ont de trois à cinq feuilles, ou 0^m,05 à 0^m,08 de hauteur, on leur donne un premier binage. Cette opération est très-difficile à exécuter ; mais elle est indispensable, car le pavot redoute les mauvaises herbes. Elle doit être sans cesse surveillée et confiée à des ouvriers habiles et intelligents ; et il importe beaucoup que ceux-ci ménagent les jeunes plants. C'est que le pavot a une racine très-délicate, qu'il languit et meurt lorsque cet organe a été attaqué par le fer des outils que l'on emploie pour pratiquer les binages, et que, supportant très-difficilement la plantation, on ne peut pas remplacer les pieds qui ont été détruits, ou combler les lacunes que peuvent offrir çà et là les lignes.

Ce premier binage est le travail qui a le plus d'importance ; c'est de son exécution que dépend presque toujours la réussite de la culture.

Lorsque les lignes sont espacées de 0^m,40 et les plantes de 0^m,18 à 0^m,25, on paie ordinairement le premier binage 30 à 35 fr. par hectare.

B. DEUXIÈME BINAGE. — On opère le deuxième binage quand les tiges commencent à s'élever.

Cette opération est payée de 15 à 18 fr.

C. ÉCLAIRCISSAGE. — Lorsque les plants ont de 0^m,10 à

0^m,15 d'élévation, on procède à l'enlèvement des pieds superflus. Cet éclaircissage est nécessaire si on veut obtenir des pieds bien branchus et des capsules plus grosses et mieux remplies. Quand les plantes sont nombreuses, qu'elles se touchent toutes, les pieds se développent très-difficilement, et ils donnent ordinairement de très-petites têtes. C'est souvent lorsqu'on pratique le deuxième binage que l'on exécute cette opération, qui se fait à l'aide d'une binette. Pratiquée à la main, elle serait longue et très-coûteuse.

L'éloignement des pieds varie entre 0^m,16 et 0^m,25.

En général, l'espacement entre les pieds est d'autant plus grand que la couche arable est plus fertile ; mais il y a bien peu de cultivateurs qui éclaircissent les pavots de manière à ce que les pieds soient éloignés les uns des autres de 0^m,40 à 0^m,50, ainsi que plusieurs auteurs l'ont recommandé.

Les plantes trop espacées sont plus sujettes à être renversées par les vents.

D. Troisième binage. — Quant au troisième binage, qu'il faut regarder comme une opération accidentelle, parce que les deux premiers suffisent ordinairement pour détruire les herbes qui pourraient nuire aux pavots, on doit l'exécuter avant que les plantes aient plus de 0^m,40 à 0^m,50 de hauteur, afin que les ouvriers ne brisent pas les ramifications et les boutons.

E. Buttage. — Souvent, lors du dernier binage, soit le deuxième ou le troisième, on butte légèrement les pavots dans le but d'augmenter leur fixité et pour qu'ils résistent mieux aux vents violents, et on arrache les pieds maladifs, ceux qui ont une couleur jaunâtre.

Insectes nuisibles. — Les pavots sont quelquefois

attaqués, pendant leur développement, par le *cloporte* (*oniscus asellus*, L.). Les racines ont un ennemi dans le *ver blanc*, ou *larve* du *hanneton*, qui les ronge et occasionne alors la mortalité des pieds qu'il a attaqués. Dans certaines années, cette larve fait assez de mal aux cultures.

Suivant M. le Docte, le grand ennemi du pavot serait le mulot ; cet animal rongerait les tiges à leur base et les ferait ainsi tomber pour s'attaquer ensuite aux capsules. Ce fait, déjà signalé par Schwertz et Thaër, n'a pas encore été observé par les cultivateurs des départements du Nord, comme ayant de fâcheuses conséquences. Jusqu'à ce jour, en effet, on n'a pas dit que les mulots causassent beaucoup de dégâts dans les cultures de pavots de la Flandre et de l'Artois.

Les pigeons et les tourterelles ne s'attaquent jamais aux pavots, quoiqu'on ait avancé le contraire.

Agents atmosphériques nuisibles — Les vents violents, lorsqu'ils se font sentir à l'époque de la maturité des graines, sont toujours très-pernicieux : ils renversent les tiges ou les agitent fortement, et font sortir alors beaucoup de graines des capsules quand on cultive la variété ayant des têtes munies d'opercules. En 1830, des vents impétueux venus quelques jours avant la récolte occasionnèrent à M. Rousseau, cultivateur à Angerville (Seine-et-Oise), des pertes telles, qu'il récolta à peine 8 hectolitres de graines à l'hectare. On évite souvent de semblables pertes en arrachant les tiges avant la maturité complète des têtes principales.

Récolte. — A. Epoque. — La récolte du pavot a lieu en août dans les contrées du Nord et de l'Est, et on la pratique en juin dans celles du Midi.

B. Exécution. — Toutes les têtes ne mûrissent pas en

même temps ; néanmoins on arrache, quand les capsules qui proviennent des premières fleurs, et qui sont les plus supérieures, sont en partie sèches ; alors, les feuilles sont flétries, les tiges sont desséchées et jaunâtres, et les graines sont libres et résonnent dans les têtes lorsqu'on agite celles-ci.

Cordier recommande de laisser les plantes sur pied jusqu'à ce que les graines soient grises ; ce conseil ne doit pas être suivi. Si l'on attendait pour opérer les récoltes que les opercules de toutes les capsules fussent ouvertes, on pourrait perdre beaucoup de graines par l'égrenage. On ne peut agir ainsi que lorsqu'on cultive l'œillette aveugle.

Lorsqu'on opère trop tôt, les graines restent presque toujours un peu rougeâtres.

1° Œillette ordinaire. — 1. *Arrachage des tiges.* — Quand on cultive le *pavot à capsules ouvertes,* on examine d'abord les parties du champ sur lesquelles la maturité est plus avancée, et c'est sur ces endroits que l'on doit de préférence commencer l'arrachage. Les ouvriers qui exécutent ce travail portent suspendue à leur côté gauche, au moyen d'une petite corde ou d'une lanière de cuir, de la paille de seigle humectée, afin qu'elle forme des liens moins cassants. Cette paille doit avoir de 0^m.60 à 0^m,70 de longueur.

Alors les ouvriers saisissent par la main droite toutes les tiges provenant d'un même pied aux deux tiers de sa hauteur, et arrachent ce dernier aussi verticalement que possible. Lorsque la terre est légère ou qu'elle a été détrempée par des pluies, cet arrachage se fait très-facilement ; il n'en est pas de même quand le sol est un peu argileux ou qu'il a été durci par le soleil ; alors on se trouve dans la nécessité, après avoir saisi toutes les tiges, de donner un coup de pied à la partie inférieure de la plante que l'on veut arracher. Comme le pavot est presque sec, ce coup casse la tige principale au collet, et évite que la main de l'ouvrier ne facilite la chute d'une certaine quantité de graines. On comprend combien il est utile que l'opérateur évite, pendant cette rapide cassure, d'incliner ou de secouer violemment les capsules. C'est en roidissant son bras qu'il parvient à maintenir les tiges très-droites ou verticales.

Au fur et à mesure que l'ouvrier opère, il maintient, à l'aide de son bras gauche, tous les pieds contre lui-même. Lorsque les plantes arrachées forment une forte poignée, il prend celle-ci à l'aide de ses deux mains, l'appuie sur le sol, saisit trois à quatre brins de paille, lie toutes les tiges au-dessous des capsules les plus inférieures, et remet ensuite la botte à l'aide qui l'accompagne.

Cet aide est chargé de la confection des *faisceaux* ou des *chaînes*. Il seconde ordinairement deux ou trois ouvriers arracheurs.

2. *Dessiccation des tiges.* — Dans ces derniers temps, on a beaucoup insisté pour que les poignées ou petites bottes fussent disposées suivant des lignes courant selon la longueur ou la largeur du champ, et que l'on formerait en appuyant deux poignées l'une contre l'autre, de manière à ce qu'elles présentassent une section analogue à un V renversé (A). Cette disposition est mauvaise et doit être abandonnée. Si elle a l'avantage de permettre au soleil et à l'air de mieux agir sur les tiges et les capsules, et de rendre la maturité plus rapide, elle a d'abord l'inconvénient d'être difficile à exécuter, parce qu'il n'est pas facile de maintenir inclinées deux poignées sans autre appui que celui qu'elles

trouvent sur le sol, ensuite parce qu'elle résiste bien rarement à l'action du vent. Aussi se trouve-t-on souvent dans la nécessité, quand on suit ce procédé, de relever chaque jour un nombre plus ou moins grand de poignées que le vent a renversées, et qui ont laissé échapper une partie des graines que leurs capsules renfermaient.

La méthode la plus facile et la plus prompte, celle qui offre au cultivateur le plus de sécurité, consiste à disposer les poignées en *faisceaux* ou en *monts*. Pour confectionner un faisceau, on place trois poignées sur un endroit donné du champ, de manière à ce que leurs têtes s'appuient mutuellement, et que leurs bases soient éloignées les unes des autres de 0^m,65 environ. On peut remplacer ces trois poignées par un pieu implanté dans le sol. Une fois les trois petites bottes disposées en forme de trépied, on adosse contre elles d'autres poignées en les disposant de manière à ce qu'elles forment des rangées concentriques et obliques à la ligne de terre. Cette obliquité est nécessaire pour que les poignées formant la rangée la plus externe ne soient pas renversées par le vent. On leur donne plus de solidité encore en entourant les faisceaux d'un grand lien, ou en jetant avec une bêche un peu de terre au pied des poignées qui limitent leur diamètre. On peut ainsi réunir jusqu'à 60, 80 et même 100 petites bottes de pavot si le temps est beau.

Dans les années pluvieuses, les faisceaux ayant un très-grand diamètre ne sont pas toujours très-avantageux, car les tiges conservent plus longtemps l'humidité, ce qui empêche le battage d'avoir lieu aussitôt.

Lorsque tous les pavots ont été arrachés et mis en faisceaux, on les abandonne à eux-mêmes. Je dois faire observer qu'il n'est pas rare, quand les pavots offrent de grandes différences dans leur végétation, qu'on soit obligé de faire l'arrachage en deux ou trois fois.

On paie par hectare, pour l'arrachage et la mise en faisceaux, de 15 à 16 fr.

3. *Premier battage*. — Le battage (*fig.* 10) a lieu huit à quinze jours après l'arrachage. Pour exécuter cette opération, qui ne doit être faite que par un beau temps et après la disparition de la rosée, on place près d'un des faisceaux une cuve à lessive ; alors un ouvrier reçoit d'une femme ou d'un enfant une poignée, *l'incline*, la *plonge* dans le cuveau et la frappe de petits coups secs avec un bâtonnet de 0^m,40 à 0^m,50 de longueur et de 0^m,03 environ de diamètre, en ayant soin pendant cette opération, qui dure peu, de la retourner sur elle-même plusieurs fois. Quand il ne sort plus de graines par les opercules, l'ouvrier remet la poignée à l'aide et en reçoit une autre pour la battre comme la première.

Pendant que l'ouvrier bat cette seconde poignée, l'aide doit placer celle battue sur un endroit un peu éloigné du faisceau, mais à sa portée. C'est que, vu l'impossibilité d'extraire par un seul battage toutes les graines que contiennent les têtes, on se trouve dans la nécessité de mettre de nouveau toutes les tiges en tas pour les battre une seconde fois quelque temps après. On ne peut se soustraire à cette manière d'opérer qu'en renonçant aux graines qui adhèrent encore aux fausses cloisons des capsules.

Quand, pendant le battage, les graines remplissent à moitié le cuveau, il faut les enlever et les mettre dans des sacs. Si la cuve n'était vidée que lorsque les graines la remplissent presque complétement, l'ouvrier ne pourrait plus abaisser assez bas la tête de la poignée, et une partie de la graine tomberait sur le sol.

Les ouvriers habitués à cette opération ne se servent pas
toujours d'un bâton pour faciliter la sortie des graines des

Fig. 10. — Battage du pavot œillette.

capsules; souvent ils saisissent deux poignées, une par chaque main, les *plongent* dans les cuves, appuient leurs parties

inférieures entre leurs côtes et leurs bras, et les frappent l'une contre l'autre. Cette manière d'agir est plus expéditive, mais elle demande, de la part des ouvriers qui la pratiquent, plus d'habitude et de dextérité.

Lorsque les bottes qui composent les premiers faisceaux ont toutes été battues et remises en tas, les ouvriers transportent la cuve près du faisceau suivant à l'aide d'une civière ou d'une brouette ordinaire à claire voie, et continuent le battage.

A défaut de cuves à lessive, on peut se servir de civière à colza. dont l'intérieur a été garni d'un drap ou d'une toile.

Il est utile, dans les temps orageux, de munir les ouvriers de bâches, afin qu'ils puissent garantir d'une pluie intempestive les graines mises en sac et celles qui existent dans les cuves.

Schwertz conseille d'agir autrement. Ainsi il recommande de prendre des sacs et d'y secouer les têtes les plus développées et les plus mûres. Une fois cette opération terminée, on arracherait les tiges et on les mettrait en tas pour qu'elles y achèvent leur maturation. Ce procédé peu pratique, à cause de la rigidité des tiges, ne peut être adopté que lorsque l'œillette est cultivée sur une petite étendue. Il avait été, du reste, proposé par Yvart, qui a aussi recommandé de couper les têtes arrivées à maturité, et de les transporter à couvert dans des sacs pour les vider en les secouant et en les brisant. Ce procédé n'est pas plus pratique que le précédent.

Le battage du pavot œillette est payé à raison de 1 fr. 25 à 1 fr. 50 l'hectolitre.

4. *Deuxième battage*. — Quand les faisceaux reformés sont restés pendant six à huit jours exposés à l'action de l'air et

du soleil, on procède à un nouveau battage. Cette seconde
opération est beaucoup plus expéditive que la première ;
ce fait résulte de ce que les capsules ne contiennent que
très-peu de graines et qu'il n'est plus nécessaire de remet-
tre les poignées en tas.

Le deuxième battage fournit souvent plus de 2 hectolitres par hectare dont la valeur suffit bien au delà pour
payer les ouvriers.

2° Œillette aveugle. — La récolte du *pavot à capsules
fermées* est beaucoup plus simple. Quand les pieds sont arrivés à maturité, on les coupe ou on les arrache sans aucune
précaution, on les lie en bottes et on les met en tas. Aussitôt que toutes les têtes sont sèches, on les rentre à la ferme,
après avoir retranché tout ce que l'on peut de la partie inférieure des tiges, et on les entasse dans des bâtiments secs
et aérés où on peut les conserver pendant plusieurs mois.

Pour procéder à l'extraction des graines, opération que
l'on peut réserver pour les mauvais jours de l'automne et
de l'hiver, et faire exécuter par des femmes ou des hommes
âgés, on ouvre les capsules à l'aide de la main ou d'un
couteau, et on les secoue dans une caisse ou dans un panier
garni intérieurement d'une toile. Schwertz ne veut pas que
ces capsules soient soumises à un battage, parce qu'il est
difficile, dit-il, de séparer les parties terreuses qui se trouvent mêlées à la graine. Cette recommandation n'a aucune
valeur, et M. Vilmorin a raison d'engager les cultivateurs à
battre les têtes de cette variété au fléau, méthode expéditive et qui n'a aucun inconvénient si on possède les
ustensiles nécessaires pour nettoyer la graine.

Nettoiement des graines. — En arrivant à la
ferme, les graines d'œillette ordinaire doivent être conduites dans un grenier où on les étend aussitôt en une couche

de $0^m,15$ à $0^m,25$ d'épaisseur. On ne doit pas les réunir en couche plus épaisse, dans la crainte qu'elles ne s'échauffent et qu'elles ne perdent de leur qualité. Leur réunion en tas volumineux ne peut avoir lieu que quand elles sont entièrement sèches. Ces graines sont ensuite remuées une ou deux fois par semaine, selon leur degré de siccité.

Lorsqu'elles sont sèches ou qu'elles doivent être vendues, on les soumet à l'action d'un crible dont les trous sont un peu plus grands que leur diamètre. Cette opération a pour but de les séparer des débris de feuilles, de tiges et de capsules qui y sont mêlés et qui restent sur la peau ou sur la toile métallique du crible.

La graine, qui a passé à travers les trous ou les mailles du crible, n'est pas définitivement nettoyée, car elle retient ordinairement une certaine quantité de poussière. Pour la séparer de celle-ci il faut la tararer. A défaut de tarare on peut se servir d'un van. Quand on emploie le tarare, il faut adapter à l'auget la passoire la plus fine et tourner la manivelle plus vivement que s'il était question de nettoyer des graines de seigle, parce que celles de pavot, à cause de leur finesse, traversent les grillages très-rapidement.

La graine de pavot est bien nettoyée quand elle est exempte de débris de la plante qui l'a produite et de poussière ou de terre.

Conservation des graines. — Si la graine devait être conservée en magasin pendant plusieurs mois, il faudrait de temps à autre, tous les mois par exemple, la soumettre à un tararage, afin d'empêcher les mites de l'attaquer et de s'y multiplier.

On a proposé de laisser la graine dans les sacs dans lesquels on la met après le battage. Ce moyen ne doit pas être adopté, car la graine peut se détériorer en s'échauffant.

Poids de l'hectolitre. — Un hectolitre de graine de pavot œillette bien nettoyée pèse 60 à 65 kilog. Son poids moyen est de 62 kilog.

Rendement. — Le produit du pavot œillette varie suivant la nature, la fertilité et surtout la propreté du sol et le mode de culture. On obtient par hectare, d'après :

Bonnet	(Provence)	24 à 25	hectolitres.
Schwertz	(Alsace)	20 à 25	—
Thiriot	(Lorraine).	20 à 25	—
Rendu	(Flandre).	20 à 30	—
Dailly	(Seine-et-Oise). . .	18	—
Cordier	(Flandre)	18	—
	Moyenne.	20 à 26	hectolitres.

Rapport des graines aux tiges sèches. — Suivant M. de Gasparin, 100 kilog. de graines sont produits par 256 kilog. de tiges. Pour la même quantité de graines, M. Dailly en a obtenu 233 kilog.

Ainsi, en supputant un rendement de 20 hectolitres par hectare, on pourrait donc compter, d'après la moyenne de ces produits, qui est 245 kilog., un rendement en tiges de 3,000 kilog., ou 500 bottes de 6 kilog. par hectare.

Quantité d'huile contenue dans les graines. — La graine de pavot est très-riche en huile ; elle en renferme, quand elle est sèche, suivant M. Moride de Nantes, 43 p. 100. Toutefois, en fabrique, elle n'en fournit que 28 à 35 p. 100. On obtient, suivant :

	Par 100 kilog	Par hectol.
De Gasparin.	35 kilog.	20 kilog.
Moll	35 —	25 —
Schwertz.	39 —	22 —
Payen.	31 —	22 —
Bonnet	30 —	»
Moyenne. . . .	34 kilog.	23 kilog.

VII.   6

Un litre d'huile de pavot œillette pèse 0 kil. 9245.

Usage de l'huile. — Lorsque cette huile a été extraite à froid, elle est très-fluide ; sa saveur est douce, agréable, et rappelle un peu celle de la noisette ; son odeur est à peine sensible, et sa couleur est légèrement citrine ou jaune d'or ; elle supporte 10 à 12 degrés de froid sans se figer, et n'a aucune tendance à la rancidité. Cette huile est très-édule et la meilleure après celle d'olive. On la désigne dans le commerce sous le nom d'*huile blanche*, et aujourd'hui, comme en 1717, on la mélange avec l'huile d'olive dans le but de réaliser, par cette mixtion, de plus grands bénéfices.

L'huile de pavot est la seule pour ainsi dire que l'on consomme dans le nord et l'est de la France et de l'Europe.

Quand elle a été fabriquée à chaud, elle a une couleur jaune brunâtre et est très-siccative ; on lui donne le nom d'*huile rousse*. On l'emploie dans la peinture, l'éclairage, la fabrication du savon.

Nature et propriété du tourteau. — En fabrication, on obtient ordinairement, pour 100 de graines, de 52 à 56 de tourteau d'œillette ou par hectolitre 34 à 36 kilogr.

Ce résidu est grisâtre et aussi friable que celui du colza.

D'après MM. Soubeiran et Girardin, il contient :

Huile.	14,2
Matières organiques	62,3
Sels minéraux.	12,5
Eau.	11,0
	100,0

Il renferme, d'après ces observateurs, 7 p. 100 d'azote à l'état normal, et il est, sous ce rapport, le plus riche des tourteaux.

Emploi des tiges. — Les tiges de pavot peuvent être

utilisées comme combustible dans les foyers ou pour chauffer les fours; elles brûlent facilement et donnent une flamme ardente, mais un peu passagère.

On peut aussi les employer pour couvrir les meules de grains ou comme matières excipientes dans les vacheries ou les bouveries, ou bien les répandre dans les cours de fermes pour qu'elles y soient brisées et imprégnées d'humidité, et qu'on puisse ensuite les mêler aux fumiers.

On a proposé de les donner comme aliment aux bêtes à laine; il n'a pas été bien démontré qu'elles fussent alimentaires et qu'on pût avec sécurité les leur administrer.

Valeur commerciale. — A. GRAINES. — La graine de pavot œillette se vend de 25 à 32 fr. l'hectolitre.

B. HUILE. — L'huile blanche d'œillette se vend de 120 à 140 fr. les 100 kilog.

C. TOURTEAU. — Le prix du tourteau varie entre 10 et 14 fr. les 100 kilog.

D. TIGES SÈCHES. — Les tiges sèches se vendent de 10 à 12 fr. les 100 bottes de 6 à 8 kilog.

Prix de revient. — La culture du pavot œillette engage par hectare un capital moins considérable que la culture du colza. Voici un extrait de la comptabilité de Grignon. Ce compte représente la moyenne de deux cultures qui ont été faites en 1838 et 1843, sur une étendue de 10 hectares 18 ares :

Dépenses par hectare.	371 fr.	22
Produit brut.	489	63
Bénéfices.	118	41
Prix de revient de l'hectolitre. . .	17	46
Prix de vente.	23	04
Bénéfice par hectolitre.	5	58

L'hectare avait produit, en moyenne, 19 hectolitres

90 litres et 1,800 kilog. de tiges sèches. On a appliqué pour fertiliser la terre 23 hectolitres de poudrette.

Les dépenses se sont ainsi divisées : loyer 70 fr. 45; engrais 123 fr. 72; frais de culture 177 fr. 05.

D'après ces résultats les 100 kilog. de graines ont coûté à produire 28 fr. 06. Ce prix de revient est plus vrai que les chiffres imaginaires que l'on observe dans plusieurs ouvrages.

BIBLIOGRAPHIE.

Rozier. — Cours d'agriculture, 1786, in-4, t. VII, p. 457.

Tessier. — Encyclopédie méthodique, 1796, in-4, t. III, p. 594.

? — Instruction sur la culture de l'œillette, in-8.

Tessier. — Mém. de la Soc. centrale d'agr., 1820, in-8, t. I, p. 152.

De Dombasle. — Mém. de la Soc. cent. d'agric., 1822, in-8, t. II, p. 372.

Yvart. — Cours complet d'agric., 1823, in-8, t. XV, p. 113.

Cordier. — Agriculture de la Flandre, 1823, in-8, p. 327.

Rousseau. — Mém. de la Soc. centr. d'agr., 1831, in-8, p. 103.

Thaër. — Principes raisonnés d'agriculture, 1831, in-8, t. IV, p. 273.

Obry. — Le Cultivateur, 1837, in-8, t. XIII, p. 641.

Crud. — Économie de l'agriculture, 1839, in-8, t. II, p. 107.

Burger. — Économie rurale, 1839, in-4, p. 252.

Schwertz. — Assolement de l'Alsace, 1839, in-8, p. 291.

Laure. — Manuel du Cultivateur provençal, 1839, in-8, t. II, p. 394.

Vivien — Cours complet d'agric., 1839, in-8, t. XIV, p. 230.

Rendu. — Agriculture du Nord, 1843, in-8, p. 248.

De Dombasle. — Calendrier du bon Cultivateur, 1846, in-12, p. 40.

Vilmorin et Leclerc-Thouin. — Maison rustique du XIXe siècle, 1846, gr. in-8, t. II, p. 8.

Schwertz. — Culture des plantes économiques, 1847, in-8, p. 127.

Kossobudzki. — Annales de Grignon, 1847, 16e livraison, p. 9.

De Gasparin. — Cours d'agriculture, 1848, in-8, t. IV, p. 273.

Lœuillet. — Encyclopédie moderne, 1850, in-8, t. XXIII, p. 443.

Richard et **Payen**. — Précis d'agriculture, 1851, in-8, t. II, p. 520.

Le Docte. — Culture des plantes oléagineuses, 1852, in-12, p. 68.

Girardin et **Dubreuil**. — Cours élém. d'agric., 1852, in-12, t. II, p. 392.

Vilmorin. — Bon jardinier, 1857, in-12, p. 679.

SECTION II.

Cameline.

(De χαμαι λινον, petit lin ; plante à graine oléifère comme le lin.)

CAMELINA SATIVA, Cr.   MYAGRUM SATIVUM, L.

Plante dicotylédone de la famille des Crucifères.

Anglais. — Gold of pleasure
Allemand. — Leindotter.
Flamand. — Doorezaad.
Danois. — Horrurt.
Suédois. — Dodra.

Hollandais. — Kamille.
Espagnol. — Miagro.
Italien. — Alisso.
Russe. — Ryschik.
Polonais. — Krowja.

Historique. — Climat. — Mode de végétation. — Terrain : nature, fertilité, préparation. — Quantité d'engrais nécessaire. — Semis : époque, quantité de graine, mode de semaille, recouvrement des semences. — Soins d'entretien : éclaircissage et sarclage. — Insectes nuisibles. — Récolte : époque, caractères de maturité, exécution, dessiccation des tiges, battage. — Nettoiement et conservation des graines. — Rendement : en graines et en paille. — Poids de l'hectolitre. — Quantité d'huile et de tourteau par 100 kilog. de graines. — Usages de l'huile, du tourteau et des tiges sèches. — Valeur commerciale de l'huile et du tourteau. — Bibliographie.

Historique. — La cameline est cultivée depuis près d'un siècle dans la région du nord de l'Europe. On la rencontre principalement en France dans les départements du Pas-de-Calais, de la Somme et du Nord. Dans ces contrées elle remplace souvent les colzas d'hiver et les lins qui ont péri. Cette plante est cultivée depuis longtemps dans la Normandie, la Champagne, la Bourgogne, l'Alsace et la Franche-Comté.

La cameline est désignée sous des noms divers. Dans les environs de Cambrai, on la nomme *cabai*; à Montdidier, *camomène*; à Lille, *camomille*; en Alsace, *dotter*.

Climat. — Cette crucifère végète sous tous les climats parce qu'on la sème très-tardivement et qu'elle résiste très-bien aux sécheresses.

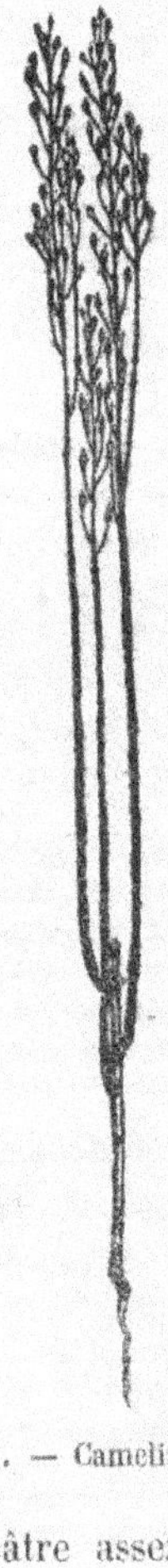

Végétation. — La cameline (*fig.* 11) est originaire de l'Asie, mais on la rencontre aujourd'hui indigène dans toute l'Europe. Sa racine est blanche, fusiforme; sa tige est cylindrique et rameuse, haute de 0^m,30 à 0^m,65 et garnie de feuilles alternes, semiembrassantes, auriculées, velues et ciliées sur leurs bords. Les feuilles inférieures, celles qui partent directement du collet sont oblongues et presque spatulées; ses fleurs sont jaune-clair; sa graine un peu oblongue, jaunâtre et renfermée dans une silicule ovoïde (*fig.* 12), ressemble beaucoup a celle du *cresson alénois* que l'on cultive dans les jardins comme plante alimentaire. Cette graine offre un sillon sur sa partie médiane et sa saveur est alliacée; en vieillissant elle prend une teinte rougeâtre assez foncée.

Fig. 12. — Silicules (*grandeur naturelle*).

Fig. 11. — Cameline.

Tessier a calculé qu'un pied de cameline portait en moyenne 20 rameaux, chaque rameau 20 capsules et chaque fruit 10 graines, soit au total 9,600 graines.

Cette plante végète plus rapidement que la navette et le colza de printemps, et elle résiste mieux que ces végétaux oléifères aux grandes chaleurs. Cette grande aptitude à croître dans les sols arides et secs permet de la considérer comme une plante précieuse quand elle doit remplacer les cultures industrielles qui ont péri par suite des froids de l'hiver ou d'inondations tardives ou prolongées. Dans les circonstances ordinaires, elle n'exige que trois mois pour mûrir complétement ses graines.

Terrain. — A. NATURE. — La cameline n'est pas une plante exigeante ; elle végète très-bien sur les terres à seigle, les sols légers, sablonneux et peu profonds. On peut aussi la cultiver sur les terres à froment, les terrains argilo-siliceux ou argilo-calcaires. Elle redoute les terres fortes et compactes.

B. FERTILITÉ. — Son aptitude à réussir sur les sols légers et médiocres, permet de dire qu'elle n'exige pas que les terres qu'on lui consacre soient très-fertiles. Toutefois, comme ses produits sont toujours en raison directe de la fécondité de la terre, il est utile, lorsqu'on lui demande une récolte abondante, de la faire précéder par l'application d'une fumure moyenne ou d'un engrais pulvérulent.

La cameline cultivée sur des terres très-riches, donne beaucoup de paille et peu de graines.

C. PRÉPARATION. — On sème ordinairement la cameline après un labour et un ou plusieurs hersages et sur des terres disposées à plat. Il faut que la terre soit argileuse ou qu'elle ait été envahie par de nombreuses plantes nuisibles pour qu'il soit nécessaire de lui donner une préparation plus complète.

Quantité d'engrais nécessaire. — Plusieurs écrivains considèrent la cameline comme très-épuisante, et ils pensent qu'elle enlève au sol, par chaque hectolitre de graines qu'elle produit, 1,000 kilog. de fumier. Cette plante n'est pas aussi épuisante. J'ai fait connaître la quanttié d'engrais que réclame la navette d'hiver; la cameline n'en exige pas au delà de 700 kilog. par 100 kilog. de graines, soit 500 kilog. environ par hectolitre.

Dans quelques localités on emploie de préférence le tourteau que fournit sa graine. Cet engrais a l'avantage, par l'odeur qu'il développe et qui rappelle celle de l'ail, d'éloigner les vers blancs des jeunes plantes. On peut remplacer cette substance fertilisante par de la poudrette, du noir animal ou des cendres pyriteuses.

Semis. — A. Époque. — Dans le *Midi*, on sème la cameline du 1ᵉʳ au 15 mai; quelquefois on exécute les semis à la fin d'avril, c'est-à-dire après la fin des gelées.

Dans le *Nord* et l'*Est*, les semis se font de la fin de mai au commencement de juillet.

En général, les semailles exécutées sur les sols sujets à souffrir de la sécheresse ne donnent de bons résultats que lorsqu'elles ont été exécutées de bonne heure. Ceci explique pourquoi les semis ont toujours lieu plus tôt dans les pays méridionaux que dans les contrées du nord.

B. Mode de semaille. — On sème ordinairement la cameline à la volée. On peut aussi la semer en lignes distantes de 0ᵐ,16 à 0ᵐ,20, mais ce mode de culture entraîne toujours un binage dont la valeur diminue sensiblement le bénéfice que cette plante peut donner.

La graine, à cause de sa finesse, doit être préalablement mêlée avec du sable. Ainsi mélangée, le semeur la répand plus uniformément et avec plus de facilité.

On recouvre la semence soit avec un râteau, soit au moyen d'une herse légère. Lorsqu'on craint une sécheresse, on pratique ensuite un roulage.

C. Quantité de graines. — On répand par hectare de 3 à 5 kilog. ou 6 à 10 litres de graines. Il faut éviter de semer trop dru.

Soins d'entretien. — A. Éclaircissage. — Lorsque les plantes ont de 0^m,08 à 0^m,12 d'élévation et qu'on reconnaît qu'elles sont trop nombreuses, on les éclaircit de manière qu'elles soient éloignées les unes des autres de 0^m,10 à 0^m,16. Cette opération peut être faite au moyen de la herse. (*Voir* Navette d'hiver, p. 48.)

B. Sarclage. — On doit arracher les mauvaises herbes qui peuvent nuire par leur développement à la végétation de cette plante oléagineuse. Cette opération se fait avant que les plantes aient atteint 0^m,15 de hauteur.

Insectes nuisibles. — Aucun insecte n'attaque la cameline pendant sa végétation.

Récolte. — A. Époque. — On récolte la cameline en août ou septembre, suivant l'époque à laquelle les semis ont été pratiqués.

B. Signes de maturité. — Lorsque les plantes jaunissent et que les silicules commencent à se dessécher et contiennent des graines jaune-rougeâtre, on procède à la récolte. On ne doit pas attendre que toutes les silicules soient mûres parce que la cameline s'égrène facilement.

C. Exécution. — Dans quelques localités, on arrache les tiges par poignées ; dans d'autres, on les coupe à la faucille.

Dans les terres légères l'arrachage se fait plus promptement que le faucillage ; cette opération a, en outre, l'avantage de moins faciliter la chute des graines.

D. Dessiccation des tiges. — On peut laisser les tiges en

javelles sur le sol pendant quelques jours, mais lorsque toutes n'ont pas perdu leur couleur verte, on doit les disposer en moyettes. Ce moyen prévient l'égrenage.

E. BATTAGE. — On bat au fléau ou à la gaule sur une bâche ou sur une aire de grange. On peut aussi exécuter cette opération avec une machine à battre, mais alors on brise fortement les tiges et celles-ci perdent beaucoup de leur valeur.

Lorsque la graine est nettoyée on la dépose en couche mince dans un grenier ni trop sec, ni trop humide.

Rendement. — A. GRAINES. — Le rendement moyen de la cameline est de 15 à 16 hectolitres par hectare. Ce produit est satisfaisant si cette plante est cultivée sur des terres légères. Quand elle végète sur des terres douces et fertiles, elle donne souvent 20 hectolitres.

Rapport des graines aux tiges. — En général la graine est aux tiges :: 100 : 250. Ainsi, 1 hectare qui produit 15 hectolitres ou 1,000 kilog. de graines, donne 2,500 kilog. environ de tiges sèches.

Poids de l'hectolitre. — Un hectolitre de graine pèse de 68 à 70 kilog. Chaque litre contient environ 850,000 graines.

Rendement. — A. HUILE. — La graine de cameline contient en moyenne 35 p. 100 d'huile. Pour une bonne fabrication 100 kilog. de graine en donnent de 27 à 31 kilog.

Un hectolitre de semences fournit donc de 20 à 22 kilog. d'huile, et 1 hectare produisant 15 hectolitres ou 1,000 kilog. de graines, de 300 à 330 kilog. d'huile.

B. TOURTEAU. — Le tourteau de cameline est rougeâtre. 100 kilog. de graine en donnent de 60 à 65 kilog.

Ainsi, 1 hectolitre fournit de 40 à 42 kilog. de tourteau.

Usages. — A. HUILE. — L'huile de cameline sert à brûler ; elle est inférieure à celle que fournit le colza et la navette, mais elle a moins d'odeur et produit moins de fumée. On l'emploie aussi pour la peinture. Elle supporte sans se figer de 15 à 18 degrés de froid.

Cette huile a une densité de 0,915.

Cette huile est quelquefois désignée dans le commerce sous les noms d'*huile de camomille, huile de sésame d'Allemagne.*

B. PAILLE. — Les tiges de la cameline servent à faire des balais et à couvrir les habitations. On les utilise aussi comme litière ou pour chauffer les fours.

La confection des balais se paie de 2 fr. 50 à 3 fr. le cent.

C. TOURTEAU. — Le tourteau de cameline est rarement donné comme aliment aux animaux domestiques. Le plus ordinairement on l'emploie comme engrais.

D'après MM. Soubeiran et Girardin, il contient :

Huile.	12,2
Matières organiques.	65,1
Substances minérales.	8,2
	100,0

Les matières organiques renferment 5,57 p. 100 d'azote.

Valeur commerciale. — A. GRAINES. — La graine de cameline se vend ordinairement de 20 à 21 fr. l'hectolitre.

B. HUILE. — Le prix de l'huile est un peu inférieur à celui des huiles de colza et de navette.

C. BALAIS. — Les balais se vendent en Hollande, en Belgique et en Flandre, de 5 à 6 fr. le cent. Ils pèsent chacun 1 kilog. environ.

Un hectare fournit de 1,000 à 1,200 balais.

On a proposé, il y a quelques années, de remplacer la cameline ordinaire par l'espèce à laquelle on a donné le nom de *cameline majeure* ou *cameline de Riga* (MYAGRUM DENTATUM). Cette oléifère diffère de la précédente par la grosseur de sa graine. On avait pensé qu'elle donnerait des produits plus abondants que la cameline commune, mais l'expérience a démontré qu'elle n'avait pas les avantages qu'on lui avait attribués.

Cette espèce croît naturellement dans la Livonie, la Lithuanie, etc. Les graines de lin qui nous viennent de ces pays en contiennent toujours. (*Voir* l. III, LIN.)

BIBLIOGRAPHIE.

Tessier. — Encyclopédie méthodique, 1796, in-4, t. III, p. 594.
Parmentier. — Cours d'agriculture, 1805, in-4, t. XI, p. 291.
Bosc. — Cours complet d'agriculture, 1821, in-8, t. III, p. 342.
Yvart. — Cours complet d'agricult., 1822, in-8, t. XIV, p. 208.
De Dombasle. — Mém. de la Soc. centr. d'agr., 1822, in-8, t. I, p. 384.
Cordier. — Agriculture de la Flandre, 1823, in 8, p. 323.
Laure. — Manuel du Cultivateur provençal, 1838, in-8, t. I, p. 278.
Rendu. — Agriculture du Nord, 1843, in-8, p 245.
De Douhet. — Bulletin agric. du Puy-de-Dôme, 1844, in-8, t. III, p. 115.
De Dombasle. — Calendrier du bon Cultivateur, 1846, in-12, p. 641.
Vilmorin et Leclerc-Thouin. — Maison rustique du XIXᵉ siècle, 1846, gr. in-8, t. II, p. 8.
Lœuillet. — Encyclopédie moderne, 1847, in-8, t. VII, p. 357.
De Gasparin. — Cours d'agriculture, 1848, in-8, t. IV, p. 151.
Richard et **Payen.** — Précis élément. d'agric., 1851, in-8, t. I, p. 518.
Girardin et **Dubreuil.** — Cours élém. d'agric., 1851, in-12, t. II, p. 518.
Boitel. — Recueil encyclop. d'agriculture, 1852, in-8, t. II, p. 161.

SECTION III.

Colza de printemps

BRASSICA CAMPESTRIS VERNA, Vil.

Plante dicotylédone de la famille des Crucifères.

Dans les provinces du nord de l'Europe, on cultive une variété du colza d'hiver à laquelle on a donné les noms de *colza de printemps, colza de mars, colza d'été.*

Cette oléagineuse végète promptement; elle n'exige, pour mûrir ses graines, que 1200 à 1300° de chaleur totale.

On la cultive sur des terres riches et fraîches. Elle réussit très-bien sur les terrains que les eaux des fleuves et des rivières couvrent pendant l'hiver ou le printemps, sur les fonds d'étangs ou des marais nouvellement desséchés. On doit éviter de la cultiver sur des sols légers calcaires ou siliceux, car elle y redoute les sécheresses.

Le colza de mars demande, comme le colza d'hiver, des terres bien préparées et ameublies.

On doit, à cause de sa végétation rapide, fertiliser les terres avec des engrais qui se décomposent promptement.

Les semis se font à la volée en mars, avril ou mai. On répand de 8 à 10 litres de graines par hectare. On recouvre les semences à la herse. Il faut autant que possible exécuter les semis après une pluie ou lorsque le temps est couvert et la terre encore fraîche, afin que les altises nuisent le moins possible au développement des cotylédons et des plantes.

Le colza de printemps ne se sème en lignes que lorsque la terre peut être envahie par de mauvaises herbes.

Lorsque les plantes, après la germination, sont trop nombreuses, on les éclaircit à la main ou avec une herse. On se dispense presque toujours de les biner.

La récolte des tiges se fait en juillet ou en août et quelquefois seulement en septembre, suivant l'époque à laquelle les semis ont été exécutés. Les tiges, plus faibles et moins élevées que celles du colza d'hiver, peuvent être coupées à la faucille.

Le battage s'exécute de la même manière que l'égrenage du colza d'automne.

(*Voir* pour tous les travaux similaires : la culture, la récolte et la conservation des graines, les détails concernant le Colza d'hiver, p. 3 et suiv.)

Le colza de printemps ne produit jamais autant que le colza d'hiver. Il rend, en moyenne, lorsqu'il est cultivé sur des terres argileuses ou des alluvions de bonne qualité, de 14 à 16 hectolitres par hectare. Il faut que le sol soit très-fertile et l'année un peu humide, pour obtenir sur la même superficie des produits presque égaux à ceux que fournit le colza d'hiver.

L'hectolitre de colza de mars pèse de 63 à 65 kilog.

La graine fournit autant d'huile que celle du colza d'automne; 100 kilog. en rendent 30 à 32 kilog.

Ainsi 1 hectare qui produit en moyenne 15 hectolitres ou 1,000 kilog. de graines, fournit environ 300 kilog. d'huile.

Le colza de printemps remplace quelquefois dans les cultures la variété d'automne et le pavot œillette qui ont été détruits par les froids, les oiseaux ou les inondations.

SECTION IV.

Navette de printemps.

BRASSICA NAPUS PRÆCOX, De C.

Plante dicotylédone de la famille des Crucifères.

La navette de printemps, appelée quelquefois *navette d'été, navette de mai, navette annuelle*, est moins cultivée que la navette d'hiver. Elle a l'avantage de pouvoir être semée très-tard, et de remplacer, par conséquent, les oléagineuses printanières, le colza de mars et le pavot œillette, qui n'ont pas réussi. On la cultive aussi sur les terres qui ont été inondées en mai ou en juin.

Cette plante est peu cultivée dans les contrées du midi, parce que les chaleurs intenses et prolongées nuisent au développement des fleurs et à la maturité des siliques. On la rencontre principalement dans les parties septentrionales. En Allemagne, elle est souvent l'objet d'une culture spéciale et étendue. En France, elle est assez répandue dans la Bourgogne, la Lorraine, l'Alsace et les parties montueuses du Dauphiné, où la navette d'hiver réussit très-difficilement.

La navette de printemps réussit très-bien sur les terres en plaines, légères, calcaires ou sablonneuses, si elles conservent un peu de fraîcheur pendant les fortes chaleurs. Elle est plus exigeante que la navette d'hiver, et doit être cultivée sur des terres de bonne qualité. Lorsque la richesse du sol n'est pas très-grande, on applique sur les champs qu'on lui consacre, des engrais pulvérulents : de la poudrette, des cendres ou du guano, ou des engrais végétaux verts.

Les semis se font à la volée sur des terres bien préparées par des labours et des hersages. On les exécute en mai et en juin dans les contrées du nord, et en mars et avril dans celles du sud-est.

On répand de 10 à 12 litres de graines par hectare. Il n'y a pas d'inconvénients à ce que les semis soient un peu drus. Lorsqu'on agit ainsi, la navette couvre mieux la terre et résiste plus facilement aux sécheresses; on pallie aussi aux dégâts des altises.

La navette d'été, semée en mai, arrive à maturité dans les contrées du centre et du nord, vers la fin d'août. Lorsque les semis n'ont été exécutés que vers la Saint-Jean, la récolte n'a lieu que dans le courant de septembre.

On coupe les tiges à la faucille ou à la faux, et on les laisse en javelles sur le sol pendant plusieurs jours. Lorsque les siliques sont sèches et les graines mûres, on procède au battage. Cette opération se fait sur le champ ou dans une grange. (*Voir* NAVETTE D'HIVER, *Récolte*, p. 49.)

Cette oléagineuse, cultivée sur terres fraîches et fertiles, ne produit pas par hectare au delà de 12 à 16 hectolitres.

Un hectolitre de graines pèse de 60 à 65 kilog., et un litre contient 250,000 graines.

100 kilog. de graines rendent 27 à 29 kilog. d'huile, 1 hectolitre, de 17 à 18 kilog. d'huile, et 40 à 42 kilog. de tourteau.

Ainsi, 1 hectare qui produit 14 hectolitres ou 900 kilog. de graines, fournit en moyenne 250 kilog. d'huile.

SECTION V.

Madia.

(De *madi*, nom donné à cette plante par les Chiliens.)

MADIA SATIVA, Mol.   MADIA VISCOSA, Cav.

Plante dicotylédone de la famille des Composées.

Historique. — Climat. — Végétation. — Terrain : nature, fertilité, préparation. — Semis : époque, exécution, quantité de semences, germination
des graines. — Soins d'entretien : binages, éclaircissage. — Insectes nuisibles. — Récolte : époque, caractères de maturité, exécution, dessiccation des tiges, battage. — Conservation et nettoyage des graines. — Rendement : graines, tiges. — Poids de l'hectolitre. — Rendement en huile
et en tourteau. — Usages : huile, tourteau, fanes. — Valeur de la graine.
— Prix de revient. — Bibliographie.

Historique. — Le madia est originaire du Chili. Il a
été importé en Europe en 1794 par le R. P. Feuillé. On le
cultive en France depuis une quinzaine d'années comme
plante oléifère, et c'est M. Bosch de Stuttgard (Wurtem-
berg), qui l'a recommandé pour la première fois en 1835
pour l'huile que fournissent ses graines. L'agriculture eu-
ropéenne a accepté cette plante avec enthousiasme ; mais
de jour en jour elle l'abandonne pour lui préférer ou le
pavot ou la cameline. C'est bien à tort que l'on renonce,
dans les localités pauvres, à la cultiver : elle a le double
mérite de réussir sur les terrains de médiocre qualité et
d'y donner des produits abondants. Les faits que je vais
transcrire prouveront, je n'en doute pas, qu'elle a bien

l'importance qu'on lui avait assignée quand elle fut proposée pour la première fois comme oléagineuse.

Climat. — Le madia est très-rustique, et il résiste très-bien aux froids pendant l'hiver, quand la température ne descend pas à — 12 et — 15°; en outre il a l'avantage de ne point souffrir pendant les sécheresses.

Cette plante demande un climat plutôt sec qu'humide. Lorsqu'il survient des pluies continues pendant sa végétation, ou lorsqu'on la cultive sous un climat brumeux, ses tiges s'allongent, ne présentent qu'un petit nombre de fleurs, et ses semences avortent, restent vides et deviennent brunes Le madia appartient donc plutôt à la culture méridionale qu'à celle des contrées où l'atmosphère est chargée d'une humidité abondante et continuelle.

Végétation. — Le madia a une racine pivotante. Sa tige, cylindrique, est seulement ramifiée au sommet; sa hauteur moyenne ne dépasse pas 0ᵐ,60; elle est garnie de feuilles sessiles, lancéolées, aiguës, à trois nervures. Ses fleurs terminales sont jaunes et réunies en capitules axillaires recouverts d'écailles foliacées. Les graines sont légèrement anguleuses et d'une couleur grise; elles ont, en moyenne, 0ᵐ,007 de longueur et 0ᵐ,002 de largeur.

La tige, les ramifications, les feuilles et les capitules sont couverts de poils longs; les parties supérieures sont glandulifères, visqueuses et très-aromatiques. L'odeur forte et même désagréable qu'elles exhalent, a beaucoup nui à la propagation de cette oléifère. Cet arome est si prononcé, qu'il reste longtemps adhérent aux mains et aux vêtements des ouvriers qui la sarclent et l'arrachent.

Le madia fleurit en juillet ou août lorsqu'il a été semé au printemps. Il exige, d'après M. de Gasparin, 2,500° de chaleur totale pour arriver à maturité complète.

Terrain. — A. NATURE. — On cultive cette plante sur des sols légers et secs. Elle réussit très-bien sur les terres silico-argileuses, siliceuses, granitiques et calcaires-siliceuses. Elle végète mal sur les terres argileuses.

Comme elle craint l'humidité pendant l'hiver, on ne doit la semer en automne que sur des sols perméables.

B. FERTILITÉ. — Le madia ne demande pas des terres très-riches, 1° parce qu'il végète bien sur des sols de moyenne fertilité ou appartenant à la période céréale; 2° parce que la quantité de graines qu'il fournit est toujours en raison inverse du développement des tiges.

Lorsqu'on applique des engrais, il faut employer de préférence de la poudrette, du tourteau ou du guano.

C. PRÉPARATION. — Les terres que l'on consacre à la culture du madia doivent être bien préparées et ameublies. (Voir PAVOT, *Préparation du sol*, p. 64.)

Semis — A. ÉPOQUE. — Les semis se font à deux époques : à l'automne et au printemps.

Dans le Midi, on doit les exécuter en octobre ou novembre. Dans le Nord, il est prudent de ne les pratiquer que du 1er avril à la fin de mai, lorsqu'on ne redoute plus de gelées printanières.

B. EXÉCUTION. — On répand la graine en lignes distantes de 0m,30 à 0m,40. On peut aussi semer le madia à la volée, mais ce mode de culture rend plus difficiles et plus coûteux les sarclages et les binages.

Le madia ne supporte pas la transplantation.

C. QUANTITÉ DE SEMENCES. — Lorsque les semis se font en lignes, on emploie par hectare de 8 à 10 kilog. de graines. Les semis à la volée en exigent environ 15 kilog. Ces quantités sont fortes; mais toutes les graines ne germent pas.

D. GERMINATION DES GRAINES. — Lorsque les graines sont

de bonne qualité et qu'elles ont été confiées à la terre par une température de $+ 12$ à $+ 15°$, elles germent au bout de huit à douze jours.

Soins d'entretien. — A. BINAGES. — Les progrès de la végétation du madia sont lents d'abord, puis rapides.

On donne un premier sarclage lorsque les plantes ont de $0^m,08$ à $0^m,12$ de hauteur. On renouvelle cette façon quand les tiges commencent à se ramifier.

B. ÉCLAIRCISSAGE. — Aussitôt que le premier binage a été exécuté, on éclaircit les plantes à la main de manière qu'elles soient éloignées sur les lignes, de $0^m,12$ à $0^m,15$.

Insectes nuisibles. — Nul insecte n'attaque le madia.

Récolte. — A. ÉPOQUE. — La maturité des graines a lieu entre le troisième et le quatrième mois qui suivent la semaille quand celle-ci a été faite au printemps. Lorsque les semis ont eu lieu avant l'hiver, on procède ordinairement à la récolte en juin ou juillet, suivant les latitudes.

B. CARACTÈRES. — Le moment d'opérer la récolte est arrivé lorsque les graines ont perdu leur teinte noire et ont pris une couleur grise ou grisâtre.

C. EXÉCUTION. — On arrache ou on coupe les tiges à la faucille. Les tiges arrivées à maturité étant cassantes, on peut les rompre avec la main.

Quel que soit le procédé adopté, il est nécessaire d'agir sans brusques secousses le matin à la rosée ou le soir, afin de ne pas faciliter la chute des graines. Le madia s'égrène assez facilement si on penche les tiges quand les graines sont complétement mûres.

D. DESSICCATION DES TIGES. — Les tiges une fois arrachées, coupées ou rompues, sont dressées sur le sol et réunies en petits tas. On les laisse ainsi pendant quatre ou huit jours jusqu'à la parfaite maturité des semences.

E. BATTAGE. — On bat les têtes sur une bâche avec le fléau, ou l'on secoue fortement les têtes contre une barre en bois, ou on les frappe les unes contre les autres dans un large baquet. Le battage se fait sur le champ ou à l'intérieur d'une grange.

Conservation et nettoyage des graines. — Après le battage on étend les graines sur l'aire d'un grenier bien aéré et on les remue de temps à autre jusqu'à leur dessiccation. Les graines qui s'échauffent perdent de leur qualité.

On nettoie les graines au moyen d'un van ou d'un tarare. Ce nettoyage doit être fait avec soin, afin que les écailles visqueuses des capitules ne restent pas adhérentes aux semences.

Rendement. — A. GRAINES. — Le produit du madia a été jusqu'à ce jour très-variable. Ainsi, on a récolté de 600 à 2,500 kilog. de graine par hectare.

Voici les produits moyens que l'on a obtenus :

Vilmorin,	(Seine). . . .	1600 kilog. ou	32 hectol.
La Touche,	(Vienne) . . .	1600 —	32 —
Philippar,	(Seine-et-Oise). .	1200 —	24 —
Soc. d'Émulation,	(Vosges). . . .	1200 —	24 —
Bonnet,	(Doubs). . . .	1200 —	24 —
Mary fils,	(Moselle) . . .	1300 —	26 —
Boussingault,	(Bas-Rhin). . .	1100 —	22 —
Fritz,	(Wurtemberg). .	1000 —	20 —
Costilhes,	(Puy-de-Dôme). .	900 —	18 —
Moyenne.		1200 kilog. ou	24 hectol.

Ce rendement égale le produit que fournit le colza d'hiver.

B. TIGES. — Le madia qui a réussi et donné de 20 à 24 hect. par hectare, fournit 3,500 kilog. de tiges sèches. Ainsi, les graines seraient aux fanes :: 100 : 300.

Poids de l'hectolitre. — La graine est plus ou

moins pesante selon les lieux où elle a été récoltée. Elle est toujours plus lourde dans les années sèches que dans les années humides.

Ce poids a varié de 42 à 51 kilog. La graine réputée de bonne qualité pèse de 45 à 50 kilog. l'hectolitre.

Quantité d'huile fournie par la graine. — La bonne graine de madia rend autant d'huile que la cameline, le colza et la navette de printemps. Voici les résultats moyens que l'on a obtenus :

Par 100 kilog. de graines. . . . 25 à 30 kilog. d'huile.
Par hectolitre   —   . . 14 à 16   —

Il faut donc environ 7 hectolitres, ou 330 à 340 kilog. de graines, pour obtenir 100 kilog. d'huile.

Un hectare qui produit 24 hectolitres ou 1,200 kilog. de graines donne donc plus de 300 kilog. d'huile.

Suivant M. Boussingault, la graine de madia donne à l'analyse 44 p. 100 d'huile.

Quantité de tourteau fourni par la graine. —100 kilog. de graines donnent de 67 à 70 kil. de tourteau.

Usages. — A. HUILE. — Lorsque l'huile de madia a été extraite à froid de graines lavées à l'eau tiède, ou que l'on a fait préalablement sécher, elle a une belle couleur jaune d'or, une saveur douce et agréable, et malgré sa légère odeur on peut en faire usage pour l'alimentation. Celle que l'on fabrique à chaud contient une fuliginosité abondante qui la rend peu propre à l'éclairage. Cependant lorsque cette huile a été épurée, c'est-à-dire privée de son mucilage, elle devient incolore et brûle avec une belle flamme blanche, brillante, sans répandre de fumée. Un litre pèse $0^{kil},904$.

Cette huile permet de fabriquer d'excellents savons durs, et elle produit, avec la céruse, une peinture très-siccative.

B. Tourteau. — On utilise le tourteau de madia comme engrais dans l'alimentation des animaux.

C. Fanes. — On emploie les fanes comme litière; on peut aussi les utiliser pour chauffer les fours.

Valeur de la graine. — En 1842, la graine de bonne qualité se vendait 18 fr. l'hectolitre. Cette valeur a paru très-faible aux agriculteurs qui cultivaient cette oléagineuse. Ce prix ne pouvait pas être plus élevé. Ainsi 1 hectolitre de madia du poids de 48 kilog. fournit 14 kilog. d'huile, et 1 hectolitre de colza pesant 68 kilog. en produit 20 kilog. Le madia : colza :: 18 : 25,70. Ces deux nombres représentent exactement la valeur que ces deux graines oléifères avaient en moyenne il y a quinze ans.

Prix de revient. — Voici un extrait de la comptabilité de M. Dutfoy, de Lieusaint (Seine-et-Marne), concernant la culture de cette plante :

Dépenses par hectare. . . .	389 fr. 87
Recettes —	496 40
Bénéfices —	106 53
Prix de revient de l'hectolitre.	13 07
Bénéfice par hectolitre. . . .	3 59

Ces résultats prouvent que le madia mérite encore d'être cultivé comme plante oléifère.

BIBLIOGRAPHIE.

Philippar. — Notice sur le madia, 1840, in-8.

Parisot. — Bulletin de la Société des Vosges, 1840, in-8, p. 438.

De Tocqueville. — L'agronome praticien, 1841, in-8, p. 374.

Costilhes. — Bulletin agric. du Puy-de-Dôme, 1841, in-8, p. 349.

Dutfoy. — Le Cultivateur, 1841, in-8, t. XVI, p. 129.

Ottmann. — Moniteur de la Propriété, 1841, gr. in-8, t. VI, p. 307.

De Gasparin. — Cours d'agriculture, 1848, in-8, t. IV, p. 166.

Vilmorin. — Bon jardinier, 1857, in-12, p.

SECTION VI.

Ricin ou Palma-Christi

(De ricni, tiques ; insectes avec lesquels les graines ont beaucoup de ressemblance.)

RICINUS COMMUNIS, L.

Plante dicotylédone de la famille des Euphorbiacées.

Anglais. — Palma christi.　　　　*Italien.* — Ricino.
Allemand. — Wunder baum.　　　　*Espagnol.* — Higuera.

Historique. — Climat. — Végétation. — Composition. — Terrain : nature, fertilité, préparation. — Quantité d'engrais à appliquer. — Semis : époque, exécution, quantité de graines. — Soins d'entretien : binages, éclaircissages, arrosements, buttage. — Récolte. — Rendement. — Poids de l'hectolitre. — Quantité d'huile fournie par les graines. — Usages de l'huile, des feuilles, des tiges et du tourteau. — Valeur commerciale des graines et de l'huile. — Bibliographie.

Historique. — On ignore de quel pays le ricin est originaire. On le connaît depuis la plus haute antiquité. Ce fait est confirmé par les graines trouvées dans des sarcophages égyptiens conservés depuis plusieurs milliers d'années. Suivant Hérodote, l'huile que fournissent ces semences servait à l'éclairage chez les peuples anciens. Dioscoride et Pline ont aussi signalé son emploi comme huile à brûler.

La France ne récolte pas toutes les graines de ricin dont elle a besoin. En 1836, elle a importé 19,093 kilog. de graines ayant une valeur de 14,320 fr., et 22,609 kilogr. d'huile valant 40,696 fr.

Climat — Le ricin est cultivé en Égypte, dans la Turquie d'Asie, l'Indoustan, la Chine et l'Amérique. On le cultive aussi en Algérie, en Sicile et en Espagne. En France, on ne le mutiplie comme plante oléagineuse qu'à Saint-Remy (Bouches-du-Rhône), et à Vallabrègues, Monfrain, Meyne et Roquemaure (Var). C'est en 1804 et aux environs de Nîmes et de Béziers qu'il fut cultivé pour la première fois en grand.

Fig. 13. — Ricin.

Végétation. — Cette plante (*fig.* 13) est tantôt annuelle et herbacée, tantôt vivace et ligneuse. Ainsi, en France, le ricin est annuel, et il atteint $1^m,50$ à 2^m de hauteur, tandis qu'il dure huit à dix ans et parvient à 6, 8 ou 10 mètres d'élévation en Algérie, en Égypte et dans l'Inde.

La tige de cette oléifère est cylindrique, fistuleuse, glauque et purpurine ; elle porte des feuilles alternes, palmées, amples, lisses, et ayant de 7 à 9 lobes inégaux et dentés en scie. Les feuilles et leurs pétioles ont de $0^m,30$ à $0^m,40$ de longueur. Les tiges, dont le diamètre atteint souvent en France $0^m,03$, sont terminées par de longs épis en panicules. Les fleurs femelles occupent la partie inférieure de ces épis; les fleurs mâles sont situées à la partie supérieure. Les fruits se composent de trois coques ovales et couvertes de poils subulés; chaque coque contient une graine ayant une tunique mince, dure et cassante. Les graines sont de la grosseur d'un haricot moyen, lisses, luisantes, oblongues et marquées de taches ou de stries brunes; leurs amande est blanche, douceâtre et un peu âcre.

Le ricin accomplit en France ses diverses phases d'existence en six mois, c'est-à-dire du mois de mai au mois de septembre ou octobre, Ses feuilles se flétrissent quand la température descend à 0, et ses tiges gèlent à — 2 et — 3°.

Composition — Voici, d'après Geiger, quelle est la composition des graines; 100 parties normales contiennent :

Péricarpe.			*Amande.*	
Résine brune.	1,91	Huile grasse.	46,19
Gomme.	1,91	Gomme.	2,40
Fibre ligneuse.	20,00	Amidon.	20,00
		Albumine	0,50
Total.	23,82		
		Total.	69,09

Les graines contiennent, en outre, 7,19 d'eau.

M. de Gasparin a pesé les diverses parties d'une plante de ricin ayant, avant sa dessiccation, un poids de $1^{kil.},545$. Voici les résultats qu'il a constatés :

	Parties sèches.
Racines .	105 gr.
Tiges.	351
Feuilles .	109
Capsules.	38
Graines .	41
Totaux.	644 gr.

Cette plante avait produit 95 capsules et 285 graines. Les racines et les tiges contenaient 0,40 p. 100 d'azote, les feuilles 1,80, et les graines à l'état normal 7,63. De ces faits on peut conclure la quantité d'azote contenue dans 100 kilog. de graines et les tiges qui les ont produites :

		KIL.
100 kilog.	graines.	7,63
495 —	de tiges	1,98
153 —	de feuilles.	2,75
	Total.	12,36

Terrain — A. NATURE. — Le ricin doit être cultivé sur des terres un peu argileuses. Les sols argilo-siliceux et argilo-calcaires lui conviennent bien. Il est nécessaire, en outre, que la couche arable conserve une certaine fraîcheur pendant l'été : le ricin absorbe beaucoup d'eau, parce que sa végétation est très-rapide, et qu'elle atteint en quelques mois seulement un très-grand développement.

Sa racine étant pivotante, on ne doit le cultiver que sur des terres profondes.

B. FERTILITE. — Cette plante demande des terres fertiles et bien fumées; en général, elle végète très-lentement sur les sols légers et pauvres et y donne peu de graines.

C. PRÉPARATION. — Les terres qu'on lui consacre doivent recevoir plusieurs labours et hersages.

Quantité d'engrais à appliquer. — Le ricin est une plante exigeante et épuisante. Lorsqu'on le cultive sur des sols peu fertiles, on doit appliquer par hectare 3,100 kil. de fumier par chaque 100 kil. de graines qu'on espère récolter. Ainsi, une terre pouvant produire 500 kilog. de graines doit recevoir une fumure de 15,000 à 17,000 kilog. de fumier dosant 0,40 p. 100 d'azote.

Semis — A. Époque. — On sème le ricin lorsque la température a atteint + 12° en moyenne, c'est-à-dire en mars ou avril. Si les semis étaient pratiqués plus tôt, les graines seraient sujettes à pourrir, et les plantes pourraient être détruites par les gelées tardives.

B. Exécution. — Les semis se font en place sur des lignes distantes de 0^m,70 à 1^m, ou en poquets éloignés les uns des autres de 0^m,80.

On a souvent essayé de semer le ricin en pépinière, pour le transplanter au mois d'avril ou de mai, mais ce mode de culture n'a pas toujours donné de bons résultats. On ne peut l'adopter que pour de petites cultures. Alors on sème la graine sur couche en février ou mars. Il faut avoir le soin, quand on cultive ainsi le ricin, d'exécuter la mise en place des plants avec beaucoup de précaution. Le pivot de cette plante est très-tendre, il se brise souvent à l'arrachage. Les plants transplantés restent comme flétris pendant une huitaine de jours.

Lorsqu'on pratique les semis en place, on enfouit les graines à 0^m,01 ou 0^m,02 seulement de profondeur.

Les graines montrent leurs cotylédons entre le douzième et le quinzième jour.

Quantité de graines. — On emploie pour semer un hectare en lignes ou en poquets, de 20 à 26 litres de graines, ou 9 à 12 kilog.

Un litre contient de 900 à 1000 graines.

Soins d'entretien. — A. Binages. — Lorsque les plants ont atteint 0^m,04 à 0^m,6 de hauteur, on exécute un binage sur toute la surface du champ.

On répète cette opération une ou deux fois pendant le cours de la végétation.

B. Éclaircissage. — Lorsque les plants ont 0^m,12 à 0^m,15 d'élévation, on les éclaircit de manière qu'ils soient séparés les uns des autres de 0^m,70 à 1^m. Quand les semis ont été exécutés en poquet, on ne laisse sur leur surface que le pied le plus fort.

C. ARROSEMENTS. — Pendant les sécheresses, en juillet et août, on arrose si cette opération est nécessaire et possible. Le ricin ne prend un développement remarquable que sous l'influence simultanée de l'humidité et de la chaleur.

E. BUTTAGE. — On doit butter les plants qui atteignent 2 mètres de hauteur. Cette opération augmente leur solidité et leur permet de mieux résister aux vents violents à l'époque de la maturité des graines.

Récolte. — Quand les fruits ou les coques ont pris une teinte jaunâtre, qu'ils renferment des graines grises marbrées de blanc, on s'empresse de les cueillir. Cette récolte se continue depuis le mois d'août jusqu'aux premières gelées d'automne.

Il est utile d'enlever chaque semaine les coques qui sont arrivées à maturité. Lorsqu'on abandonne celles qui sont mûres, elles s'ouvrent d'elles-mêmes et lancent à plusieurs mètres de distance les graines qu'elles renferment.

Lorsque tous les fruits ne sont pas complétement mûrs à l'approche des temps froids, on coupe la cime des plantes qui portent encore des coques et on les suspend dans un local sain et aéré, afin que les graines puissent mûrir complétement.

Les tiges sont ensuite arrachées et liées en bottes.

Rendement. — D'après M. de Gasparin, 25 plantes peuvent donner 1 kilog. de graines. Comme un hectare en contient de 10,000 à 12,000, il en résulte que le produit en graines doit varier entre 400 et 500 kilog.

Le ricin, cultivé sur de petites surfaces, a produit par are de 14 à 15 kilog. de graines. De tels résultats ne peuvent être obtenus qu'en Espagne et en Algérie.

Poids de l'hectolitre — Un hectolitre de graine pèse de 42 à 44 kilog.

Quantité d'huile fournie par 100 kilog. de graines. — La graine de ricin est très-oléagineuse : elle contient 60 pour 100 d'huile, mais l'industrie n'en retire ordinairement que 36 à 40.

La coque n'en contient pas, c'est l'amande seule qui la fournit. Les graines récoltées dans les parties méridionales de la France sont plus oléifères que celles que l'on obtient en Algérie. Ainsi, M. Mayet a constaté les faits suivants :

	Ricin français.	Ricin algérien.
Coques	26,70	30,76
Amandes mondées	71,14	67,22
Débris et pertes	2,16	2,02
	100,00	100,00
Huile obtenue par pression à froid.	37,40	30,40

Cette huile a une couleur jaune pâle, une odeur fade, une saveur d'abord douce, ensuite un peu âcre; en vieillissant, elle rancit, s'épaissit, se colore et devient très-irritante. Sa densité est de 0,960.

Usages. — A. HUILE. — L'huile de ricin est employée en médecine comme principe purgatif. Elle sert aussi à la fabrication du savon.

A Cayenne, aux Antilles et dans la Tartarie, cette huile sert à l'éclairage des habitations. En Amérique, on l'emploie pour éclairer les sucreries, les indigoteries et les cases des nègres. A Java et aux Moluques, on la mêle avec de la chaux pour former un ciment très-dur, avec lequel on enduit les habitations.

B. Feuilles. — Dans l'Indoustan, les feuilles de ricin servent à l'alimentation du ver à soie *Bombyx cynthia*, Fab., que l'on cherche en ce moment à naturaliser en Europe.

C. Tiges. — Les tiges sèches sont employées comme combustible ou comme litière.

D. Tourteau. — Le tourteau de ricin ne doit pas être donné aux animaux ; on ne peut l'utiliser que comme engrais.

Valeur commerciale. — A. Graines. — Les graines de ricin se vendent de 30 à 40 fr. les 100 kilog. En 1813, année pendant laquelle les relations commerciales avec l'Inde et l'Amérique étaient pour ainsi dire suspendues, cette graine se vendit 1 fr. 50 c. le kilog. C'est ce haut prix qui engagea, à cette époque, un grand nombre d'agriculteurs à cultiver le ricin dans les départements de l'Hérault, de l'Aube et de la Haute-Garonne.

Les graines de ricin que la France reçoit d'Amérique sont plus grosses, plus marbrées que celles que l'on récolte en Europe ; leur enveloppe est aussi plus argentée. Celles qui viennent de l'Inde et des Antilles sont remarquables par leur volume et leur couleur foncée.

Ces graines s'expédient en balles de 100 kilog.

B. Huile. — L'huile de ricin se vend ordinairement par baril de 100 kilog., à raison de 2 à 3 fr. le kilog.

BIBLIOGRAPHIE.

Bosc. — Encyclopédie méthodique, in-8, 1797, t. VI, p. 164.
De Gasparin. — Cours d'agriculture, 1848, in-8, t. IV, p. 175.
Bonafous. — Journal d'agr. pratique, 1850, gr. in-8, 3ᵉ série, t. 1. p. 548.
Mayet. — Journal des Connaissances médicales, 1854, in-8, octobre.
Pépin. — Bulletin de la Soc. d'acclimatation, 1854, in-8, t. 1, p. 505.

SECTION VII.

Arachide.

(ἀ, privatif; ῥάχος, branche; allusion au port de la plante.)

ARACHIS HYPOGÆA, L.

Plante dicotylédone de la famille des Légumineuses.

Anglais. — America earth-nut.	*Italien.* — Pistachio di terra.
Allemand. — Die erdpistazia.	*Portugais.* — Amenduinas.
Hollandais. — Aardaker.	*Chinois.* — Thon-Than.
Suédois. — Jardpistacie.	*Japonais.* — Katjang.
Espagnol. — Cocahueta.	

Historique. — Climat. — Végétation. — Terrain : nature, fertilité, préparation. — Semis : époque, exécution, préparation des graines, quantité de semences, enfouissement des graines. — Cultures d'entretien : binages, buttages, arrosages. — Animaux nuisibles. — Récolte : époque, signes de maturité, exécution, dessiccation, battage. — Conservation des arachides. — Rendement. — Poids de l'hectolitre. — Quantité d'huile et de tourteau fournie par les graines. — Usages de l'huile, du tourteau et des racines. — Valeur commerciale de l'huile, des graines et du tourteau. — Bibliographie.

Historique. — L'arachide, que l'on nomme *pistache de terre, noix de terre, pois de terre*, est cultivée depuis longtemps en Espagne et en Italie. On la dit originaire de l'Asie. Elle croît naturellement en Afrique. On la connaissait en France au commencement du siècle dernier : en 1723, Nissole en a donné une excellente description d'après les pieds qu'il avait observés dans le jardin royal de Montpellier, où on ne put les conserver longtemps.

Ce fut seulement au commencement du siècle actuel

qu'on se préoccupa de ses propriétés oléagineuses. En 1801,
Lucien Bonaparte, alors ambassadeur à la cour de Madrid,
en adressa des graines à M. Méchin, préfet du département
des Landes, en l'invitant à les faire semer sur les terres
sablonneuses de cette contrée. Les premiers essais ayant
réussi, M. Méchin fit imprimer une instruction détaillée
sur la culture de cette plante et l'adressa à tous les agriculteurs qui se proposaient de répéter ces expériences.
Cette publication eut d'autres résultats : elle fut cause que
la culture de l'arachide fut aussi expérimentée en grand
dans les départements des Basses-Pyrénées, des Pyrénées-
Orientales, du Gard, des Bouches-du-Rhône, de Vaucluse,
de l'Isère, de l'Aude et de la Drôme. Dans toutes ces contrées, on resta convaincu que l'arachide était une excellente oléifère et qu'on parviendrait très-certainement à la
naturaliser. Les événements politiques qui survinrent de
1808 à 1815, ne permirent pas de donner suite à ces essais,
et la culture de l'arachide fut abandonnée. Ces expériences
furent reprises de 1820 à 1822, époque où les oliviers furent en partie détruits par les gelées ; mais mal connues,
mal dirigées, elles n'eurent aucun résultat. Les agriculteurs
qui les avaient entreprises les abandonnèrent en disant :
1° que l'épluchage de la graine était nécessaire dans l'extraction de l'huile et que cette opération était difficile ; 2° que
le commerce refusait d'acheter l'huile d'arachide.

M. Chaise, qui avait été témoin des produits considérables que l'arachide donne au Sénégal, expérimenta de
nouveau cette plante en 1839 et 1840 aux environs de Dax,
sur une étendue de 5 hectares. Les résultats que lui don-
nèrent ces essais dépassèrent toutes ses espérances. On
pensa alors que cette culture se propagerait. Il n'en fut
rien. Pourquoi ? Ce problème est encore à résoudre.

A l'époque où M. Chaise regardait l'arachide comme naturalisée dans les landes de la Gascogne, il arrivait du Sénégal à Marseille 722 kilog. de gousses. Ces graines furent aussitôt traitées dans les huileries. Leur rendement en huile fut si favorable que le commerce de cette ville en demanda aussitôt à la Sénégambie. Cette importation s'est accrue d'année en année; en 1854, les arachides envoyées du Sénégal avaient atteint le chiffre énorme de 4,820,063 kilog. représentant 796,448 francs La quantité importée de l'Egypte, d'Espagne, etc., en 1856, a dépassé 30 millions de kilogrammes.

Ces faits sont suffisants pour qu'on continue les expériences de M. Chaise, essais si remarquables dans leurs résultats.

Climat. — L'arachide ne peut être cultivée que dans les parties méridionales de l'Europe. Elle réussit très-bien en Espagne, dans le royaume de Valence, et en Italie. On la cultive aussi en Algérie.

En France, elle ne mûrit parfaitement ses graines que dans les départements situés tout à fait au sud et au sud-ouest. C'est que les froids tardifs du printemps ainsi que ceux d'automne lui sont très-nuisibles.

On doit la cultiver de préférence dans ces localités, dans les vallées ouvertes, sur les coteaux abrités des gelées tardives de printemps et hâtives de l'automne. Les situations sèches, aérées et chaudes, sont celles qui lui conviennent le mieux.

Végétation. — L'arachide (*fig.* 14) présente, pendant sa végétation, une remarquable anomalie. Sa tige s'élève à 0^m,25 ou 0^m,35 de hauteur, et elle donne naissance à des ramifications qui ont ordinairement de 0^m,25 à 0^m,35 de longueur. La base de sa tige est arrondie ; sa partie supérieure est presque quadrangulaire. Les rameaux présentent à chaque pétiole une paire de stipules lancéolées. Les feuilles sont alternes et composées de deux paires de folioles obovales ; ces feuilles sont un peu duveteuses en dessous et lisses à leur page supérieure. Les fleurs naissent à l'aisselle des stipules, et sont portées sur de petits pédoncules ; elles sont jaunes et ordinairement géminées. Après la fécondation, le stipe des fleurs femelles s'allonge peu à peu, et s'élève au-dessus du tube calicinal, lequel persiste sous forme de pédoncule. Alors, l'ovaire se courbe vers la terre, s'effile, s'épointe, s'allonge rapidement,

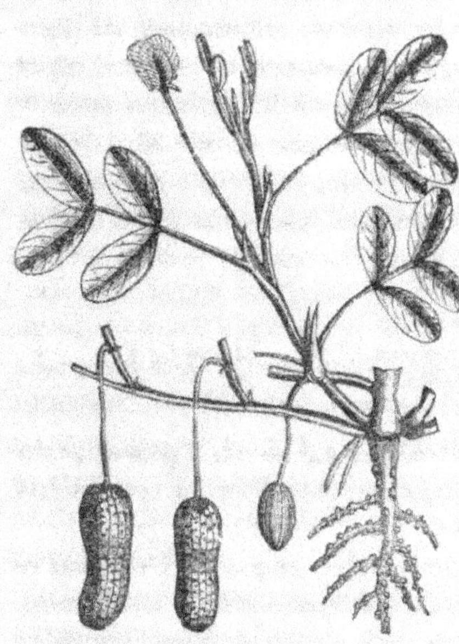

Fig. 14. — Arachide.

et au bout de cinq à six jours il s'y enfonce de quelques millimètres et commence à grossir. A mesure que le fruit se développe, il pénètre davantage dans la couche arable. C'est à 0^m,05 ou 0^m,10 au-dessous de la surface du sol qu'il parvient à tout son développement. Lorsqu'il est arrivé à maturité parfaite, il forme une gousse oblongue, presque cylindrique, réticulée, longue de 0^m,02 à 0^m.03, et

toujours remplie de deux graines ayant la grosseur d'une
petite amande de noisette. Ces graines sont couleur de
chair; elles renferment une substance blanche, farineuse et
oléagineuse. Cette amande, crue ou cuite, a un goût qui
rappelle celui de la noisette.

Terrain. — A. NATURE. — L'arachide ne peut être cultivée que sur des terres légères, sablonneuses ou silico-
argileuses; les sols argileux, compacts, ne lui conviennent
pas, parce qu'elle y enterre très-difficilement ses fruits.

Une expérience faite par M. Chaise en 1841 dans les environs de Mont-de-Marsan, a démontré une fois encore que
l'arachide ne végétait facilement que sur les terres légères,
fraîches et profondes. Ainsi, il a constaté qu'elle avait produit :

Sur les sols siliceux. . . .   72 pour 1.
Sur les terres compactes . .   29 —

Cette plante réussit très-bien sur les sols d'alluvion et sur
les terrains sablonneux, susceptibles d'être arrosés pendant
les grandes chaleurs.

B. FERTILITÉ. — L'arachide est épuisante. C'est pour ce
motif qu'on la cultive sur des terres riches ou bien fumées.
La rapidité avec laquelle cette oléifère accomplit ses phases
d'existence, exige qu'on emploie de préférence des fumiers
à demi décomposés ou des engrais d'une prompte solubilité.

C. PRÉPARATION. — Le fruit de l'arachide ne pouvant se
développer qu'à l'intérieur de la couche arable, il est nécessaire de bien préparer les terrains qu'on lui consacre.
Selon sa nature et son état, on exécute cette préparation
au moyen de plusieurs labours et hersages.

Semis. — A. EPOQUE. — Les semis se font en France et

en Espagne de la fin d'avril au commencement de juin, lorsque la température moyenne a atteint $+14°$ ou $+15°$. A la Caroline, on les pratique depuis le mois de mars jusqu'à mai. Au Sénégal, les ensemencements n'ont lieu qu'après les premières pluies, c'est-à-dire au commencement de juillet.

B. Exécution. — Les arachides se sèment en lignes distantes de $0^m,30$ à $0^m,40$, suivant la fertilité de la couche arable. On peut aussi les semer en poquets.

Lorsqu'on cultive l'arachide en lignes, on espace les graines dans les rayons, de $0^m,25$ à $0^m,30$. Quand on la sème en poquets, ces derniers reçoivent 2 à 3 gousses.

Les cotylédons apparaissent au bout de 15 à 20 jours.

C. Préparation de la graine. — On confie les gousses au sol dans l'état où elles se trouvent à la récolte. On a proposé à tort d'émonder les graines qu'elles renferment.

On fait ordinairement tremper les graines dans l'eau pendant trois ou quatre jours avant de les mettre en terre. Ce moyen a l'avantage de hâter la germination des graines et d'empêcher les campagnols, etc., de nuire autant aux ensemencements.

D. Quantité de graines. — On emploie de 250 à 300 litres ou 90 à 100 kilog. de graines par hectare, soit que l'on sème en lignes ou en poquets.

E. Enfouissement des semences. — Lorsqu'on dépose les arachides dans des rayons, on les implante dans le sol au moyen du plantoir. Si l'on sème en poquets, on agit de la même manière que s'il était question de semer des haricots, c'est-à-dire en mettant deux ou trois gousses dans chaque trou.

Quoi qu'il en soit, il est nécessaire, dans les deux cas, de placer les graines à $0^m,05$ ou $0^m,08$ de profondeur.

Culture d'entretien. — A. Binage. — L'arachide réclame de fréquents binages. Sans un ameublissement parfait et continuel, cette plante fructifierait peu parce que ses fruits pénètreraient difficilement dans le sol.

B. Buttage. —Cette plante doit être plusieurs fois buttée, afin que ses gousses soient toujours parfaitement enterrées. En Espagne, on butte l'arachide jusqu'à quatre et même sept fois. C'est au buttage que l'on doit de récolter quelquefois dans le royaume de Valence jusqu'à 700 gousses sur une seule touffe.

C. Arrosage. — On active d'une manière sensible la végétation de l'arachide en lui donnant pendant les temps de sécheresse un ou plusieurs arrosages. Toutefois, ces arrosements, que l'on exécute en juillet et août, ne sont nécessaires que lorsque cette plante végète sur des sols secs et qu'elle souffre des grandes chaleurs.

Animaux nuisibles — Les campagnols, les mulots et les courtilières font parfois de très-grands dégâts dans les cultures d'arachide.

Récolte. — A. Epoque. — La récolte des gousses se fait en octobre, en novembre, quand la température moyenne est descendue à $+ 14°$.

B. Signes de maturité. — Les gousses sont arrivées à parfaite maturité quand les plantes ont pris une teinte jaune et que les tiges et leurs feuilles sont presque sèches.

C. Exécution. — On arrache les pieds avec la main ou au moyen d'une fourche à dents plates. Cet outil n'est pas nécessaire quand l'arachide a végété sur un sol siliceux ou des terres d'alluvion très-sablonneuses.

Au fur et à mesure qu'on arrache les pieds, on les secoue fortement pour détacher les parties terreuses qui adhèrent aux racines et aux gousses.

D. Dessiccation. — Quand l'arrachage est terminé, on rapporte les pieds à la ferme pour les faire sécher dans des lieux secs ou sous des hangars. A Valence on suspend les arachides le long des murailles.

Cette dessiccation n'est pas nécessaire en Afrique et au Sénégal, parce que les gousses sont parfaitement sèches au moment de l'arrachage.

E. Battage. — Lorsque les tiges et les racines sont sèches, lorsque les graines résonnent dans les gousses, on procède au battage. Cette opération se fait sur une aire au moyen de gaules ou de fléaux très-légers afin de ne pas écraser les graines.

Au Sénégal, on détache une à une les arachides des parties auxquelles elles sont attachées. Ce travail long et minutieux est confié aux femmes et aux enfants des noirs.

Conservation des arachides. — Les gousses une fois détachées des pédoncules sont conservées dans des locaux sains. On doit éviter de les emmagasiner dans des bâtiments humides ou très-secs afin qu'elles ne moisissent pas ou qu'elles ne perdent pas une partie notable de leur poids.

Rendement. — La quantité de gousses que donne l'arachide est très-variable. Ainsi, on récolte depuis 1,500 jusqu'à 4,500 kilog. à l'hectare. Les produits moyens varient entre 1,800 et 2,500 kilog., ou 50 à 70 hectolitres.

L'arachide produit en Algérie, de 2,400 à 3,600 kil.

Poids de l'hectolitre. — Un hectolitre de gousses pèse de 30 à 40 kilog. suivant leur grosseur et leur qualité.

Quantité d'huile et de tourteau fournie par les graines. — L'arachide est très-oléagineuse. L'industrie, à Marseilles, Nantes et Rouen, extrait des arachides qui viennent du Sénégal, de 30 à 34 p. 100 d'huile. Voici quels ont été les résultats des expériences faites à Marseille, par M. Bonnet :

	Gousses.	Graines mondées.
Huile. . . .	30 p. 100.	45 p. 100.
Tourteaux.. .	68 —	55 —

Il résulte de ces faits, que l'industrie n'a aucun avantage à monder les gousses, puisque les amandes ne rendent pas au delà de 30 p. 100 du poids primitif.

En Espagne, les gousses donnent souvent 60 p. 100 d'huile lorsqu'on les presse aussitôt qu'elles ont été récoltées. En Italie, on en obtient 50 p. 100.

M. Chaise a obtenu, en 1839, dans le département des Landes, des résultats très-remarquables. Il a récolté, avec des gousses venant du Sénégal, 2,200 kilog., ou 60 hectolitres d'arachides par hectare. Ces gousses, après avoir été mondées, ont pesé 1,674 kilog. et elles ont donné par une seule pression, 837 kilog. d'huile, soit 37,50 p. 100 du poids des gousses et 50 p. 100 du poids des graines mondées.

Usage. — A. HUILE. — L'huile d'arachide est moins grasse que l'huile d'olive, mais elle égale si elle ne la surpasse pas, celle du pavot œillette. Cette huile est jaune verdâtre et conserve un peu de la légère odeur de l'amande. Quand elle a été filtrée, elle devient presque blanche ou limpide et gagne en qualité. Elle a l'avantage de ne pas rancir. Sa densité est de 0,906.

Cette huile est aussi employée dans la fabrication du savon blanc, des huiles de toilette et dans l'éclairage. En brûlant, elle produit une flamme blanche et très-vive.

B. TOURTEAU. — Le tourteau d'arachide est blanchâtre parce qu'il retient une fécule blanche et fine. Il contient 6,07 d'azote à l'état normal. Ce tourteau est dur et pesant.

C. RACINES. — Les racines de l'arachide ont un goût qui rappelle beaucoup celui de la racine de réglisse. C'est à cause de cette propriété qu'on les fait sécher et qu'on les vend pour remplacer les racines de cette plante.

Valeur commerciale. — A. HUILE. — Le prix de l'huile d'arachide varie de 90 à 120 fr. les 100 kilog.

B. GRAINES. — Les gousses se vendent en balle au prix de 40 à 50 fr. les 100 kilog. Ces graines rancissent facilement et en vieillissant elles perdent de leur qualité oléifère.

C. TOURTEAU. — Le tourteau se vend de 7 à 11 fr. les 100 kilog.

BIBLIOGRAPHIE.

Macartney. — Voyage dans l'intér. de la Chine, 1798, in-8, t. IV, p. 85

Golberry. — Voyage en Afrique, 1802, in-8, t. I, p. 440.

Poiret. — Histoire des plantes de l'Europe, 1802, in-8, t. VII, p. 68.

Durand — Voyage au Sénégal, 1802, in-4, t. I, p. 307.

?. — Expériences de l'arachide dans les landes, 1802, in-8.

Tessier. — Annales de l'agricult. française, 1802 in-8.

Pailhasson. — Journal des Basses-Pyrénées, 1803, n° 37.

De Lasteyrie. — Cours d'agriculture, 1804, in-4, t. XI, p. 157.

Frémont. — Notice sur l'arachide, 1804, in 8.

Tenore. — Mémoire sur la cult. de l'arachide, 1807, in 8.

De Candolle. — Mém. de la S. cent. d'agri., 1808, in-8, t. XI, p. 45.

Sonnini. — Traité de l'arachide, 1808, in-8.

Brioli. — Bulletin de Pharmacie, 1810, in-8, p. 147.

R. de la Bergerie. — Cours d'agriculture, 1820, in-8, t. III, p. 299.

Bosc. — Cours complet d'agricult., 1821, in-8, t. I, p. 400.

Payen et Henri — Chimie médicale et de pharm., 1825, in-8, p. 36.

Philippar. — Mém. de la S. Cent. d'agricult., 1842, in-8, p. 36.

Bonnet. — Annales Provençales, 1842, in-8.

De Gasparin. — Cours d'agriculture, 1848, in-8, t. IV, p. 172.

Payen et Richard. — Précis élémen. d'agric., 1851, in-8, t. I, p. 526.

Poiteau. — Annales de la Soc. d'hortic., 1854, in-8, t. XLV, p. 30.

Audibert. — Revue Coloniale, 1855, in-8, n° de juillet.

SECTION VIII.

Sésame.

(De Σησάμη, nom grec donné à cette plante.)

SESASUM ORIENTALE, L.   SESASUM INDICUM, D C.

Plante dicotylédone de la famille des Sésamées.

Anglais. — Oily grain.   *Espagnol.* — Ajonjoli.
Allemand. — Sesam.   *Egyptien.* — Semsem.
Italien. — Giuggiolena.   *Arabe.* — Djudjulen.

Historique. — Climat. — Végétation. — Terrain. — Semis. — Soins d'entretien. — Récolte. — Rendement. — Poids de l'hectolitre. — Rapport des
graines aux tiges. — Rendement en huile et en tourteau. — Usages de
l'huile, des graines et des tourteaux. — Valeur commerciale. — Prix de
revient. — Bibliographie.

Historique — Cette plante, connue en Orient depuis
les temps les plus anciens, est le *sempsen* de Théophraste.
Hérodote rapporte que les Juifs l'avaient reçue des Egyptiens et ceux-ci des Babyloniens. Pline et Dioscoride en ont
aussi fait mention ; enfin, elle est citée dans les manuscrits
grecs sous le nom de *sesimæ*, mot que le P. Hardouin a tra-
duit par *jugeoline* ou *jujoline*.

Le sésame, rival redoutable pour l'olivier, est cultivé en
grand dans l'Inde, la Perse, la Turquie, l'Egypte, l'Arabie,
la Mésopotamie, la Grèce et l'Afrique. Jusqu'à ce jour, les
peuples de ces contrées l'ont regardé comme une sorte de
manne, parce qu'ils utilisent souvent ses semences comme
aliment.

La France importe annuellement une quantité considérable de graines de sésame. En 1855, les importations ont
atteint 31,521,658 kilog. ayant une valeur de 13,672,952 fr.

SÉSAME

Graine

Fruit

Climat. — Cette plante accomplit librement toutes ses phases d'existence dans la région des oliviers. D'après M. de Gasparin, elle exige 2700° de chaleur totale pour mûrir ses graines.

Il est nécessaire de la cultiver dans les lieux abrités des grands vents, qui lui sont très-nuisibles.

Si l'agriculture française cultive peu cette oléifère, c'est qu'elle ne peut pas entrer en lutte avec la Turquie, l'Egypte et les Indes anglaises, contrées où les terres demandent beaucoup moins d'engrais que les terrains de nos provinces méridionales.

Végétation. — Le sésame a des racines pivotantes, des tiges hautes de 0^m,80 à 1^m, cylindriques, cannelées, velues, un peu visqueuses et très-ramifiées ; ses feuilles sont ovales, oblongues, entières ou dentées, et d'un beau vert. Les fleurs sont blanches ou rosées, solitaires, irrégulières et portées sur des pédoncules axillaires ; elles produisent des capsules allongées, à deux loges, s'ouvrant par le sommet, et contenant quatre rangées de graines jaunâtres ou brunes, ovoïdes, et plus petites que celles du lin.

En général, le sésame termine son existence entière en trois ou quatre mois.

Terrain. — Cette plante réussit très-bien sur les terrains d'alluvion et sur les terres silico-argileuses, de moyenne fertilité, mais fraîches et susceptibles d'être arrosées. C'est sur de tels terrains qu'on la cultive en Egypte, en Palestine et en Syrie. Les terres qu'on lui destine doivent être parfaitement divisées par des labours et des hersages.

Semis. — On sème la graine à la volée ou en lignes, en avril ou en mai, quand la température moyenne a atteint + 13° à + 16°.

En Égypte, les semis se font aussi en avril sur les terres que le Nil a fécondées; on recouvre les graines par un léger labour.

On hâte la germination des graines en les faisant tremper pendant vingt-quatre à quarante-huit heures.

On répand 15 à 20 litres de graines par hectare. Il ne faut pas semer trop épais, afin que l'air et la lumière agissent sur la base des plantes, et ne pas trop enterrer les semences.

Soins d'entretien. — On éclaircit les plantes quand elles ont de 0^m,12 à 0^m,16 de hauteur. Les pieds doivent être espacés de 0^m,25 à 0^m,30.

Après l'éclaircissage, on arrose par infiltration tous les quinze ou vingt jours, suivant la température et la nature du sol.

Récolte. — Les fleurs se montrent dès que les plantes ont 0^m,25 à 0^m,30 de hauteur, c'est-à-dire en juillet; il s'en épanouit encore à l'époque de la récolte. La plupart des graines arrivent à maturité vers la fin d'août ou dans la première quinzaine de septembre. Lorsque les tiges sont jaunes et les siliques rougeâtres, et que les premières capsules éclatent, on coupe les plantes avec une faucille et on les lie par poignées que l'on dresse sur le sol en écartant la base. On doit agir avant la maturité complète de toutes les graines, et autant que possible le matin ou le soir, parce que le sésame s'égrène facilement.

Quand les tiges et les siliques sont sèches, c'est-à-dire douze à quinze jours après l'arrachage, on procède au battage. Cette opération se fait avec des baguettes ou des fléaux légers.

Rendement. — Le sésame donne de bons produits quand on le cultive sur des terres que les fleuves fécondent pendant l'hiver ou des sols de bonne qualité. En moyenne, on compte par plante 45 à 50 gousses contenant de 40 à 50 graines. En France, dans le Midi, on a récolté en moyenne de 1,000 à 1,200 kilog. de graines. En Algérie, M. Hardy en a obtenu 1,500 kilog., ou 22 hect. 50 litres.

Poids de l'hectolitre. — Un hectolitre de graine pèse 62 à 65 kilog.

Rapport des graines aux tiges. — Le sésame produit beaucoup de paille. On a constaté que les graines sont aux tiges sèches : : 100 : 600.

Rendement. — A. HUILE. — La graine de cette oléagineuse contient de 50 à 53 p. 100 d'huile ; mais les usines n'en retirent que 46 à 48. Ainsi, un hectare qui produit de 1,000 à 1,200 kilog. de graines, fournit de 500 à 575 kilog. d'huile.

B. TOURTEAU. — La graine fournit de 50 à 60 p. 100 de tourteau.

Usages. — A. HUILE. — L'huile que l'on extrait à froid est très-comestible ; on la mélange fréquemment avec l'huile d'olive. Le marc traité à chaud fournit l'huile que l'on emploie dans la fabrication des savons, ou pour brûler.

L'huile comestible est douce, un peu colorée en jaune ; sa pesanteur spécifique est de 0,906.

B. GRAINES. — En Egypte, les graines du sésame servent à fabriquer une pâte blanchâtre que l'on emploie pour entretenir la fraîcheur et la beauté de la peau.

C. TOURTEAU. — Le tourteau est employé comme engrais, ou on s'en sert pour nourrir les animaux domestiques. Il contient, d'après MM. Soubeiran et Girardin, 11 p. 100 d'eau et 5,57 d'azote.

Valeur commerciale. — La graine de sésame se

vend de 45 à 65 fr. les 100 kilog. Celle qui vient de l'Inde a moins de valeur que les graines récoltées en Egypte ou en Turquie.

L'huile se vend de 110 à 120 fr. les 100 kilog.

Le prix du tourteau varie entre 12 et 14 fr. les 100 kilog. La valeur des *tourteaux blancs* est un peu plus élevée que celle des *tourteaux bruns*.

Prix de revient. — M. Hardy a constaté que la culture du sésame en Algérie présentait par hectare les résultats suivants :

Dépenses	259 fr.	» »
Recettes (1475 k. de graines à 50 fr. les 100 kilog.). .	737	50
Bénéfices.	478	50
Prix de revient par hectolitre.	10	18
Prix de vente.	32	50

Cultivé dans le midi de la France, le sésame engagerait par hectare un capital plus fort que le chiffre des dépenses qui précèdent.

BIBLIOGRAPHIE.

Bosc. — Encyclopédie méthodique, 1796, in-8, t. VI, p. 322.
Bonnet. — Annales Provençales, 1842, in-8.
Husson. — Bulletin de la Soc. d'agri. de l'Hérault, 1843, in-8, avril.
Hardy. — Revue agricole, 1845, in-8, p. 177.
Vimort-Maux. — Bulletin de la Soc. cent. d'agricult., 1846, in-8, p. 94.
De Romanet. — Annuaire de l'assoc. normande, 1846, in-8, t. XII, p. 218.
De Gasparin. — Cours d'agriculture, 1848, in-8, p. 162.

SECTION IX.

Soleil ou Tournesol.

(De ανθος, fleur en soleil.)

HELIANTHUS ANNUUS, L.

Plante dicotylédone de la famille des Composées.

Anglais. — Sunflower. *Italien.* — Girasole.
Allemand. — Sonnenblume.

Le soleil est aussi cultivé comme plante oléagineuse ; il est originaire du Pérou, et a été importé d'Espagne en France, vers le milieu du XVIe siècle. En 1725, on le cultivait en grand en Bavière et dans la Franconie. C'est en 1787, qu'il a été accepté en France comme oléifère.

Cette plante est aujourd'hui très-peu cultivée : 1° parce qu'elle exige des terres très-riches ; 2° parce qu'il est difficile d'empêcher les oiseaux de s'attaquer aux graines ; 3° parce qu'on extrait difficilement l'huile que contiennent ses semences.

Le soleil a une tige simple, cylindrique, haute de 2 à 3 mètres, des feuilles pétiolées, cordiformes, dentées et hérissées de poils, des fleurs jaunes en capitules très-volumineuses et penchées, des graines ovales, aplaties, longues de 0ᵐ,008 à 0ᵐ,012, noires ou blanchâtres rayées de gris.

On le sème en avril, en lignes ou à la volée sur des terres légères et bien préparées, à raison de 10 ou 15 litres de graines par hectare. On éclaircit les plantes de manière qu'elles soient espacées de 0ᵐ,30 à 0ᵐ,40.

En septembre ou octobre, lorsque les semences sont presque mûres, on coupe les têtes et on les suspend dans un endroit aéré. Quand les graines sont noires et sèches, on les livre aux huileries.

La graine de cette plante fournit une huile qui possède, lorsqu'elle a été extraite à froid, une belle couleur citrine et une saveur douce. Elle en donne ordinairement 15 p. 100. Lorsqu'on monde préalablement la graine, on en obtient beaucoup plus.

100 kilog. de graines fournissent environ 33 kilog. d'amandes.

Le soleil est très-productif. Il donne en moyenne 40 à 50 hectolitres par hectare.

En 1786, Cretté de Palluel a récolté par hectare :

Graines. . . . . 243 hectol.
Tiges. . . . . 2,000 bottes.

Chaque botte contenait 30 tiges.

Un hectolitre pèse de 37 à 40 kilog. et 1 litre contient 8,500 à 9,000 graines.

Les tiges sèches forment un excellent combustible, on les emploie pour chauffer les fours. Un hectare en fournit de 16,000 à 20,000 kilog.

Les graines sont très-recherchées par les oiseaux et les volailles. Les habitants de la Virginie réduisent les semences mondées en bouillie avec laquelle ils nourrissent les enfants en bas âge.

CHAPITRE III.

ARBRES ET ARBUSTES OLÉIFÈRES.

Amandier commun (*Amygdalus communis*, L.). Arbre de la famille des rosacées. Ses amandes donnent une huile douce, légèrement purgative et employée en pharmacie ; on la nomme *huile d'amandes douces*.

Cornouillier sanguin (*Cornus sanguinea*, L.). Arbrisseau de la famille des cornées dont les graines fournissent, dans quelques parties de l'Italie, une huile alimentaire ou propre à l'éclairage.

Fusain d'Europe (*Evonymus Europœus*, L.). Arbrisseau de la famille des célastrinées. L'huile que les graines fournissent est employée comme purgatif en Angleterre et pour l'éclairage en Allemagne.

Genévrier commun (*Juniperus communis*, L.). Arbrisseau de la famille des conifères. On extrait de son bois une huile que l'on nomme *huile de cade*.

Hêtre commun (*Fagus sylvatica*, L.). Cet arbre appartient à la famille des cupulifères. Ses graines fournissent l'*huile de faînes* que l'on emploie à différents usages.

Noisetier commun (*Corylus avellana*, L.). Arbrisseau de la famille des cupulifères. On extrait de ses amandes une huile très-douce, très-siccative et propre à la peinture.

Noyer commun (*Juglans regia*, L.). Arbre de la famille des juglandées ; ses graines fournissent une huile comestible excellente que l'on nomme *huile de noix*.

Prunier de Besançon (*Prunus Brigantiaca*, Vill.). Arbrisseau de la famille des rosacées ; ses graines donnent une huile qui sert à la préparation de l'*huile de marmotte*.

CHAPITRE IV.

PLANTES PROPOSÉES COMME OLÉAGINEUSES MAIS NON ENCORE ACCEPTÉES PAR LA PRATIQUE.

Roquette sauvage (*Nasturtium sylvestre*, L.). Plante vivace de la famille des crucifères que l'on rencontre dans presque tous les lieux humides. Ses graines contiennent 28 p. 100 d'huile.

Radis oléifère (*Raphanus sativus oleifer*). Cette crucifère bisannuelle est originaire de la Chine. On a abandonné en France, sa culture, parce que ses graines sont peu abondantes et difficiles à extraire des siliques. L'huile qu'elles fournissent dans la proportion de 50 p. 100, est âcre et à peine comestible.

Lépidie des champs (*Lepidium campestre*, R. B.). Plante annuelle de la famille des crucifères, très-commune sur le bord des chemins; ses graines contiennent 28 p. 100 d'huile.

Cresson alénois (*Lepidium sativum*, L.). Cette crucifère annuelle est cultivée dans les jardins comme plante potagère; ses graines ressemblent à celles de la cameline; elles contiennent 56 p. 100 d'huile.

Drave printanière (*Draba verna*, L.). Plante annuelle grêle appartenant à la famille des crucifères. On la rencontre dans les prés secs. Ses graines renferment 28 p. 100 d'huile.

Guizotia oléifère (*Guizotia oleifera*, D. C.). Plante annuelle de la famille des composées, cultivée en Abyssinie et aux Indes-Orientales, pour l'huile contenue dans ses graines.

LIVRE II.

PLANTES TINCTORIALES.

Les végétaux qui appartiennent à cette classe renferment des principes tinctoriaux jaune, bleu, rouge, etc., qu'on emploie pour teindre les étoffes.

Voici la liste des principales plantes tinctoriales :

A. — *Plantes à principe tinctorial jaune.*

1. Gaude.
2. Safran.
3. Nerprun d'Avignon.

B. — *Plantes à principe tinctorial bleu.*

1. Pastel.
2. Croton des teinturiers.
3. Sarrazin des teinturiers.
4. Indigo.

C. — *Plantes à principe tinctorial rouge.*

1. Garance.
2. Carthame.
3. Cochenille (1).
4. Orcanette rouge.
5. Orseille.
6. Lichen d'Islande.

D. — *Plantes à principe tinctorial noir.*

Sumac.

(1) Je range la cochenille au nombre des plantes tinctoriales, à cause du cactus sur lequel elle vit et se multiplie.

CHAPITRE PREMIER.

PLANTES A PRINCIPE TINCTORIAL JAUNE.

SECTION PREMIÈRE.

Gaude.

(De *resedare*, calmer; allusion à de prétendues propriétés calmantes.)

RESEDA LUTEOLA, L.

Plante dicotylédone de la famille des Résédacées.

Anglais. — Weld.	*Italien.* — Guadarella.
Allemand. — Wau.	*Russe.* — Wou.
Hollandais. — Wouve.	

Historique. — Mode de végétation. — Variétés. — Terrain : nature, fertilité. — Préparation du sol. — Fertilisation. — Epoque des semis. — Quantité de graines. — Mode d'ensemencement. — Soins d'entretien : sarclage et binages. — Insectes ou animaux nuisibles. — Récolte : époque, mode d'opération. — Dessiccation des tiges. — Mise en bottes ou en paquets. — Rendement. — Valeur commerciale. — Prix de revient. — Bibliographie.

Historique. — La gaude est désignée sous des noms différents suivant les localités. On l'appelle *herbe à jaunir*, *vaude* ou *réséda gaude*.

Elle est connue depuis longtemps en Europe, comme plante tinctoriale. On croit qu'elle est le *strathium* des anciens, plante dont ils ont souvent parlé et dont ils n'ont pas donné la description.

Cette plante est cultivée en France, en Belgique, en Augleterre, en Allemagne et en Italie. En France, on la cultive principalement dans les départements de la Seine-Inférieure, de l'Eure, de Seine-et-Oise et de la Marne. Sa culture a été introduite, il y a environ un siècle, dans les environs d'Elbeuf et de Louviers.

Avant la fin du siècle dernier on importait beaucoup de gaude de l'étranger. Aujourd'hui, la France produit au delà de ses besoins. Ainsi en 1855, elle en a exporté 67,660 kilog. ayant une valeur de 23,764 fr. En 1856, les exportations ont atteint 112,865 kilog.

Toutes les parties de la gaude : les racines, les tiges, les feuilles et graines, contiennent un principe colorant jaune que l'on regarde avec raison comme le plus solide, le plus pur et le plus beau.

Cette plante doit ses propriétés colorantes à la *lutéoline*, principe jaune cristallisé, isolé pour la première fois par M. Chevreul.

Mode de végétation. — Cette plante a une racine droite, pivotante, roussâtre à l'extérieur et blanche intérieurement, des tiges anguleuses, droites, effilées, hautes de 0^m,50 à 1 mètre, et garnies latéralement de feuilles lancéolées, entières, luisantes et sessiles; ses fleurs sont jaunâtres ou verdâtres, et réunies en une grappe terminale très-allongée; ses graines sont petites, presque rondes, lisses, luisantes, brunes ou brun verdâtre; elles sont renfermées dans des capsules ovoïdes et trilobées au sommet.

La gaude croît en France et en Europe sur les lieux arides, dans les sols pauvres, secs, calcaires ou sablonneux. La *gaude cultivée* est bien supérieure à la *gaude sauvage*.

Variétés. — On cultive deux variétés : la *gaude d'automne* et la *gaude de printemps*. Ces deux variétés ont les mêmes propriétés tinctoriales, mais la première est toujours plus productive que la seconde.

Les tiges de la gaude d'automne commencent à s'élever pendant la première quinzaine de mars.

Terrain. — A. NATURE. — La gaude doit être cultivée sur des terrains légers, meubles, secs, calcaires ou siliceux et profonds. Les sols argileux ne lui conviennent pas.

L'expérience a toujours démontré que les plantes qui végètent sur des terres légères et calcaires contiennent plus de matière colorante. Le carbonate de chaux rend la lutéoline plus intense.

Un peu de fraîcheur dans le sol ne nuit pas aux qualités de la gaude de printemps.

B. FERTILITÉ. — Il n'est pas nécessaire que les sols soient très-riches ou qu'ils aient été fertilisés par des engrais abondants, parce que la gaude n'est pas très-épuisante. Lorsque la fécondité de la couche arable est très-grande, les tiges acquièrent un fort développement, se ramifient et sont moins riches en lutéoline. Le commerce recherche de préférence la gaude qui a végété sur des terrains légers et de moyenne fertilité, parce que ses tiges sont moins élevées et toujours simples.

Préparation du sol. — Cette plante exige que la terre ait été bien préparée et ameublie par des labours et des hersages répétés. Elle demande, en outre, que la couche arable soit exempte pour ainsi dire de plantes indigènes à racines traçantes, parce qu'elle ne se défend pas contre l'envahissement du sol par les mauvaises herbes.

Application des engrais. — On ne doit pas fumer directement les terres pour la gaude. Quand cette plante suit une forte fumure, sa tige s'élève, devient rameuse et n'a pas autant de valeur commerciale que celles qui proviennent de pieds qui ont accompli leurs phases diverses de végétation dans des conditions moins favorables. Il faut donc ne cultiver la gaude que sur des terres qui ont supporté une ou deux récoltes après avoir été fumées. Le plus ordinairement on la sème après une céréale d'hiver ou de printemps. Dans le département de la Seine-Inférieure on répand souvent sa graine sur les terres occupées par des fèves ou des haricots, au moment où l'on exécute le dernier binage.

On doit renoncer à la cultiver sur les terres sur lesquelles les produits n'atteignent pas 800 à 1,000 kilog. à l'hectare, parce que leur valeur ne couvre pas les dépenses qu'ils occasionnent.

Époque des semis. — A. — La *gaude d'automne* se sème en juillet et août. Quand les semis ne sont pas faits plus tardivement, elle résiste très-bien aux froids de l'hiver.

En Normandie, on les pratique aussi en été, afin de pouvoir arracher les tiges en juillet, époque où leur dessiccation se fait facilement et très-vite.

Dans le Midi, on sème toujours cette variété en automne.

B. — La *gaude de printemps* doit être semée en mars ou avril quand on ne redoute plus de gelées à glace.

Quantité de graines. — Toutes les graines de la gaude bien récoltée ne mûrissent pas complétement, parce que l'arrachage s'effectue avant la maturité parfaite des tiges. On devra donc ne confier à la terre que des semences foncées ou noirâtres. Les graines blanchâtres germent très-difficilement.

Il est aussi nécessaire de ne répandre que des graines de la dernière récolte, parce que les semences de gaude perdent promptement leur faculté germinative.

On sème ordinairement 4 kilog. de graines par hectare

On ne doit pas en répandre une quantité moindre. Lorsque les semis sont trop clairs, les plantes donnent naissance à des ramifications semblables à celles que présente la gaude sauvage.

On a souvent répété qu'il fallait employer 8, 12 ou 16 kilog. de graines. Ces quantités sont trop fortes.

Poids de l'hectol. de graines. — Il pèse 60 kilogr.

Mode d'ensemencement. — On sème les graines à la volée après les avoir mêlées à quatre ou six fois leur volume de sable fin et sec. Ce mélange permet d'exécuter le semis avec plus de régularité.

On enfouit les semences au moyen d'un fagot d'épines ou d'un hersage très-léger.

Quand on redoute une sécheresse, on doit faire suivre la herse par un rouleau. Le roulage, en tassant le sol, rend la germination plus prompte et plus certaine, puisqu'il permet à la terre de conserver sa fraîcheur.

Soins d'entretien. — A. SARCLAGE. — Dès qu'on peut distinguer la gaude, on la sarcle si cela est nécessaire, c'est-à-dire on arrache à la main les plantes nuisibles qui se sont développées depuis l'exécution de la semaille.

B. ÉCLAIRCISSAGE. — Lorsque les *rosettes de feuilles* que présentent les pieds ont de $0^m,03$ à $0^m,05$ de diamètre, on procède à l'éclaircissage. Ainsi, on arrache toutes les plantes qui ne sont pas éloignées des autres de $0^m,12$ à $0^m,16$.

C. BINAGES. — On donne ensuite un binage. Cette opération doit être pratiquée à bras et avec une binette à lame étroite. On la répète une seconde et même une troisième fois si l'état de la terre l'exige. Le premier binage est difficile à exécuter, et il demande beaucoup d'attention de la part des ouvriers, parce que les plantes restent longtemps petites.

La gaude d'automne doit être binée avant l'hiver. Celle de printemps exige des binages plus nombreux et plus parfaits.

Au premier binage, un ouvrier n'ameublit pas au delà de 6 à 8 ares par jour; au second, il peut biner de 10 à 12 ares.

Le premier binage se paye 18 à 25 fr. l'hectare, et les suivants de 14 à 16 fr. En 1763, on payait ces façons 18 fr. aux environs de Rouen.

Insectes ou animaux nuisibles. — Nul animal ou insecte n'attaque la gaude pendant sa végétation.

Influence des agents atmosphériques. — Les années sèches sont toujours favorables à la gaude. Celles humides rendent ses produits plus abondants, mais elles nuisent à leur qualité.

Epoque de la récolte. — On fait la récolte quand les tiges, les feuilles et les capsules ont presque complétement perdu-leur couleur verte, et qu'elles ont pris une teinte jaune ou jaune-verdâtre. Alors les graines que renferment les capsules de la moitié ou du tiers inférieur des épis, sont arrivées à parfaite maturité.

La gaude d'automne se récolte, dans le Nord, en juin et juillet, et dans le Midi, pendant la première quinzaine de juin.

La gaude de printemps s'arrache à la fin d'août ou en septembre.

On ne doit opérer que lorsque le temps est beau. Souvent on profite du lendemain d'une pluie, parce que l'arrachage se fait alors plus aisément.

Arrachage des tiges. — On arrache la gaude. On doit se garder de la faucher, afin que les racines restent attenantes aux tiges. Le commerce accepte difficilement la gaude que l'on a fauchée. D'ailleurs, si l'on coupe les tiges on perd la racine, et la récolte n'atteint pas le poids auquel elle doit s'élever.

Il faut arracher avec précaution et de préférence le matin et le soir pour perdre le moins possible de graines. Les pieds qui conservent leurs semences ont plus de valeur commerciale, parce que ces graines sont très-riches en lutéoline.

On a observé en Normandie, il y a un siècle, qu'il faut vingt-neuf journées d'ouvriers pour arracher et mettre à sécher la gaude d'un hectare. Chaque ouvrier n'opère donc par jour que sur 3 ares 50 centiares.

Dessiccation des tiges.—Après l'arrachage, on rapporte les tiges à la ferme, et on les appuie contre un mur ou une haie, ou on les dresse sur le champ contre des perches ou des gaules maintenues à 0^m,40 ou 0^m,50 au-dessus du sol au moyen de piquets et de brins d'osier. A défaut de murs, de haies ou de perches, on peut réunir les tiges en faisceaux écartés du pied et liés à leur partie supérieure à l'aide d'une baguette flexible pliée en cercle, de 0^m,22 de diamètre. Mathieu de Dombasle qui recommande ce procédé de séchage, quand le temps est incertain, observe que la poignée de tiges ne doit pas être assez forte pour être serrée dans la couronne, autrement la dessiccation laisserait à désirer.

On doit avoir la précaution de bien exposer les plantes à l'action du soleil pour que leur dessiccation soit le plus rapide possible. Il faut les retourner une ou deux fois.

On ne peut laisser les tiges étendues en javelles peu épaisses sur le champ que lorsque la terre est sablonneuse et le temps très-sec. Les plantes perdent beaucoup de leur valeur quand elles restent exposées sur la terre à l'action des pluies. Ainsi, sous l'influence d'une humidité prolongée, elles brunissent ou noircissent et perdent de leur propriété colorante.

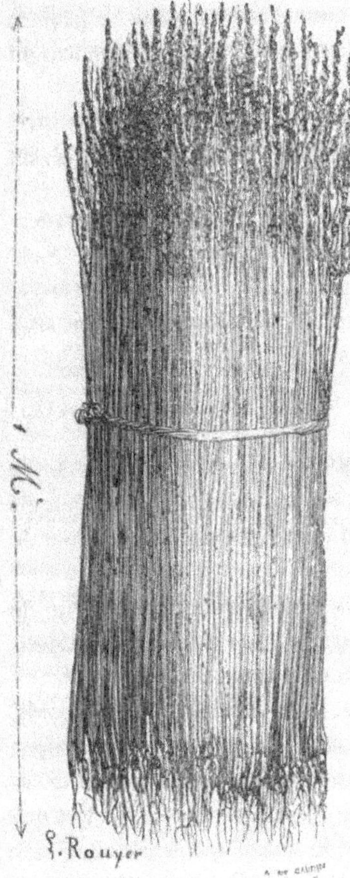

Fig. 15. — Botte de gaude.

Dans le nord de la France et de l'Europe, cette dessiccation dure de trois à cinq jours, selon l'état de l'atmosphère. Dans le Midi, le séchage est complet au bout de deux jours.

Mises en bottes ou en paquets. — Lorsque les tiges sont sèches, on les rentre dans les bâtiments ou sous des hangars, et on procède à leur mise en paquets. L'aire du local dans lequel on opère doit être couverte par une toile, afin qu'on puisse facilement recueillir les graines qui tombent des capsules.

En France, les paquets (*fig.* 15) pèsent 6 kilog.; en Allemagne, leur poids varie entre 13 et 18 kilog.

On lie les bottes avec des liens de paille de seigle ou des brins de saule ou d'osier.

Il faut avoir la précaution de ne mettre les tiges en bottes que quand elles sont parfaitement sèches, parce que la fermentation détruit ou diminue le principe colorant.

Conservation. — On emmagasine ensuite les paquets dans un local sec, si on ne doit pas les livrer immédiatement au commerce.

Rendement. — Le produit que fournit la gaude varie suivant la variété que l'on cultive et la fertilité du terrain qu'on lui consacre.

Voici les quantités que l'on a constatées par hectare :

Moyennes.		*Maximum.*	
Boussingault. . . .	2,000 kil.	De Gasparin. . . .	3,900 kil.
Schwertz.	2,340 —	Schwertz.	2,800 —
Burger.	2,650 —	Burger.	3,800 —
Moyenne. . . .	2,300 kil.	Moyenne. . . .	3,500 kil.

La moyenne des produits moyens est un peu plus élevée que celle qu'on obtient en France dans les départements où la gaude est cultivée en grand. La statistique générale la porte à 1,800 kilog.

En 1763, on obtenait aux environs de Rouen, sur de bonnes terres, 2,800 kilog., et sur les terres sablonneuses de fertilité ordinaire, de 1,600 à 2,100 kilog.

Valeur commerciale. — La gaude se vend au poids. Les tiges les plus fines, les moins rameuses ou branchues, les plus jaunes ou roussâtres et les plus sèches, sont celles que le commerce recherche de préférence. C'est à tort que les teinturiers estiment peu la gaude qui a conservé une couleur verdâtre. Mathieu de Dombasle et M. Girardin ont constaté que la gaude qui a conservé en séchant sa couleur verte est aussi riche en principe colorant que celle qui est devenue jaune.

La gaude que l'on obtient aux environs de Rouen est la plus riche en lutéoline.

La gaude réputée de première qualité doit avoir une tige jaune vert d'eau, une racine saine et blanchâtre, des capsules bien formées et des graines noirâtres.

Elle se vend en bottes et souvent en balles de dix-huit bottes. Sa valeur moyenne en France est de 16 à 20 fr. les 100 kilog., soit de 1 à 1 fr. 20 la botte. En 1743, elle se vendait en Normandie de 38 à 46 fr. les 100 kilog.

Prix de revient. — M. Girardin évalue les dépenses de la culture de la gaude dans l'arrondissement de Louviers, à 145 fr. par hectare et le produit brut à 240 fr. Ainsi le produit net est de 105 fr., et les 100 kilog. de tiges reviennent à 10 fr. et chaque botte de 6 kilog. à 60 c.

BIBLIOGRAPHIE.

Hambourney. — Mémoires de la Société d'agriculture de Rouen, 1763, in-8, t. I, p. 275.

Duhamel. — Eléments d'agriculture, 1779, in-12, t. II, p. 239.

Rozier. — Cours complet d'agriculture, 1784, in-4, t. V, p. 250.

Mordret. — Observations sur la culture de la gaude.

Yvart. — Dictionnaire d'agriculture, 1823, in-8, t. XIV, p. 215.

De Dombasle. — Calendrier du bon cultivateur, 1846, in-12, p. 84.

Schwertz. — Plantes économiques, 1847, in-8, p. 158.

De Gasparin. — Cours d'agriculture, 1848, in-8, t. IV, p. 299.

Girardin. — Mélanges d'agriculture, 1852, in-12, t. I, p. 275.

SECTION II.

Safran.

(De κρόκη, filament; allusion aux stigmates.)

CROCUS SATIVUS, L.

Plante monocotylédone de la famille des Iridées.

Anglais. — Saffron.
Allemand. — Safran.
Hollandais. — Saffraan.
Italien. — Zaffrano.
Espagnol. — Azafferan.

Portugais. — Açafrao.
Polonais. — Szafran.
Russe. — Schafran.
Arabe. — Zahafaran.

Historique. — Mode de végétation. — Composition des stigmates. — Climat. — Terrain : nature, fertilité, valeur locative. — Préparation du sol. — Epoque de la plantation. — Choix des bulbes. — Préparation des oignons. — Poids de l'hectolitre. — Nombre de bulbes contenu dans un hectolitre. — Quantité qu'on plante par hectare.— Mode de plantation.— Opérations qui suivent la plantation. — Récolte des fleurs : époque et durée de la floraison, nombre de cueillettes par semaine, mode d'opération. — Epluchage des fleurs. — Quantité préparée par une ouvrière. — Prix de revient de l'épluchage. — Dessiccation des stigmates. — Rapport du safran humide au safran sec. — Conservation, emballage et sophistication du safran. — Quantité qu'on récolte par hectare. — Récolte des feuilles. — Soins d'entretien : binages et labours. — Arrachage des oignons. — Quantité de bulbes que produit un hectare. — Plante nuisible. — Animaux nuisibles. — Variétés de safran : safran du Gâtinais, du Comtat et d'Espagne. — Valeur commerciale. — Prix de revient du kilog. de safran. — Usages. — Bibliographie.

Historique. — Le safran est connu depuis les temps les plus reculés : Homère, Virgile, Pline, Quinte-Curce, etc., l'ont plusieurs fois mentionné. Alors, on le cultivait en Cilicie, en Barbarie, en Lycie, en Sicile et en Styrie.

Justin pense que cette plante, dont la culture a été dé-

Fleur

Feuilles.

Oignon

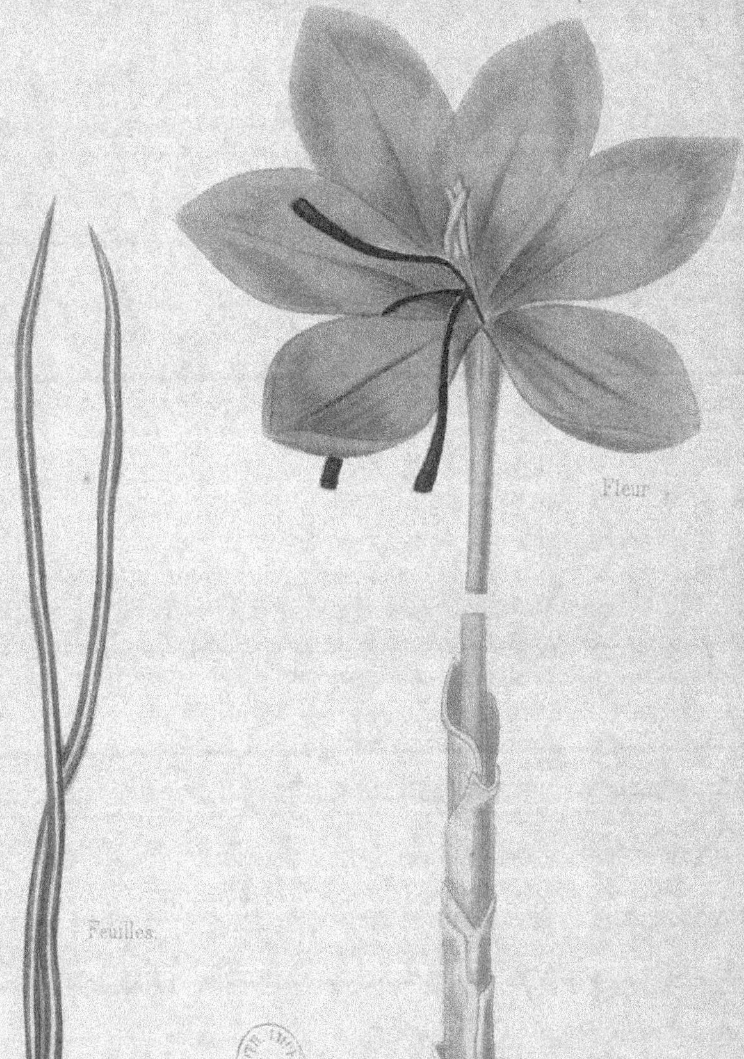

SAFRAN.

crite par Ebn-el-Avam (XII° siècle), de Cressens (1373), Heresbach (1573), Quiqueran (1551) et Olivier de Serres (1606), a été importée en Provence, par les Grecs fondateurs de Marseille.

Au XVI° siècle, d'après Henri II, on cultivait le safran très en grand dans l'Albigeois, le Lauraguais et l'Angoumois. A cette époque, le produit brut qu'il fournissait annuellement, dépassait 300,000 livres.

La culture du safran prit une telle extension, après 1520, que l'Angoumois put en fournir à toute la Gaule et la Germanie. D'après Jean Bouhin, on le cultivait déjà en 1613, dans le comtat Venaissin. G. Morin rapporte en 1630, que la petite ville de Boynes (Loiret), en vendait annuellement pour plus de 300,000 livres à la Hollande et à l'Allemagne.

Cette plante tinctoriale avait encore, au siècle dernier, une importance très-grande en France. En 1766, on en expédiait jusque dans les Indes. Aujourd'hui, on ne le cultive que dans le Gâtinais, aux environs de Carpentras (Vaucluse), et la commune de Champniers (Charente).

Cette plante est aussi cultivée très en grand en Espagne, aux environs d'Alicante, Barcelone et Almeric ; en Angleterre, dans les comtés de Cambridge, de Suffolk et du Herforshire ; en Autriche, aux environs de Moelk.

Mode de végétation. — Le safran est une plante bulbeuse.

Les bulbes sont solides, arrondis en dessus, aplatis en dessous, et recouverts par plusieurs tuniques minces, scarieuses, fibreuses et nervées.

L'enveloppe externe est brun jaunâtre ; on la nomme *robe de l'oignon*.

Les oignons, une fois plantés, produisent à leur base des

racines blanches et pivotantes. Lorsque ces organes sont développés, apparaît à leur sommet une gaîne mince, presque translucide, de laquelle sortent une ou deux fleurs, présentant un périanthe à long tube et à limbe partagé en six divisions égales, dont trois extérieures et trois intérieures un peu plus petites. Le périanthe de chaque fleur a sa gorge gris de lin ou violacée, revêtue de poils abondants. C'est sur cette gorge que sont insérées les trois étamines à filet grêle. Quant au style, il est unique, blanc, filiforme, et présente trois stigmates on *flèches* longs de 0^m,034 à 0^m,040, pendants, rouge orangé et odorants. Ce sont ces stigmates qui forment ce qu'on appelle le *safran*.

Lorsque la floraison est terminée, c'est-à-dire 2 ou 4 jours après l'apparition de la dernière fleur, chaque oignon produit six ou sept feuilles très-étroites, aiguës, divisées dans leur longueur par une ligne argentée, longues de 0^m,50 à 0^m,65 et d'un très-beau vert. Ces feuilles s'étendent sur le sol et verdissent les champs jusqu'à la fin du mois d'avril. Alors, elles jaunissent et se dessèchent.

Tous les oignons ne fleurissent qu'une seule fois et ils ne persistent pas indéfiniment dans le sol. Ainsi, chaque année, après la floraison, le bourgeon, porté par la partie solide qu'on nomme *plateau*, et à la base duquel naissent les racines, se développe et se transforme en une autre bulbe. Quant au plateau, il se dessèche, disparaît à la fin de la première année, et est alors remplacé supérieurement par le plateau de la première bulbe. Ces faits expliquent pourquoi les oignons de safran s'élèvent en terre chaque année de 0^m,02 environ.

Mais chaque oignon ne produit pas seulement une bulbe qui le remplace et fournit des fleurs l'année suivante ; il donne naissance à plusieurs caïeux qui augmentent tous les ans de volume et fleurissent à la fin de leur seconde année, c'est-à-dire après vingt-six ou vingt-huit mois d'existence.

Ainsi, la bulbe du safran cesse de végéter quand il a poussé des fleurs, et plus tard des feuilles (1).

Composition des stigmates — Les stigmates desséchés contiennent, d'après Bouillon-Lagrange et Vogel, 65 pour 100 de *polychroïte,* et une huile volatile en quantité indéterminable.

La substance polychroïte est celle qui colore en jaune doré. L'acide sulfurique la fait passer au bleu, l'acide azotique au vert et l'acide de baryte au rouge.

On ne l'utilise pas dans la teinture des étoffes, parce qu'elle manque de solidité.

Climat. — Le safran végète dans le nord et le midi de l'Europe. Toutefois, s'il craint peu les sécheresses ordinaires, il redoute les hivers rigoureux. Ainsi son bulbe se fend sous une température de — 15°, et il pourrit bientôt après. Les mêmes faits ont lieu s'il se trouve pris entre deux glaces, par suite d'un dégel imparfait, suivi d'une gelée très-intense.

On se rappelle encore, dans le comtat d'Avignon et le Gâtinais, les hivers de 1789, 1819 et 1823, qui détruisirent plus des trois quarts des oignons, et c'est à l'hiver de 1776, qu'il faut attribuer l'abandon de la culture du safran par les agriculteurs de l'Angoumois.

En général, les vieux oignons sont plus susceptibles d'être détruits par la gelée que les bulbes nouvellement plantés, parce qu'ils sont toujours moins enterrés que ces derniers.

(1) Tous les auteurs qui ont décrit la culture du safran et représenté cette plante tinctoriale en végétation. ont accompagné les fleurs de feuilles bien développées. Cette erreur prouve qu'ils ne connaissaient pas le mode de végétation de la plante sur laquelle ils écrivaient.

Une température à la fois sèche et chaude pendant l'été, douce et fraîche pendant l'automne, favorise toujours la floraison du safran. Il n'en est pas de même s'il pleut abondamment en juillet et août; et si l'air est froid et humide pendant les mois de septembre et d'octobre. Ainsi, sous l'influence d'une semblable température, les fleurs apparaissent lentement et tardivement, et elles fournissent des pistils développés.

Terrain. — A Nature. — Le safran doit être cultivé sur des terres calcaires-siliceuses, silico-calcaires et calcaires-argileuses profondes, perméables et exposées à l'action du soleil. Il végète difficilement dans les terres compactes, graveleuses ou très-siliceuses; il redoute aussi les terrains à sous-sols imperméables ou humides.

En général, les terres les plus favorables au safran, sont celles qui se pulvérisent aisément, qui contiennent du carbonate de chaux et qui ont une consistance moyenne.

On a constaté que les terrains qui ont une couleur brunâtre ou rougeâtre, avaient une influence sensible sur la beauté des fleurs et le coloris des stigmates. Les sols de couleur blanche ne sont pas favorables au safran.

B. Fertilité. — Cette plante est épuisante et ne doit être cultivée que sur des sols fertiles. En général, les produits qu'elle fournit sont toujours proportionnels à la nature et à la fécondité des terres.

On ne fume pas directement le safran, à moins qu'on ne fertilise le sol avec du marc de raisin, parce qu'il redoute les fumiers frais. Dans le Gâtinais et le Comtat, le safran suit ordinairement une céréale, et on le cultive sur des terres qui avaient été converties précédemment en prairies naturelles ou artificielles.

C. Valeur locative. — Les terres sur lesquelles on cultive le safran se louent un prix très-élevé. Ainsi, dans le Gâtinais leur valeur locative varie entre 200 et 250 fr. l'hectare, et dans le Vaucluse entre 200 et 380 fr. Les terres à blé dans ces mêmes contrées se louent de 50 à 60 fr. Ce haut prix de location confirme ce que disait de la Taille des Essarts, il y a un siècle, que le safran est une plante épuisante et qui ne végète bien que dans des terres spéciales.

Préparation du sol. — Les terres doivent être bien ameublies à une profondeur de $0^m,16$ à $0^m,25$. On les laboure après la moisson, soit à la bêche, soit à la charrue, et on renouvelle cette opération une seconde et une troisième fois en mars et en mai. On termine la préparation du sol en l'émiettant à l'aide de la herse ou du râteau.

Enfin, on épierre si cela est nécessaire, afin que la surface de la couche soit bien unie et pour qu'on puisse aisément faucher les feuilles chaque année.

Epoque de la plantation. — On plante les oignons depuis la fin de juin jusqu'au commencement d'août. Dans le Comtat, on plante plus tard que dans le Gâtinais. C'est ordinairement dans la première quinzaine de juillet qu'on exécute la plantation des bulbes dans le Gâtinais.

Choix des bulbes. — Un oignon est regardé comme bon quand il est ferme, sain, bien arrondi et lorsqu'il a de $0^m,023$ à $0^m,025$ de diamètre et de $0^m,034$ à $0^m,036$ de hauteur. Les bulbes larges et aplaties fournissent beaucoup de cayeux, mais elles produisent moins de fleurs.

On plante rarement de jeunes cayeux parce qu'ils ne fleurissent, ainsi que je l'ai dit précédemment, qu'après deux ans de plantation.

On doit rejeter les oignons qui sont légers, mous et altérés.

Préparation des oignons. — Il faut, avant de planter un oignon, le débarrasser de ses tuniques et de la bulbe qui l'a produit. Cette opération permet de constater l'état de l'oignon et de rejeter les bulbes altérées. Cet épluchage diminue le volume des oignons d'un cinquième.

Lorsque les oignons ont été dépouillés de leurs enveloppes, on les expose pendant quelques jours à l'action du soleil.

Une femme peut éplucher de 100 à 115 litres d'oignons par jour.

Le prix de cette opération varie entre 0 fr. 50 et 0 fr. 60 c. l'hectolitre.

Poids de l'hectolitre. — Un hectolitre de bulbes pèse, suivant leur grosseur, de 46 à 50 kilog.

Nombre de bulbes contenu dans un hectolitre. — Un hectolitre contient un très-grand nombre d'oignons.

Lorsque les bulbes sont grosses, il en contient environ. . .		6,900
— moyennes, —		9,600
— petites, —		11,500

Quantité qu'on plante par hectare. — Lorsque les lignes de safran sont éloignées les unes des autres de $0^m,15$ à $0^m,17$ de distance et les oignons sur ces rangées de $0^m,05$ à $0^m,06$, chaque bulbe occupe de 85 à 90 centimètres carrés.

Ainsi, chaque mètre carré reçoit environ 114 oignons, chaque are 11,400 et un hectare 1,140,000.

De là, il résulte qu'il faut, pour planter un are, 118 litres, et un hectare, 118 hectol. de bulbes de grosseur moyenne.

J'ai vu planter à Boynes (Loiret) 160 hectolitres de bulbes par hectare sur une terre dans laquelle la *mort* avait attaqué le safran les années précédentes.

Mode de plantation. — Lorsque la terre a été bien préparée, un ouvrier que l'on nomme *marreur* dans le Gâtinais, ouvre avec une bêche étroite ou une houe, un rayon de 0^m,15 à 0^m,17 de profondeur. La femme, qui l'accompagne, porte un panier rempli d'oignons épluchés et elle place ces bulbes dans le fond de la raie, en ayant soin que chaque oignon soit placé sur la base du plateau. Lorsque l'ouvrier est arrivé à l'extrémité du champ, il ouvre un second sillon à 0^m,16 du premier et jette la terre qui en provient sur les oignons qui forment la première ligne, et ainsi successivement jusqu'à ce que le champ soit entièrement planté.

Quelques cultivateurs ne recouvrent les oignons que de 0^m,10 à 0^m,13 de terre. Ce procédé laisse à désirer. On a constaté que les bulbes ainsi plantées étaient plus sujettes à souffrir des fortes gelées pendant le second et surtout le troisième hiver qui suit la plantation, et qu'elles produisaient presque des stigmates plus courts et moins développés.

La plantation à la charrue doit être abandonnée pour la plantation à la bêche.

Un homme et une femme plantent de 8 à 10 ares par jour.

Opérations qui suivent la plantation. — Quelques semaines après la plantation, on exécute un binage sur toute la surface du champ dans le but de détruire les mauvaises herbes et d'ameublir la couche arable que les planteurs ont foulée en travaillant. Il est utile de ne pas attendre, pour exécuter ce binage, la fin du mois d'août, et le commencement de septembre pour ne pas détruire les boutons à fleurs.

On peut, lorsque les terres sont un peu légères et lorsqu'elles n'offrent pas une croûte épaisse et dure, remplacer le binage par un râtelage.

Ces deux opérations doivent être faites par un beau temps.

Récolte des fleurs. — A. Époque de la floraison. — Les fleurs du safran apparaissent, dans le Gâtinais, depuis le 20 de septembre jusque vers le 15 octobre.

La récolte des fleurs n'a jamais lieu avant le 15 septembre et il faut que l'automne soit froid et humide pour qu'elle se prolonge jusqu'à la Saint-Martin (11 novembre). En 1823, elle n'a été terminée que vers la fin d'octobre.

Dans le département de Vaucluse, le safran ne commence à fleurir que vers la mi-octobre.

On doit récolter les fleurs avant qu'elles soient complétement ouvertes, et de préférence le matin ou le soir, lorsque leurs corolles sont fermées et fraîches.

B. Durée de la floraison. — En général, les fleurs se succèdent pendant quinze à vingt jours, selon l'état de l'atmosphère.

C. Nombre de cueillettes par semaine. — La cueille des fleurs se fait tous les jours pendant la première semaine, et tous les deux jours pendant la seconde, si le temps est beau.

On doit récolter les fleurs tous les jours si le temps est pluvieux et si le soleil brille avec éclat. Les fleurs qui restent exposées pendant deux jours à l'action de l'humidité ou d'une chaleur élevée, s'altèrent ou se dessèchent. Alors, on les épluche plus difficilement.

Il ne faut pas oublier que les fleurs du safran restent peu de temps épanouies, et que l'action de l'air et de la lumière affaiblit considérablement la coloration des stigmates et diminue l'intensité de leur odeur.

D. Mode d'opération. — La récolte du safran est habituellement confiée à des femmes ou à des enfants de douze à quinze ans.

La cueille des fleurs se fait en coupant le tube de la corolle rez terre. On doit se garder de couper les corolles au-dessous des divisions, parce que, en agissant ainsi, on perdrait pendant l'opération beaucoup de stigmates.

Les ouvriers doivent se placer à cheval sur deux ou trois lignes, en ayant le soin de poser les pieds sur le milieu des intervalles qui séparent les rayons, afin de ne pas écraser les fleurs qui sont encore sous terre.

Chaque travailleur est muni d'un panier dans lequel il dépose les fleurs à mesure qu'il les récolte.

Quand les paniers sont remplis de fleurs, on les vide avec précaution dans des hottes que portent des hommes, ou dans des tonneaux ou de grands paniers peu profonds placés dans une voiture, qui sert à les conduire à la ferme.

On ne doit pas presser les fleurs dans les appareils qui servent à les transporter pour éviter qu'elles ne se flétrissent.

Epluchage des fleurs. — L'épluchage des fleurs se fait pendant le milieu du jour s'il y a interruption dans la cueille, et le soir à la veillée.

On dépose une certaine quantité de fleurs sur une grande table autour de laquelle se placent les éplucheuses. Dans le Gâtinais, on choisit de préférence les filles les plus jolies, afin de pouvoir compter quelques jeunes gens parmi les travailleurs de bonne volonté. Chaque éplucheuse est munie d'une écuelle, d'une sebile ou d'une assiette.

L'ouvrière prend une fleur de la main gauche, l'ouvre avec la droite si elle n'est pas suffisamment épanouie, et saisit le style avec le pouce et l'index. Alors, avec l'ongle du pouce de la main gauche, elle coupe le tube de la fleur à l'endroit où il commence à s'évaser. Cette opération rend le style libre et permet de l'extraire de la fleur avec les trois stigmates et de le déposer dans la sebile. Lorsque l'ouvrière a terminé ce travail, elle jette sous la table la fleur et les trois étamines qu'on appelle *le jaune*.

On ne doit couper le tube ni trop haut, ni trop bas. Dans

le premier cas, on diminuerait la longueur des stigmates ; dans le second, on leur laisserait adhérente une portion notable du style, et le safran contiendrait une trop forte proportion de filets blancs.

Il est utile d'enlever une ou deux fois pendant la veillée, les fleurs que les ouvrières ont jetées sous la table. Ces organes incommodent les éplucheuses en ce qu'elles leur font enfler temporairement les jambes.

Quantité de safran préparé par une ouvrière. — Une femme très-exercée à ce genre de travail, épluche par heure environ 60 grammes de safran non desséché. Ainsi dans une veillée de quatre heures, elle peut en préparer environ 240 grammes.

En moyenne, une ouvrière dans le Gâtinais, épluche de 6 à 7 kilog. de safran vert pendant le temps que dure la récolte.

Dans le Vaucluse, suivant M. de Gasparin, huit personnes épluchent dans une veillée de six heures environ, 250 grammes de safran, soit 5 grammes par éplucheuse et par heure. Enfin, d'après le même auteur, une ouvrière prépare, pendant les quinze jours que dure la cueillette, 3 kilog. 750 de safran non desséché.

Dans le Gâtinais, on compte qu'il faut, pour exécuter la récolte d'un hectare de safran, quatre hommes et seize femmes pendant le temps que dure la floraison.

Prix de revient de l'épluchage. — Le prix de l'épluchage varie dans le Gâtinais, entre 10 et 15 fr. le kilogramme de safran sec.

Les ouvrières qui exécutent la cueillette et l'épluchage à la journée, sont nourries, et elles reçoivent en outre, lorsque la récolte est terminée, de 18 à 25 fr.

Quelquefois on accorde aux ouvrières qui font l'épluchage à la tâche, de 5 à 7 centimes par 30 grammes (une once) ou par chaque écuellée de safran humide.

Dessiccation des stigmates. — La dessiccation des stigmates se fait de deux manières :

1° Dans les environs de Carpentras, on exécute cette opération en exposant les stigmates à l'action du soleil ou en les éparpillant sur une table à l'intérieur d'une habitation.

En Angleterre, cette dessiccation se fait dans une étuve.

Ce procédé laisse beaucoup à désirer parce que le safran ainsi desséché retient beaucoup d'eau et moisit facilement si on le conserve dans des locaux imparfaitement secs.

2° Dans le Gâtinais, on dessèche les stigmates au feu. Voici comment on opère : on brûle dans une cheminée du sarment de vigne, et lorsque le brasier ne produit plus de fumée, on prend un tamis de crin de $0^m,33$ à $0^m,40$ de diamètre dans lequel on met environ 500 grammes de stigmates ; alors, on promène le tamis à $0^m,40$ ou $0^m,50$ au-dessus du brasier et de temps à autre on remue ou on retourne les stigmates pour qu'ils perdent promptement leur humidité. Lorsque ces organes se brisent en les pressant entre les doigts, on éloigne le tamis du foyer et on laisse le safran se refroidir.

Ce procédé de dessiccation a l'avantage d'être très-rapide et de moins décolorer les filaments que le séchage au soleil. Toutefois, il faut éviter de produire dans le foyer un brasier ardent afin de ne pas brûler les stigmates.

Il faut quarante à quarante-cinq minutes pour dessécher par ce procédé 500 grammes de safran.

Rapport du safran humide au safran sec. — Le safran vert ou frais est au safran sec :: 5 : 1. Ainsi 5 kilog. de stigmates, après avoir été desséchés, donnent 1 kilog. environ de safran.

20,000 fleurs ou stigmates produisent un kilog. de safran humide et 100,000 un kilog. de safran sec.

Conservation du safran. — Le safran sec se conserve dans des boîtes de bois de chêne garnies intérieurement de papier ou d'un linge et placées dans un local sec.

Conservé dans un lieu humide, il noircit et perd son arome.

Emballage du safran. — On expédie le safran dans des caisses, dans des barils ou dans des sacs de toile. On doit préférer les caisses ou les petits tonneaux.

Une caisse de 0^m,25 de hauteur et de largeur sur 0^m,65 de longueur contient de 12 à 13 kilog. de safran.

Le safran que les agriculteurs du Gâtinais, expédiaient aux Indes, il y a un siècle, était emballé dans des boîtes de fer-blanc.

Il faut éviter de presser fortement le safran dans les emballages : s'il est humide, il noircit et s'altère ; s'il est sec, on le met aisément en poussière.

Sophistication. — Le safran est souvent fraudé :

1° On y mêle des étamines de *carthame* dans le but d'augmenter son poids. Cette fraude se pratique souvent en Espagne.

2° On l'arrose avec un goupillon chargé d'eau ou bien on l'expose à l'action d'un air fortement chargé d'humidité. Ainsi préparé, le safran augmente de 60 grammes par kilogramme.

Le safran qui a été ainsi fraudé, blanchit et perd de sa qualité et de son poids lorsqu'on le dessèche de nouveau.

3° On le couvre d'une légère couche d'huile. Cette opération enlève au safran son arome et son velouté, mais elle rend sa couleur plus vive et plus brillante. Ce procédé est très en usage en Espagne.

4° On colore aussi avec du safran ou de la garance du sable très-fin qu'on mêle aux stigmates lorsque ces derniers sont un peu humides.

5° On colore et on dessèche des fibres de rouelle de bœuf et lorsqu'elles ont été séparées on les mêle aux stigmates dans la proportion de 120 à 150 grammes par chaque kilogramme. Le safran ainsi fraudé s'altère facilement.

6° On colore des fils de lin ou de chanvre, on aplatit l'une de leurs extrémités et on les mêle au safran. Ces fils n'ont jamais le brillant que présentent les stigmates.

Ces diverses fraudes sont pratiquées depuis longtemps en France. Henri II les défendit en 1550, mais l'arrêt qu'il rendit à Blois, le 18 mars, n'empêcha pas les cultivateurs du Gâtinais, de l'Albigeois, etc., de livrer des safrans altérés. A cette époque, les safrans fraudés étaient saisis et brûlés en plein marché, et les délinquants condamnés à une amende et à des peines corporelles. Ce sont ces sophistications qui ont fait déprécier les safrans français sur les marchés européens.

Quantité qu'on récolte par hectare. — Le produit du safran sec varie suivant l'âge des safranières et la nature et la qualité des terres sur lesquelles elles existent.

Dans le Gâtinais, on obtenait par hectare, il y a un siècle, les quantités moyennes suivantes :

1re année.	10 kilog. de safran.
2° —	20 —
3° —	15 —
Moyenne	15 kilog.

Les récoltes les plus fortes dépassaient 30 kilog. la deuxième année, et les plus faibles ne descendaient pas au-dessous de 10 kilog. pendant la troisième.

De nos jours on y obtient les produits suivants :

1re année.	12 à 13 kilog. de safran.	
2e —	40 à 50	—
3e —	40 à 50	—
Totaux.	52 à 63 kilog.	

Soit en moyenne par hectare et par an 17 à 21 kilog.

Dans le Vaucluse, le produit est en moyenne 10 kilog. pendant la première année et 40 pendant la seconde, soit 25 kilog. par an et par hectare.

Récolte des feuilles. — Les feuilles apparaissent aussitôt après la floraison, couvrent en partie la terre pendant l'hiver et se dessèchent vers la fin du printemps. Ordinairement on les fauche ou on les arrache à la main en avril ou en mai, lorsqu'elles sont presque sèches. Ces feuilles servent d'aliment aux bêtes à cornes.

Un hectare fournit en moyenne la première année de 600 à 700 kilog. de feuilles sèches, et la seconde et la troisième environ 1,000 kilog.

Huit à dix ouvriers suffisent pour arracher, faner et botteler les feuilles d'un hectare.

On doit se garder d'arracher les feuilles lorsqu'elles sont encore vertes, dans la crainte de nuire à la maturité des oignons.

Soins d'entretien. — A. Opérations qui suivent la cueille des fleurs. — Aussitôt après la récolte des fleurs, on donne aux safranières un labour léger exécuté à l'aide de la bêche ou un binage. Ces opérations sont faites dans le but de détruire le tassement que présente la couche arable. On doit les exécuter lorsque le temps est beau.

B. Binage qui suit l'enlèvement des feuilles. — Lorsque les feuilles ont été enlevées, on exécute un second binage.

On renouvelle cette opération vers la fin d'août ou dans la première quinzaine de septembre, un mois environ avant la floraison.

Dans le Gâtinais, on remplace souvent le second binage par un labour exécuté à l'aide de la *marre*, afin que la terre soit ameublie jusqu'à $0^m,06$ à $0^m,10$ de profondeur.

Cette dernière opération exige beaucoup d'attention de la part des ouvriers, afin qu'ils n'attaquent pas les oignons avec leurs instruments.

Arrachage des oignons. — Les anciens, d'après Pline, n'arrachaient les oignons que lorsque les safranières avaient huit années. De nos jours on les arrache dans le comtat d'Avignon après la deuxième récolte et dans le Gâtinais à la quatrième année.

Cette opération se fait au mois de juin ou pendant le mois de juillet. On l'exécute avec une bêche après avoir enlevé à l'aide de la marre ou d'une binette, la terre qui couvre les rangées d'oignons. Il faut se garder d'employer la fourche, qui blesse presque toujours les bulbes.

Quand les rangées d'oignons ont été mises pour ainsi dire à découvert, on soulève les bulbes avec la bêche, et des femmes ou des enfants munis de paniers les ramassent et les déposent en tas.

On ne ramasse pas les oignons malades et les caïeux qui n'ont point encore de tunique.

Un ouvrier est ordinairement suivi par deux ramasseurs.

Il faut, pour arracher une safranière ayant un hectare d'étendue, 24 à 26 journées d'arracheurs et 48 à 56 journées de ramasseurs.

Quantité d'oignons que produit un hectare. — Les safranières qui n'ont pas été envahies par la *mort* et qui existent sur des terres propres au safran, fournissent par hectare assez d'oignons pour planter un hectare et demi à deux hectares.

Plantes nuisibles. — La bulbe du safran est attaquée pendant sa végétation par un mycélium parasite auquel on a donné les noms de *mort* dans le Gâtinais, d'*affarum* dans le Comtat.

Ce champignon, que les botanistes ont nommé *rhizoctonia crocorum*, D. C., apparaît d'abord sur les tuniques externes, puis ensuite sur celles subjacentes. Dans le premier cas les filaments de nature byssoïde sont blancs; dans le second ils ont une couleur rougeâtre et ensuite pourpre.

Les tuniques des oignons sur lesquels ce redoutable parasite forme une sorte de réseau violacé, se dessèchent, et la partie solide blanchit, devient molle, gluante et ensuite fétide.

La mort apparaît en automne et au printemps. Dans le premier cas, les fleurs deviennent blanchâtres; dans le second, les feuilles jaunissent avant l'époque ordinaire.

Ce parasite se propage très-rapidement. C'est cette propagation rapide qui a fait regarder la mort comme contagieuse. Jusqu'à ce jour on ne connaît point encore de moyen pour la prévenir. On arrête ses progrès en circonscrivant les parties qu'elle a envahies par une tranchée large de 0^m,20 à 0^m,30 et profonde de 0^m,30 à 0^m,40.

Les oignons sur lesquels le rhizoctone s'est développé doivent être arrachés avec soin, exposés au soleil et ensuite brûlés.

Les safranières envahies par ce terrible champignon, doivent être livrées pendant six ou huit années à la culture des céréales et des légumineuses fourragères.

Animaux nuisibles. — A. Les *rats* et surtout les *mu-*

lots causent quelquefois de très-grands dommages dans les safranières. Ainsi ils s'attaquent aux bulbes et les déchirent. On met un terme à ces désastres en enfumant les galeries qu'ils ont creusées dans le sol ou en les détruisant au moyen de piéges particuliers.

B. Les *lièvres* et les *lapins* nuisent aussi au safran : ils mangent les fleurs et coupent les feuilles et empêchent par là les oignons de produire des caïeux. Aussi doit-on s'empresser de les détruire dans les localités où ils sont abondants.

Variétés de safran. — Le commerce connaît trois sortes de safran.

1° *Safran du Gâtinais.* — Le safran du Gâtinais a des filets longs et larges d'une belle couleur rouge vif. Son odeur est très-aromatique et agréable et sa saveur est légèrement amère. Il contient une très-faible quantité de filaments jaunes. Enfin, il colore la salive quand on le mâche et tache les doigts quand on le pulvérise.

On le livre dans des sacs de toile de 12 kilog.

2° *Safran du Comtat.* — Le safran du Comtat a des filets maigres et allongés d'une couleur sombre et blanchâtre. Il contient de nombreux filaments jaunâtres.

On l'expédie dans des sacs de différents poids.

3° *Safran d'Espagne.* — Le safran d'Espagne a des filaments aussi longs mais plus secs et plus rouge foncé que ceux du safran du Gâtinais. Il contient beaucoup de filaments jaune doré.

On l'expédie dans des sacs de peau de mouton pesant de 20 à 40 kilog., ou dans des caisses de fer-blanc.

En général, le bon safran doit se briser entre les doigts et ne contenir aucune matière étrangère, ni aucun fragment de pétales.

Valeur commerciale. — Le prix du safran est très-variable. Ordinairement on le vend de 50 à 65 francs le kilog., soit en moyenne 60 fr. Les cultivateurs l'ont vendu jusqu'à 300 fr.

En général, le safran du Gâtinais se vend plus cher que le safran du Comtat.

Prix de revient. — La culture du safran engage un fort capital par hectare. Voici le résumé de deux comptes établis par M. de Gasparin et M. Gay :

	Comtat.	Gâtinais.
Dépenses	1654 fr. »	2855 fr. 20
Bénéfices nets par an et par hectare . .	675 »	629 50
Prix de revient du kilog	33 »	45 »

Les dépenses de la culture du safran dans le Comtat concernent deux années, et celles relatives à la culture du Gâtinais embrassent une période triennale.

Usages. — Le safran sert à colorer les pâtes d'Italie, les liqueurs, les sucreries et les vernis. On l'emploie aussi en médecine.

BIBLIOGRAPHIE.

? — Discours sur le cultivement du safran, 1567, in-4 (1).

De la Taille des Essarts. — Mémoire sur le safran, 1766, in-8,

Duhamel. — Éléments d'agriculture, 1779, in-12, t. II, p. 268.

Dupuy-Demportes. — Le gentilhomme cultivateur, 1762, in-4, t. IV, p. 64.

De Gasparin. — Guide du propriétaire, 1836, in-8, p. 315.

Laure. — Manuel du cultivateur provençal, 1839, in-8, t. II, p. 554.

Raynaud. — Moniteur de la propriété, 1843, in-8, t. IV, p. 64.

Conrad et **Waldmann**. — Traité du safran du Gâtinais, 1846, in-8 (2).

(1) Plusieurs auteurs ont écrit, comme le Grand d'Aussi, que cet ouvrage avait été composé par de la Rochefoucauld. L'auteur de ce livre, aujourd'hui très-rare, a gardé l'anonyme ; il l'a écrit en 1560, à Montignac (Dordogne), dans le but de faire connaître le commerce de safran qui se faisait alors très-en grand à la Rochefoucauld (*Rupes Fucaldi*).

(2) Ce Traité est la reproduction du Mémoire écrit par de la Taille des Essarts.

SECTION III.

Arbustes indigènes.

Nerprun des Teinturiers (*Rhamnus infectorius*, L.). Cet arbrisseau est commun dans les lieux arides des contrées méridionales de l'Europe : le comtat Venaissin, le Languedoc, la Provence, le Dauphiné. Sa tige diffuse et à rameaux épineux ne s'élève pas au delà de un mètre; ses feuilles sont ovales-lancéolées, dentées en scie et un peu velues; ses fleurs sont très-petites, dioïques et jaunâtres; ses fruits sont charnus, jaunes et à deux ou quatre noyaux osseux.

Les fruits de cette espèce sont employés en teinture sous le nom de *graine d'Avignon*. On en retire une couleur jaune qui forme, unie au blanc de céruse, une couleur jaune verdâtre à laquelle on a donné le nom de *stil de grain*.

Les graines d'Avignon sont inégales, marquées de trois sillons, vert jaunâtre et vert foncé.

On les expédie en balles de 120 kilog.

Un hectolitre de graines d'Avignon pèse de 42 à 46 kilog.

Epine vinette (*Berberis vulgaris*, L.). Cet arbrisseau appartient à la famille des berbéridées. Il est commun sur les montagnes arides et pierreuses des provinces méridionales. Ses racines et son bois servent à teindre en jaune; la couleur qu'ils fournissent est belle et assez solide.

SECTION IV.

Plantes tinctoriales jaunes non encore acceptées.

Anthemis des teinturiers (*Anthemis tinctoria*, L.). Plante annuelle de la famille des composées ; elle croît en Europe, sur les collines et les lieux arides. La teinture que donnent les feuilles n'est pas solide.

Genêt des teinturiers (*Genista tinctoria*, L.). Ce petit arbrisseau appartient à la famille des légumineuses. Autrefois on employait ses pousses annuelles pour teindre en jaune. La gaude l'a fait abandonner.

Orcanette jaune (*Onosma echinoïdes*, L.). Cette borraginée est vivace ; elle croit naturellement sur les montagnes sèches et arides des Alpes et des Pyrénées. Le principe tinctorial jaune qu'elle fournit réside dans ses racines.

Armoise annuelle (*Artemisia annua*, L.). Cette composée, introduite de Sibérie en Europe, en 1744, fournit une couleur jaune nommée *tschagan* qui sert, à Astracan, à colorer le maroquin.

Centaurée jacée (*Centaurea jacea*, L.). Cette composée est commune dans les prairies naturelles. Sa tige et ses feuilles contiennent une couleur jaunâtre.

Serratule des teinturiers (*Serratula tinctoria*, L.). Cette composée est commune dans les pâturages et bois ; ses feuilles teignent en jaune.

CHAPITRE II.

PLANTES A PRINCIPE TINCTORIAL BLEU.

SECTION PREMIÈRE.

Pastel.

(De Ἰσάζειν, unir; allusion à la propriété qu'on lui attribuait autrefois, celle de détruire les inégalités de la peau.)

ISATIS TINCTORIA, L.

Plante monocotylédone de la famille des Crucifères.

Anglais. — Woad.	*Italien.* — Guado.
Allemand. — Waid.	*Espagnol* – Guasto.
Hollandais. — Weede.	*Polonais.* — Similo.
Danois. — Vede.	*Russe.* — Ljenak.

Historique. — Localités françaises où il est cultivé. — Mode de végétation. — Variétés. — Terrain : nature, fertilité, préparation. — Semailles : époque, préparation et qualité des graines, quantité de graines à répandre par hectare, exécution, recouvrement des semences, germination des graines. — Culture par transplantation. — Soins d'entretien : premier binage, arrachage du pastel sauvage, éclaircissage, garnissage des places vides, deuxième binage, arrosements. — Animaux et insectes nuisibles. — Maladies. — Récolte : signes de maturité des feuilles, nombre de cueillettes, mode de récolte, quantité de feuilles récoltées par hectare. — Transformation des feuilles en coques : opérations préliminaires, disposition de l'atelier, broyage des feuilles, compression et fermentation de la pâte, moulage, séchage des coques, conditions de réussite. — Dessiccation des feuilles. — Récolte des graines. — Quantité de graines produite par hectare. — Poids de l'hectolitre. — Rapport des feuilles fraîches aux coques. — Poids des coques. — Quantité de coques fournies par hectare. — Rapport des feuilles vertes aux feuilles sèches. — Qualité des coques. — Sophistication du pastel. — Quantité d'indigo contenu dans les feuilles. — Valeur commerciale des coques et des feuilles sèches. — Emballage des coques. — Usage du pastel. — Raffinage. — Prix de revient. — Bibliographie.

Historique. — Le pastel, qu'on a appelé *guède, vouède,*

guesde, gaide, guerde, herbe laurayuaise et *indigo français,*
est connu depuis les temps les plus reculés. Galien, Dioscoride, César et Pomponius Mela rapportent que les teinturiers l'employaient, aux époques auxquelles ils vivaient,
pour teindre les laines. Pline nous apprend que les Armo-
ricaines s'en servaient pour teindre leur corps lorsqu'elles
paraissaient nues dans certains sacrifices ou cérémonies
religieuses. Enfin, il est cultivé en Chine, depuis une époque très-ancienne.

Les Sarrasins ont introduit le pastel en Afrique et en
Espagne. Abn-el-Jair et Ebem-el-Awam, auteurs arabes qui
cultivaient aux environs de Séville, au xiie siècle, ont
donné d'intéressants détails sur sa culture.

Le pastel est aussi connu en Italie. On l'a cultivé pendant
longtemps dans la Calabre, la Romagne, la Lombardie et
la Marche d'Ancône. Il existe aux environs de Nocera, un
village appelé *Guado,* parce qu'on y cultivait autrefois le
pastel très en grand.

Cette plante tinctoriale était connue au xe siècle en Allemagne. D'après une ancienne chronique manuscrite de la
ville d'Erfurt, du xvie siècle, les bénéfices que les trois cents
villages de la Thuringe, qui la cultivaient en grand, réali-
saient annuellement étaient si considérables qu'on les assi-
milait à ceux d'une montagne d'or. On la cultive encore
dans cette province, dans le Brandebourg et la province
Rhénane.

Son introduction en Angleterre, date de 1582. On la cultive dans les comtés de Somerset, d'York et du Lincoln, et
dans quelques parties de l'Irlande.

Sa culture en France, ne remonte pas au delà du
xiie siècle. A cette époque il existait à Saint-Denis près
Paris, un marché pour le pastel. La place où il se vendait

est encore désignée sous le nom de *Marché de guède* (1).
Les ordonnances de Charles le Bel, en date du 13 décembre 1324 ; celles que Jean II rendit en 1350, 1353, 1356 ; celles publiées en 1358 et 1397, par Charles V, et en 1443, par Charles VII, prouvent que la culture du pastel occupait chaque année, à ces diverses époques, de grandes étendues de terre dans les diocèses de Toulouse (2), d'Alby, Lavaur, Saint-Papoul, Bas-Montauban et Mirepoix.

Le meilleur pastel se récoltait alors dans le Lauraguais, appelé *pays de Cocaigne ou de Cocagne*, parce que ceux qui cultivaient et fabriquaient le pastel s'y enrichissaient promptement. En 1552, Henri II permit, par lettres patentes, aux marchands de Toulouse, d'en exporter en Flandre, en Espagne, en Portugal et en Angleterre. A cette époque, on expédiait annuellement « de Tolose à Bourdeaux, par la rivière de la Garone, 100,000 balles de pastel qui valaient 1,500,000 livres. » C'est en 1527 que les états du Languedoc obtinrent la révocation de l'impôt qui frappait le pastel qu'on expédiait de Bordeaux à l'étranger.

L'introduction de l'indigo vers la fin du XVIᵉ siècle chassa le pastel des marchés qui lui étaient acquis. Ainsi malgré l'arrêt rendu, en 1609, par Henri IV, qui condamnait à la peine de mort ceux qui emploieraient l'indigo (3), le pastel fut successivement remplacé par cette matière colorante dans l'art de la teinture.

(1) En 1422, Henri V, roi d'Angleterre, autorisa la ville de Caen à établir un impôt de 2 sols 6 deniers par cuve de vouède.

(2) Les plus beaux édifices de Toulouse ont été bâtis par des fabricants de pastel ; l'un d'eux, Pierre de Bernin, cautionna pour la rançon de François Iᵉʳ.

(3) La même prohibition fut faite en Allemagne. Ainsi, en 1577, l'empereur Rodolphe en défendit l'usage à tous les teinturiers sous peine d'amende, de confiscation et de déshonneur. La cour de Rome et l'électeur de Saxe en proscrivirent aussi l'usage en 1652.

Napoléon Ier rendit, le 4 juillet 1810, un décret par lequel il proposa : 1° un prix de 25,000 fr., à celui qui ferait connaître un moyen facile d'extraire la fécule colorante que contient le pastel ; 2° un prix de 100,000 fr. à celui qui parviendrait à donner à cette fécule la finesse et l'éclat de l'indigo. Enfin il fonda à Alby, en Toscane et à Turin, trois écoles impériales destinées à perfectionner l'art d'extraire l'indigo du pastel. La direction de l'école de Turin fut confiée au célèbre Giobert. La chute de l'Empire n'a pas permis que les prix proposés fussent décernés, et elle entraîna celle des écoles impériales. Nonobstant, les tentatives faites à cette époque, tant en France qu'à l'étranger, pour résoudre le problème sur le pastel, eurent d'heureuses conséquences. Ainsi le jury de l'Exposition de l'industrie de 1819, déclara que l'indigo indigène obtenu par M. Rouguiès ne le cédait en rien au plus bel indigo de Guatémala. Ce jugement prouve que le pastel n'est pas impropre à remplir le but que Napoléon s'était proposé.

Localités où il est cultivé. — Le pastel est cultivé en grand dans quatre départements. Voici les détails que contient la statistique de 1840 :

Départements.	Arrondissements.	Étendue.
Tarn.	Alby.	155 hectares.
Lot-et-Garonne.	Marmande. . . .	12 —
Gironde. . . .	Bazas et Blaye . .	140 —
Calvados . . .	Caen	3 —
	Total.	310 hectares.

Cette étendue permet d'exporter annuellement 8,000 à 9,000 kilog. de pâte. Cette exportation a lieu principalement en Espagne.

Mode de végétation. — Le pastel est bisannuel, sa racine est fusiforme et pivotante, sa tige est rameuse, lisse

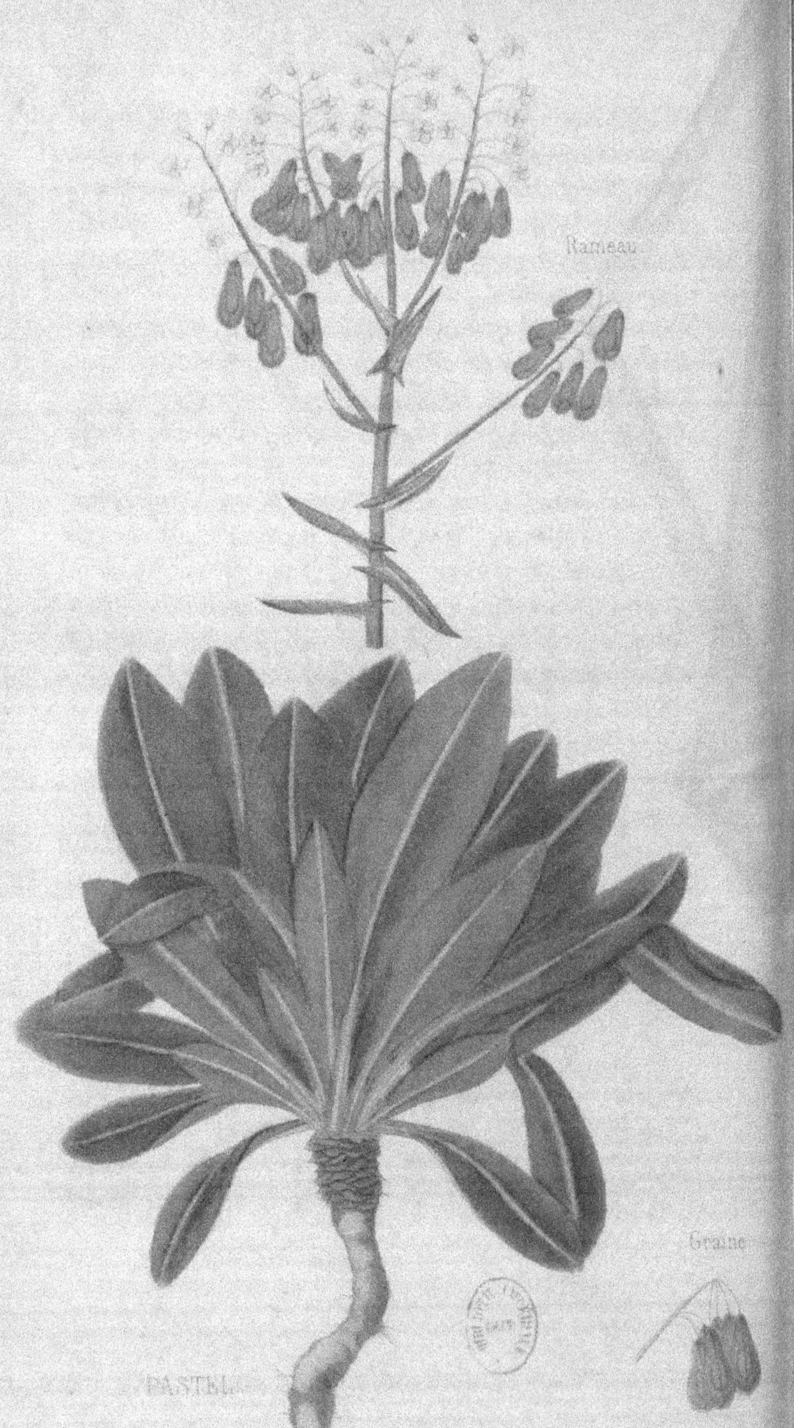
Rameau
Graine

et haute de 1^m à 1^m,20. Les feuilles radicales sont ovales, oblongues, charnues et pétiolées; leur longueur varie entre 0^m,30 et 0^m,40. Les feuilles de la tige sont amplexicaules, lancéolées, sagittées et alternes. Les unes et les autres sont d'un beau vert glauque. Les fleurs ont quatre pétales de couleur jaune et sont disposées en corymbe. Le fruit est une silicule pendante, ovale, à deux valves carénées et ailées qui contiennent chacune une graine.

Variétés. — On connaît deux variétés de pastel :

A. Le PASTEL CULTIVÉ qui a des feuilles entièrement *lisses* et des *fruits d'un noir violet*.

B. Le PASTEL SAUVAGE, qui a des feuilles *velues*, plus étroites, moins charnues et moins glauques, et des *fruits jaunâtres*.

Le pastel sauvage est moins riche en matière colorante. On le désigne dans le Lauraguais sous les noms de *pastel bâtard, bourg* ou *bourdain*.

Le pastel cultivé s'abâtardit, se rapproche par degrés du pastel sauvage, si on néglige de bien choisir les porte-graines et si on le cultive dans des lieux ombragés et frais.

Terrain. — A. NATURE. — Cette plante tinctoriale doit être cultivée sur des terres profondes, riches, propres et de consistance moyenne. Elle réussit mal sur les sols très-argileux, les terres compactes et humides.

Les terres calcaires, les sols siliceux et argilo-siliceux, chaulés ou marnés et exposés au soleil ont une très-grande influence sur sa réussite et sa richesse colorante.

B. FERTILITÉ. — Le pastel végète très-bien sur des sols de fertilité moyenne, mais ses produits n'y sont jamais aussi abondants que lorsqu'il croît sur des terres substantielles ou bien fumées.

Il réussit parfaitement sur un défrichement de prairie

naturelle ou artificielle, ainsi que le prouve l'adage des cultivateurs de la Thuringe, ainsi conçu : *terre de prairie, terre de pastel* (1).

Enfin, on a toujours constaté que la matière colorante qu'on obtient de feuilles du pastel qui a végété sur des sols riches, a plus d'éclat, plus de brillant que celle que fournissent les feuilles obtenues de pieds ayant poussé sur des sols de médiocre fertilité.

A Alby on répand par hectare 1,500 kilog. seulement de fumier, soit 800 à 1,000 kilog. d'engrais par 1,000 kilog. de feuilles récoltées vertes. Cette faible quantité permet aux feuilles d'être riches en matière colorante, et elle prouve que c'est à tort qu'on a considéré le pastel comme une plante épuisante.

On peut remplacer le fumier par des engrais animaux : poudrette, chair de cheval desséchée, colombine, etc. On doit préférer le fumier décomposé au fumier pailleux.

La chaux, les plâtras sont employés avantageusement à Alby et à Quiers (Italie).

C. Préparation. — La terre qu'on consacre à la culture du pastel doit avoir été bien préparée pendant l'hiver par des labours exécutés soit à la charrue, soit à la bêche et suivis par des hersages, afin qu'elle soit meuble et exempte de plantes à racines traçantes à l'époque des semailles.

Les terrains à sous-sols imperméables doivent être labourés en petits billons si on les ensemence à la fin de l'été.

Semailles. — A. Époque. — Le pastel se sème soit au printemps, soit en automne.

On accorde dans le midi de la France, en Italie et même

(1) Weizenland auch waidland.

en Allemagne, la préférence aux semailles exécutées en automne, parce que les plantes qui proviennent de tels semis fournissent l'année suivante une plus grande abondance de feuilles.

Les *semis d'automne* se font du 15 septembre au 15 novembre.

Les *semis de printemps* se pratiquent depuis le 15 février jusqu'à la fin de mars.

On sème quelquefois le pastel en juillet; mais les plantes qui proviennent de ces semis montent plus tôt et plus promptement à graines.

Dans quelques parties de l'Allemagne, on sème parfois le pastel quand la terre est couverte de neige. Alors on enterre les graines lorsque celle-ci a disparu.

B. Préparation des semences. — On a proposé de faire gonfler les graines qu'on confie à la terre pendant le mois de juillet; mais l'expérience n'a pas démontré l'utilité de cette opération.

C. Qualité des graines. — Les graines de bonne qualité sont renflées et elles ont une couleur violet noir. Celles qui n'ont pas bien mûri ont une teinte gris violet ou gris jaunâtre.

Les bonnes graines conservent leur faculté germinative pendant deux ou trois ans; mais on doit préférer celles de la dernière récolte.

D. Quantité de graines qu'on répand par hectare. — On sème par hectare 150 litres de graines de pastel lorsqu'on répand les semences à la volée.

100 à 120 litres suffisent lorsqu'on sème les graines en lignes.

E. Exécution des semailles. — On exécute ordinairement les semis à la volée. Quand on les pratique en ligne on espace les rayons de 0^m,25 à 0^m,35, suivant la fertilité de la terre.

La graine de pastel étant très-légère doit être semée par un temps calme, afin qu'elle soit répandue le plus uniformément possible.

Cette semence est difficile à semer au moyen d'un semoir parce qu'elle est aplatie et peu pesante.

F. RECOUVREMENT DES SEMENCES. — On enterre la graine soit à la herse, soit au râteau. C'est commettre une faute que d'abandonner les semences sans les enterrer, parce que les plantes n'ont jamais la force, la vigueur que présentent les pieds qui proviennent de graines enfouies à 0^m,01 ou 0^m,02.

On doit rouler après le hersage ou le râtelage, si les semis sont exécutés au printemps sur les sols sujets à souffrir des sécheresses.

G. GERMINATION DES GRAINES. — La graine de pastel lève ordinairement au bout de quinze à vingt jours si elle est de bonne qualité et si elle a été confiée à la terre avant ou après les gelées.

Culture pour transplantation. — On peut semer le pastel en pépinière au mois d'août ou sur couche en janvier, pour le repiquer en octobre ou en mars, au moyen du plantoir.

Le premier mode de culture a été pratiqué avec succès à Turin, en 1840, par M. Valfré; le second a été recommandé en Allemagne.

Soins d'entretien. — A. PREMIER BINAGE. — On donne un premier binage un mois environ après la semaille, c'est-à-dire lorsque les plantes ont quatre à cinq feuilles et 0^m,05 à 0^m,06 de hauteur.

B. ENLÈVEMENT DU PASTEL BATARD. — Lorsque le pastel

a 0^m,10 à 0^m,15 d'élévation, on arrache les pieds de pastel bâtard. Ces pieds se distinguent du pastel cultivé par leurs feuilles velues et leur couleur moins glauque.

C. ÉCLAIRCISSAGE. — On profite souvent du premier binage pour procéder à l'éclaircissage des pieds qui se trouvent trop rapprochés les uns des autres.

On doit agir de manière que les pieds soient placés à une distance de 0^m,20 à 0^m,25.

D. GARNISSAGE DES PLACES VIDES. — Les champs présentent quelquefois des places vides. On garnit ces endroits en y transplantant les pieds qu'on a arrachés pendant l'éclaircissage. Cette opération se fait à l'aide d'un plantoir.

E. DEUXIÈME BINAGE. — On donne au pastel un second binage avant la première récolte de feuilles.

Si les circonstances l'exigent, on répète cette opération après la seconde et quelquefois aussi la troisième récolte.

F. ARROSEMENTS. — On a proposé d'arroser le pastel pendant les grandes chaleurs; il faut que la température soit très-élevée et le sol entièrement privé d'humidité pour que les arrosements ne nuisent pas à la matière colorante.

Animaux et insectes nuisibles. — Le pastel a pour ennemis l'altise, le ver blanc, le limaçon, la chenille du papillon du chou et les sauterelles. Les uns et les autres s'attaquent à ses feuilles et les détruisent. On doit donc, quand ces insectes sont nombreux, chercher à les détruire par tous les moyens possibles.

Maladie du pastel. — Les feuilles de cette plante se couvrent quelquefois de taches ou de pustules jaunes. Cette altération ne permet pas aux feuilles de contenir autant de matière colorante. On attribue cette rouille à des changements subits qui se manifestent dans l'atmosphère lorsque le pastel est en végétation.

On met un terme au développement de ces taches en procédant à la récolte des feuilles lors même qu'elles ne sont pas arrivées à leur complète maturité.

Récolte. — A. Signes de maturité des feuilles. — La matière colorante existe dans les feuilles à toutes les périodes de leur végétation. Toutefois, elle est :

Bleu tendre, dans les jeunes feuilles ;

Bleu foncé, dans les feuilles développées ;

Bleu noirâtre, dans les feuilles complétement mûres.

L'instruction officielle publiée en 1812, rapporte que des expériences faites à Alby, ont prouvé que les coques provenant de feuilles récoltées avant qu'elles jaunissent ou s'inclinent vers la terre, au moment où elles offrent sur leurs bords une nuance d'un violet clair, produisent une couleur bleue plus belle et plus intense que les coques qu'on obtient de feuilles cueillies plus tôt ou plus tard.

Les feuilles arrivées à maturité sont épaisses, grasses, luisantes et glauques.

La matière colorante que contiennent les jeunes feuilles se précipite difficilement. Ainsi, elle reste très-longtemps en suspension dans l'eau après le battage. Il est vrai que les jeunes feuilles contiennent plus de matière colorante que les feuilles parvenues à maturité, mais l'indigo qu'elles fournissent est de qualité très-inférieure.

Giobert a constaté à l'aide d'expériences, que la proportion de fécule ou d'indigo que contiennent les feuilles augmente depuis le onzième jusqu'au seizième jour de leur végétation, qu'elle reste alors stationnaire pendant quatre à cinq jours et qu'elle faiblit ensuite. Il faut conclure de ces faits que l'époque la plus convenable pour opérer la récolte est entre le seizième et le vingt-et unième jour de leur développement.

B. Nombre de cueillettes. — Le nombre des cueillettes varie suivant les latitudes. On fait ordinairement dans les environs d'Alby, cinq récoltes.

La première a lieu pendant la deuxième quinzaine de juin, c'est-à-dire à l'époque de la maturité du froment.

La dernière s'exécute vers le milieu du mois d'octobre.

Ainsi, les récoltes ne se répètent que de mois en mois.

En Italie, on les renouvelle tous les vingt ou vingt-cinq jours.

En Allemagne, on en fait trois et en Normandie deux seulement.

On peut encore en automne, récolter les feuilles qui ont été frappées par la gelée blanche, si elles sont arrivées à maturité. La fécule qu'elles contiennent est de belle qualité.

Autrefois il était interdit dans l'Albigeois de faire une sixième récolte de feuilles. Cette récolte et la cinquième sont désignées sous le nom de *marouchins*. Elles se font ordinairement à un intervalle de cinq à six semaines parce qu'en automne, les feuilles du pastel se développent toujours moins rapidement.

C. Mode de récolte. — La cueille des feuilles se fait en cassant le pétiole avec le pouce et l'index ou en tordant avec la main tout ce qu'elle peut contenir.

Il faut éviter d'arracher les feuilles dans la crainte de déraciner les pieds.

On a proposé de substituer à l'emploi de la main celui d'une paire de ciseaux ou de la faucille. Ce moyen est plus expéditif et plus économique et il ne nuit pas au développement des plantes. Aussi est-ce bien à tort que l'ordonnance de 1699 défendit l'emploi des outils dans la cueille des feuilles.

Les feuilles une fois récoltées sont déposées dans des paniers qui servent à les transporter du champ à la ferme. On doit éviter d'ensacher les feuilles, car elles s'y échauffent et fermentent promptement.

Quand elles arrivent à la ferme, on les dépose dans l'atelier. On ne doit pas les laisser soit au soleil, soit à la pluie, si on veut qu'elles conservent leurs propriétés tinctoriales.

La récolte des feuilles doit être faite par un beau temps.

Quantité de feuilles récoltées par hectare. — Un hectare de pastel effeuillé cinq fois, donne à Alby de 15,000 à 20,000 kilog. de feuilles fraîches.

Chaptal porte le produit moyen à 22,000 kilog. Ce chiffre est trop élevé. La statistique générale l'évalue à 15,000 kilogrammes.

Transformation des feuilles en coques. — A. Opération préliminaire. — Avant de triturer les feuilles, on les laisse un peu se flétrir. Ainsi, on les abandonne à elles-mêmes afin qu'elles perdent une partie de leur humidité et qu'elles ne fournissent pas une trop grande quantité de jus pendant le triturage. On a soin de les remuer de temps à autre pour qu'elles ne puissent s'échauffer.

Cette méthode, en usage à Alby, n'est pas celle qu'on suit en Angleterre. Dans cette contrée, les feuilles sont triturées aussitôt qu'elles ont été récoltées. Ce procédé ne doit pas être imité.

A Alby, on secoue toujours les feuilles couvertes de terre; en Allemagne, on les lave dans un ruisseau et on les fait sécher sur une prairie. Cette méthode présente de grandes difficultés lorsqu'on agit sur de grandes masses et lorsqu'il survient des pluies pendant qu'on l'exécute.

B. Disposition de l'atelier. — Le local dans lequel on prépare le pastel est un hangar entouré d'une muraille sur trois côtés. Le quatrième est ouvert et exposé au midi. Le sol est carrelé en briques ou en dalles de pierre et légèrement incliné du nord au midi; il aboutit à une rigole parallèle au mur du fond.

Le moulin se compose d'une auge circulaire, crénelée, à bords évasés, dans laquelle roule une meule verticale ayant des rainures sur sa circonférence, afin qu'elle ne glisse pas sur les feuilles. Cette meule est traversée à son centre par un arbre auquel on attelle le cheval qui lui donne le mouvement de rotation.

C. BROYAGE DES FEUILLES. — Lorsqu'on veut réduire les feuilles en pâte, on en jette une certaine quantité dans l'auge et on les broie jusqu'à ce qu'on ne distingue plus leurs nervures.

Le mouvement de la meule ne doit pas être très-rapide, pour ne point échauffer la pâte et aussi pour qu'on puisse la remuer facilement avec une pelle et rendre ainsi la trituration des feuilles plus rapide et plus parfaite.

D. COMPRESSION DE LA PATE. — Au fur et à mesure qu'on retire la pâte de l'auge, on la comprime avec les pieds ou les mains, et on la dispose en tas longitudinaux qu'on bat ensuite avec une pelle.

Les tas doivent être convexes à leur partie supérieure et leur surface bien unie.

L'eau de végétation qui s'écoule de la masse n'entraîne pas de parties colorantes, car celles-ci restent fixées dans la pâte.

E. FERMENTATION DE LA PATE.—La pâte ainsi disposée est abandonnée à elle-même sous le hangar, afin qu'elle fermente et se *mûrisse*. Au bout de quatre à six jours on divise la masse, on la mélange et on la remet en tas pour qu'elle fermente de nouveau. On répète cette opération chaque semaine.

La pâte en fermentation se gonfle et se dessèche ; sa surface devient noirâtre et se couvre de crevasses plus ou moins profondes qu'on doit s'empresser de boucher en battant la pâte avec une pelle. Si on négligeait cette opération, la masse *s'éventerait*, se couvrirait de filaments blanchâtres, et il s'engendrerait dans les crevasses une foule de petits vers.

Il est utile pendant cette opération, qui dure de un à deux mois pour chaque cueillette, d'enlever avec soin les parties moisies et celles attaquées par les vers.

La pâte saisie par la gelée perd une notable partie de ses propriétés colorantes.

F. FORMATION DES COQUES. — Lorsque la pâte a suffisamment fermenté, on procède à son moulage. Alors, on la soumet à un deuxième broyage, afin qu'elle soit plus homogène et on l'expose ensuite sur des claies à l'action du soleil et non de la pluie, et lorsqu'elle est à demi desséchée on la moule en *coques* ou *cocagnes*. Ces pains ont la forme d'une poire allongée ou d'un cône tronqué.

Le moulage se fait au moyen de deux moules en bois qu'on presse fortement l'un contre l'autre.

G. SÉCHAGE DES COQUES. — Au fur et à mesure du moulage, on range les coques sur des claies qu'on place sous des hangars ou dans un grenier parfaitement aérés et éclairés.

Cette dessiccation dure environ un mois.

H. CONDITIONS DE RÉUSSITE. — Toutes les opérations qui précèdent doivent être faites par un beau temps. Lorsqu'on les opère par un temps humide, la pâte prend une teinte jaune, ce qui rend le *pastel roux*.

Dessiccation des feuilles. — Depuis plusieurs années, on a substitué, dans quelques fermes du Tarn, la dessiccation des feuilles à leur transformation en coques. Ce procédé est pratiqué depuis longtemps en Allemagne.

Voici comment on l'exécute :

Lorsque les feuilles ont été récoltées, on les étend pendant deux ou trois jours sur des toiles au soleil ou dans un local bien aéré. On les retourne deux ou trois fois par jour.

Quand la dessiccation est complète, on les emballe et on les conserve dans des locaux secs et aérés.

Le commerce accorde aujourd'hui la préférence aux feuilles qui ont été ainsi préparées.

Récolte des graines. — Le pastel étant sujet à dégénérer, exige qu'on choisisse sévèrement les porte-graines. Les plantes les plus vigoureuses, celles qui n'ont aucun des caractères qui distinguent le pastel bâtard, sont celles qu'il faut réserver. Toutefois, c'est à tort qu'on attacherait une importance très-grande à la coloration des silicules. L'expérience a prouvé que lorsque le pastel cultivé commence à passer au pastel sauvage, il produit encore des graines qui ont une teinte aussi violette que celle des graines du pastel cultivé réputé de premier choix.

Les graines mûrissent en juin.

On coupe les tiges à la rosée afin de perdre le moins possible de semences par l'égrenage, quand les silicules ont une belle couleur violet noirâtre.

On les rentre ensuite dans une grange et on les étend sur l'aire ou on les expose sur une bâche à l'action du soleil. Quand elles sont sèches, on les bat avec des fléaux ou des perches légères, on sépare les tiges des graines avec un râteau et on nettoie ensuite celles-ci avec un van ou un tarare.

Quantité de graines que fournit un hectare. — Un hectare de pastel peut produire de 300 à 600 kilog. de graines.

Poids de l'hectolitre. — Un hectolitre de graines de pastel pèse 10 à 12 kilog.

Poids des coques. — Le poids des coques est assez variable; celles de la grosseur d'un œuf pèsent 60 grammes environ. Les moyennes pèsent ordinairement 500 grammes. Le poids des plus grosses ne dépasse pas 1 kilog. 500.

Rapport des feuilles fraîches aux coques — Un kilog. de feuilles fraîches produit une petite coque. Ainsi, les feuilles vertes : petites coques :: 100 : 6.

Quantité de coques que fournit un hectare. — La quantité de feuilles vertes qu'on récolte par hectare dans l'arrondissement d'Alby permet de fabriquer en moyenne 20,000 coques, pesant ensemble 1,200 kilog.

Rapport des feuilles vertes aux feuilles sèches — 20,000 kilog. de feuilles fraîches donnent en moyenne 5,000 kilog. de feuilles desséchées. Ainsi, les feuilles vertes : feuilles sèches :: 100 : 25.

Qualité des coques. — Les coques de première qualité ont une cassure grossière, exhalent une odeur assez agréable, ont une teinte violette intérieurement et elles bleuissent lorsqu'on les frotte.

Le pastel en coques augmente de qualité en vieillissant. On peut le conserver dix années si le local dans lequel on l'a déposé est sec et aéré.

Sophistication du pastel. — Les pasteliers d'Alby fraudent souvent le pastel, en ajoutant à la pâte du sable fin, afin de le rendre plus pesant.

C'est ce moyen de fraude qui a conduit le commerce à accorder la préférence aux feuilles desséchées.

Quantité d'indigo contenu dans les feuilles. — Les feuilles vertes contiennent, d'après les expériences faites en 1810, de 18 à 20 millièmes d'indigo.

Un hectare qui produit 20,000 kilog. de feuilles fraîches ou 1,200 kilog. de coques, fournit donc 36 à 44 kilog. d'indigo.

Valeur commerciale. — A. COQUES. — Les coques se vendent 2 fr. 50 le 100.

B. FEUILLES SÈCHES. — Le prix des feuilles séchées varie entre 18 et 20 fr. les 100 kilog.

Emballage des coques. — Les coques de pastel sont livrées au commerce dans des balles de 50 kilog.

Usage du pastel. — On emploie les coques pour monter les cuves d'indigo; elles ont l'avantage de rendre la teinture bleue solide. On les emploie rarement seules, parce que la couleur qu'elles donnent n'est pas assez brillante.

Raffinage du pastel. — Le cultivateur ne se livre pas au raffinage du pastel. Cette opération constitue une industrie spéciale.

Prix de revient. — M. de Gasparin évalue le prix de revient des feuilles sèches à 9 fr. 79 les 100 kil. et celui du kilog. d'indigo à 19 fr. 91.

BIBLIOGRAPHIE.

Etienne et **Liébault**. — Maison rustique, 1574, in-4, p. 132.

Astruc. — Mémoire pour l'histoire naturelle du Languedoc, 1740, in-4, p. 123.

*** — Observations sur la culture du pastel dans le Languedoc, 1757, in-8.

Duhamel. — Eléments d'agriculture, 1779, in-12, t. II, p. 262.

Rozier. — Cours d'agriculture, 1786, in-4, t. VII, p. 446.

De Lasteyrie. — Du pastel, 1811, in-8.

Puymaurin. — Notice sur le pastel, 1843, in-8.

Giobert. — Traité sur le pastel, 1813, in-8.

Chaptal. — Chimie appliquée a l'agriculture, 1829, in-8, t. II, p. 265.

Antoine. — Maison rustique du XIXᵉ siècle, 1836, in-4, t. II, p. 81.

Rendu. — Agriculture du Tarn, 1845, in-8, p. 291.

Schwertz. — Culture des plantes économiques, 1847, in-8, p. 161.

De Gasparin. — Cours d'agriculture, 1848, in-8, t. IV, p. 290.

SECTION II.

Maurelle ou Tournesol.

(De χρῶσις, teinture; φέρειν, porter; allusion à la matière tinctoriale).

Crozophora tinctoria, Neck. — Croton tinctorium, L.

Plante dicotylédone de la famille des Euphorbiacées.

Anglais. — Tornsol.
Allemand. — Torn sol.
Hollandais. — Tournesol.

Danois. — Tornesol.
Italien. — Tornasole
Espagnol. — Tormasol.

Historique. — Végétation. — Terrain : nature, fertilité et préparation. — Semis : époque, mode d'exécution, quantité de graines. — Soins d'entretien : sarclage et binages. — Récolte : époque et opération. — Extraction du suc. — Quantité de suc qu'elle fournit. — Chiffons ou drapeaux. — Trempage des drapeaux. — Séchage des chiffons. — Exposition des drapeaux à l'action de l'ammoniaque. — Deuxième imbibition. — Quantité de drapeaux qu'on prépare avec les produits d'un hectare. — État des drapeaux préparés. — Récolte des graines. — Valeur commerciale. — Emballage. — Usages des drapeaux. — Prix de revient. — Bibliographie.

Historique. — Cette plante est connue sous le nom de croton des teinturiers. Elle croit spontanément dans la partie de la région des oliviers comprise entre les bords de la Méditerranée et le 44° de latitude. Ainsi on la rencontre dans la partie du Bas-Languedoc appelée *la vaunage*, dans la Provence, le Roussillon et le Dauphiné.

Autrefois les habitants du Grand-Gallargues (Gard) quittaient leur commune pendant les mois de juillet, août et septembre et parcouraient les départements des Bouches-du-Rhône, du Var, du Gard, de l'Hérault, des Pyrénées-Orientales et du Vaucluse pour récolter la maurelle et la préparer sur les lieux mêmes où elle végétait en abondance.

Cette récolte ne pouvait être faite, suivant un ancien règlement, que lorsque les Gallardois avaient obtenu l'autorisation de maires et des consuls du lieu où ils se trouvaient, et pas avant le 25 juillet.

Cette manière d'utiliser la maurelle, l'a rendue aujourd'hui très-rare dans la Provence et le Gevaudan. Ce fait n'a rien d'extraordinaire. En récoltant ainsi cette plante tinctoriale, les voyageurs gallardois l'empêchaient de se propager puisqu'ils la coupaient avant qu'elle eût pu mûrir ses graines.

Cette diminution a rendu la culture de cette plante indispensable. Les premiers essais faits remontent à vingt-cinq ans environ ; ils ont été entrepris par M. Yvan, à Perthuis (Vaucluse). Aujourd'hui, l'exploitation nomade est entièrement abandonnée et la culture de la maurelle occupe chaque année une étendue assez considérable sur le territoire de Gallargues.

Végétation. — La maurelle est annuelle ; sa tige, haute de $0^m,30$ à $0^m,40$, est cylindrique, rameuse, cotonneuse et blanchâtre ; ses feuilles sont alternes, ovales et longuement pétiolées. Les fleurs mâles sont disposées en grappes courtes et sessiles au sommet des rameaux ; les fleurs femelles sont situées à la base des grappes et produisent des capsules à trois coques, globuleuses, écailleuses, tuberculeuses, pendantes et d'un vert foncé. Les unes et les autres sont jaunâtres. Les capsules sont très-déhiscentes.

Terrain. — A. NATURE. — La maurelle doit être cultivée sur des sols secs et caillouteux, semblables à ceux sur lesquels elle croît spontanément. Elle végète bien sur les sols calcaires des terrains tertiaires, mais elle réussit difficilement sur les terrains primitifs : granitiques, porphyriques, schisteux, etc., et sur les sols calcaires jurassiques. A Gallargues, on la cultive sur la mollasse, le terrain néocomien et les sables et les marnes du terrain sub-apennin.

Les sols argileux, les terrains d'alluvion humides ne sont pas favorables à la maurelle. Sur de tels terrains le suc qu'elle contient reste *vert d'oignon*.

B. FERTILITÉ. — On a dit que cette plante tinctoriale exigeait des terres très-fertiles. J'ai constaté le contraire à Grand-Gallargues. Ainsi, j'ai vu que les terrains qu'on lui consacre annuellement, sans être aussi arides que ceux sur lesquels elle croît naturellement dans la région méditerranéenne, sont de qualité très-ordinaire.

On fume ces terrains avec des fumiers dans lesquels il entre des tiges et des feuilles de typha et de sparganium.

C. PRÉPARATION. — Les terres du Grand-Gallargues, sont ordinairement labourées à la bêche à 0^m,16 ou 0^m,21 de profondeur parce qu'elles sont généralement morcelées. Cette préparation se fait pendant les mois de décembre et de janvier.

Lorsqu'on prépare les champs avec la charrue on complète ce travail par un second labour et un hersage.

Semis. — A. ÉPOQUE. — Les semis se font ordinairement au mois de février. C'est par exception qu'on les exécute avant l'hiver.

B. MODE D'EXÉCUTION. — Les Gallardois sèment la maurelle soit à la volée, soit en lignes espacées de 0^m,30 à 0^m,40.

On enterre les semences au moyen d'un râtelage.

C. QUANTITÉ DE GRAINES. — On répand de 4 à 6 kilog. de graines par hectare.

1 kilog. contient environ 1,300,000 graines.

Germination. — Les cotylédons n'apparaissent ordinairement que trois mois environ après le semis, c'est-à-dire au commencement de juin.

Soins d'entretien. — A. SARCLAGE. — L'apparition très-tardive des cotylédons oblige à sarcler le plus tôt possible. Cette opération est ordinairement confiée à des femmes ou des enfants.

B. BINAGES. — Lorsque les plantes ont été débarrassées sur les lignes des herbes nuisibles qui les enveloppaient, on exécute un binage.

On répète cette opération vers la fin de juin ou dans le commencement de juillet, si elle est nécessaire.

Récolte. — A. ÉPOQUE. — La récolte se fait depuis la fin de juillet jusque dans les premiers jours de septembre.

B. MODE D'OPÉRATION. — Cette opération consiste à faucher les plantes lorsqu'elles sont développées et encore vertes, et que les feuilles inférieures commencent à se détacher. Rentrées sèches, elles ne fournissent, suivant l'expression des maurelliers de Gallargues, qu'un *suc vert brûlé*.

Extraction du suc. — Lorsqu'on a récolté une certaine quantité de tiges, on les écrase à l'aide d'une meule verticale de 0^m,33 d'épaisseur et de 1^m,65 de diamètre. Cette meule roule dans une auge circulaire ; elle pèse de 2,500 à 3,000 kilog.

Quand les plantes sont réduites en pâte, on en remplit un *cabas*, sorte de panier de jonc tressé ayant une forme circulaire, et on le presse fortement. Le suc exprimé coule dans un vase en bois que les Gallardois appellent *sémaou* ; sa couleur est vert foncé et avec le temps il devient très-visqueux.

Lorsque le suc cesse de couler, on retire le cabas de la presse, on imbibe le marc d'urine et on le presse de nouveau. Le liquide qu'on obtient par cette opération est mélangé au premier.

Un cabas contient environ 12 kilog. de pâte.

On emploie environ 32 kilog. d'urine pour 100 kilog. de tiges vertes.

Quantité de suc fournie par la maurelle. — 100 kilog. de plantes fraîches, après avoir été pressées deux fois, donnent environ 50 kilog. de suc.

Chiffons ou drapeaux. — On fait ensuite absorber le suc obtenu, par des *chiffons* ou *drapeaux*.

On donne ces noms à un morceau de toile de chanvre très-grossière, entièrement semblable à celle qu'on emploie pour emballer. Cette toile à tissu très-peu serré, à maille ayant 0^m,004 à 0^m,005 d'ouverture, ne doit pas avoir été blanchie par la lessive ou la rosée, probablement parce qu'elle serait alors moins absorbante et moins favorable à la vue puisque la teinture la rendrait moins colorée.

Ces chiffons ont 0^m,90 de longueur sur 1 mètre de largeur.

Trempage des drapeaux. — Le trempage des drapeaux doit être exécuté le plus tôt possible ; autrement le jus ne tarderait pas à *passer*. Voici comment on les charge de suc de maurelle.

Une femme met un drapeau dans un baquet appelé *gamata* et y verse environ 2 litres de suc. Alors, elle froisse la toile avec les mains jusqu'à ce qu'elle soit entièrement imbibée de liquide, et la retire pour la tremper dans le liquide qui contient de l'urine.

Les chiffons qui ont été ainsi préparés sont souples, moites et très-colorés.

Séchage de chiffons. — Lorsqu'un drapeau a été bien imprégné des deux sucs, on relève deux de ses angles et on l'étend sur des cordes exposées au soleil le plus ardent ou au vent, afin qu'il sèche le plus promptement possible. Quand il est entièrement sec, on le réunit à ceux qui ont été préparés et qu'on appelle *blanqueries*.

Exposition des drapeaux à l'action de l'ammoniaque. — Le lendemain du jour où les chiffons ont été imbibés de suc de maurelle, on les expose à l'action d'une couche de fumier de cheval, de mulet ou de mule.

Cette couche de fumier doit être en pleine fermentation et avoir été couverte soit d'une couche de paille fraîche, soit de plusieurs morceaux de bois; son épaisseur varie entre $0^m,30$ et $0^m,50$. Les Gallardois la nomment *aluminadou*.

Quand la couche est prête, on met par dessus les chiffons entassés les uns sur les autres. Ces chiffons doivent être couverts d'un drap ou d'une couche de paille fraîche. Au bout d'une heure, on les visite pour s'assurer de leur état. Si les toiles commencent à se colorer en bleu, on les retourne. Une heure après on les visite de nouveau et lorsqu'elles ont pris une teinte bleu foncé ou bleu violet, on les retire et on les expose une seconde fois à l'influence du soleil.

En général une heure et demie à deux heures suffisent, lorsque la meule est en pleine fermentation, pour que les drapeaux soient fortement colorés.

Les couches de fumier qui fermentent lentement et qui dégagent très-peu de gaz ammoniacaux, obligent le maurellier à laisser les chiffons trois, quatre et six heures exposés à leur action.

On doit éviter que les toiles ne séjournent trop longtemps sur les meules de fumier parce qu'elles perdraient la teinte bleue qu'elles y ont acquise. Ainsi un drapeau qui reste sur une meule au delà du temps nécessaire prend toujours une teinte jaunâtre.

Le plus ordinairement on n'expose qu'une seule fois les drapeaux à l'influence de l'aluminadou.

Lorsqu'on fabriquait chaque année 15,000 kilog. seulement de drapeaux, on exposait les toiles à l'action de l'urine. Il y a bientôt un siècle qu'on a commencé à abandonner ce procédé. L'emploi de l'urine avait une supériorité sur les fumiers : les drapeaux qu'on soumettait à l'ammoniaque qu'elle dégage ne prenaient jamais d'autre teinte que le bleu.

L'ammoniaque de l'urine ou des fumiers ne fait que rendre apparente la couleur bleue qui réside dans le suc vert de la maurelle.

Deuxième imbibition. — Lorsque les chiffons ont été préparés suivant les procédés qui précèdent, on les imbibe quelquefois de nouveau de suc de maurelle sans les exposer une seconde fois à l'action de l'aluminadou. Ce second trempage a pour effet de rendre la teinte des drapeaux plus foncée. Quand ceux-ci sont bleu foncé ou violet noirâtre, on les retire du baquet et on les expose une troisième fois au soleil et au vent.

Quantité de drapeaux qu'on prépare avec le produit de 1 hectare. — 100 kilog. de plantes vertes fournissent assez de suc pour préparer 25 kilog. de chiffons.

La quantité de production verte qu'on récolte par hectare permet d'en préparer environ 1,200 kilog.

Etat des drapeaux préparés. — Le suc de la maurelle dit *bleu du Languedoc*, s'interpose entre les fibres du chanvre et il rend la toile si roide qu'on dirait qu'on l'a encollée.

Les drapeaux ont une odeur un peu désagréable et ils se décolorent très-aisément dans l'eau froide.

Chaque drapeau pèse de 800 à 900 grammes.

Récolte des graines. — La récolte des graines n'est pas une opération facile, parce que les capsules qui les contiennent sont très-déhiscentes.

On parvient à en obtenir en faisant cueillir chaque jour les fruits qui sont arrivés à presque maturité. Cette cueillette se fait à la main. On la confie à des femmes ou des enfants.

On expose ensuite les capsules à l'action de l'air dans une chambre aérée ou sur une toile placée dans une grange ou sous un hangar. Alors, elles se sèchent et ne tardent pas à s'ouvrir pour laisser échapper les graines qu'elles renferment.

Chaque jour, il mûrit sur chaque plante conservée pour graines, une ou deux capsules seulement.

Valeur commerciale. — Il y a un siècle, en 1754, les drapeaux de tournesol se vendaient en moyenne 60 et 64 fr. les 100 kilog. Sous l'Empire, à l'époque du blocus continental, leur valeur a varié entre 300 et 400 fr. Aujourd'hui, le commerce les paye en moyenne de 100 à 120 fr. On les a vendus en 1856, 140 fr.

La vente des drapeaux se fait ordinairement pendant les mois de septembre, octobre et novembre.

Emballage des drapeaux. — Lorsque les drapeaux sont bien secs, on les emballe dans des toiles après les avoir serrés. Quelquefois on les garantit par un second emballage et de la paille.

Chaque balle pèse 200 kilog.

Usage des drapeaux. — Les chiffons préparés par les Gallardois sont expédiés en Hollande, par les ports de Cette et de Marseille.

Les Hollandais emploient la matière colorante dont ils ont été imprégnés pour donner une teinte rouge violâtre à la croûte du fromage dit *tête de Maur*. En outre, ils la mêlent à de la craie ou du plâtre en poudre et fabriquent ainsi à Amsterdam, le *tournesol en pain* qu'ils nous expédient chaque année.

En Angleterre et en Allemagne, elle sert à colorer les liqueurs, les gelées et les conserves.

Enfin, dans quelques parties de l'Europe, on l'emploie pour colorer les papiers et augmenter la couleur du vin.

Prix de revient des drapeaux. — D'après M. Hugues, la préparation de 100 kilog. de drapeaux occasionne les dépenses suivantes :

Toile.	20 fr. 70
Fabrication	18 30
Total . . .	39 fr. 00

M. de Gasparin porte le prix de revient de 100 kilog. de plantes vertes à 7 fr. 80. Les 400 kilog. nécessaires à la préparation des 100 kilog. de chiffons coûtent donc 31 fr. 20. Cette somme élève la dépense totale à 70 fr. 20.

Il résulte de ces chiffres que le compte de 1 hectare doit être établi comme il suit :

Dépenses.	842 fr. 40
Recettes	1,200 00
Bénéfices.	357 60

Ce bénéfice est suffisant pour que les Gallardois continuent la culture et la préparation de la maurelle.

BIBLIOGRAPHIE.

Nissole. —Mémoires de l'Académie des sciences, 1712, in-4, p. 339.

Montel. — Mémoires de l'Académie des sciences, 1764, in-4, p. 68.

De Candolle.— Mémoires de la Société d'agriculture, 1808, in-8, t. XI, p. 38.

Hugues. — Excursion au Grand-Gallargues, 1836, Nimes, in-8.

De Gasparin. — Cours d'agriculture, 1848, in-8, t. IV, p. 294.

Jolly. — Annales de chimie et de physique, 3ᵉ série, 1842, t. VI, p. 116.

SECTION III.

Persicaire des Teinturiers.

(De πολύς γόνυ, beaucoup de genoux; allusion aux nœuds des tiges.)

POLYGONUM TINCTORIUM, Ait.

Plante dicotylédone de la famille des Polygonées.

Historique. — Mode de végétation.— Composition des feuilles.—Climat. — Terrain : nature et préparation. — Mode de propagation. — Semis : mode d'exécution, époque, quantité de graines nécessaires, germination. — Poids de l'hectolitre. — Étendue de la pépinière. — Soins d'entretien de la pépinière. — Transplantation : époque et exécution. — Soins d'entretien : binage, arrosage, buttage. — Insectes nuisibles. — Récolte : époque, cueillette des feuilles, fauchaison des tiges, séchage des feuilles, aspect des feuilles séchées. — Extraction de l'indigo. — Quantité d'indigo fournie par les feuilles. — Qualité de l'indigo. — Prix de revient. — Bibliographie.

Historique. — Cette plante est originaire de la Chine, où on la cultive depuis les temps les plus reculés pour la matière colorante bleue que contiennent ses feuilles. Les Japonais l'emploient aussi pour teindre en bleu.

Cette plante fut introduite en Europe, en 1776, par John Blacke; mais sa propriété tinctoriale ne fut connue qu'en 1789, époque où le père d'Incarville traduisit la relation du voyage que lord Macartney fit en Chine, et dans laquelle Aiton la signala pour la première fois. En 1816, Jaume Saint-Hilaire en a donné une description dans son mémoire sur les indigotifères du Bengale et de la Chine.

M. Delile, après l'avoir expérimentée à Montpellier, l'a

proposée en 1835, à l'agriculture française comme plante tinctoriale. Il avait reçu les graines qu'il sema, de M. Ficher, directeur du Jardin impérial de Saint-Pétersbourg. L'année suivante, en 1836, le gouvernement fit venir une caisse de graines qui fut distribuée dans les principales régions par les soins de la Société centrale d'agriculture. Les essais de culture et les travaux entrepris par MM. Chevreul, Baudrimont, Robiquet, Girardin, Vilmorin fils, etc., prouvèrent que la persicaire des teinturiers végète très-bien en France, et que ses feuilles contiennent un indigo de belle qualité.

Jusqu'à ce jour, la culture de cette plante tinctoriale ne s'est pas répandue. Cela tient à ce qu'on ignore encore quel est le procédé à la fois le plus simple et le plus économique qu'il faut suivre pour extraire l'indigo de ses feuilles. Espérons que la chimie et l'industrie tinctoriale continueront leurs recherches, et qu'elles proclameront que la France possède une plante rivale de l'indigotier.

Mode de végétation. — La persicaire des teinturiers a une racine fibreuse, une tige cylindrique ou légèrement anguleuse, interrompue de distance en distance par des nœuds arrondis à la base desquels se développent des stipules engaînantes. Cette tige s'élève de 0ᵐ,50 à 1 mètre et porte quatre à six ramifications vertes ou rougeâtres. Les feuilles sont pétiolées, alternes, oblongues-lancéolées, luisantes et d'un beau vert; leur surface est ondulée ou boursouflée. Les fleurs sont petites et nombreuses; elles terminent les rameaux et forment des épis cylindriques, serrés, allongés, roses ou rougeâtres. Les fruits sont triangulaires et noirâtres.

Cette plante est annuelle en Europe, bisannuelle en Chine et au Japon.

Composition des feuilles. — Les feuilles vertes de
la persicaire des teinturiers contiennent, d'après MM. Girardin et Preisser, les principes suivants :

Indigo	1,00
Matières colorantes rouge et jaune rougeâtre. . .	5,40
Chlorophylle	6,10
Ligneux.	7,40
Matières organiques azotées et non azotées. . .	4,82
Matières minérales	8,62
Eau	66,66
	100,00

L'indigotine existe dans les feuilles à l'état incolore et
soluble.

Climat. — Tous les essais faits depuis 1836, ont démontré que la persicaire des teinturiers végétait très-bien dans
toutes les régions de la France. Toutefois, si elle y produit
sous toutes les latitudes des feuilles riches en indigotine,
elle n'y mûrit ses graines que dans les contrées qui appartiennent à la région du maïs.

Terrain. — A. NATURE. — La persicaire des teinturiers
doit être cultivée sur des terres de moyenne consistance,
fertiles et fraîches ou arrosables, parce qu'elle exige, pour
développer des feuilles nombreuses, larges et épaisses, que
le sol soit continuellement frais. M. Vilmorin fils a constaté
qu'un excès d'humidité dans le sol ne lui était pas nuisible.

Cette plante végète mal sur les terrains compactes, les
sols pauvres et les terres qui se dessèchent facilement pendant l'été.

On a constaté, en 1835, en Arménie et Imérétie, que les
plantes qui végètent sur les terres riches et bien fumées ont
des feuilles d'un vert foncé, tandis que celles des plantes
qui croissent sur des terres médiocres présentent toujours
une teinte vert clair.

On peut aussi la cultiver sur les sols tourbeux, après les avoir préalablement fumés.

B. Préparation. — On laboure le sol à la charrue ou à la bêche suivant l'étendue qu'on consacre à la culture de cette plante tinctoriale.

On termine la préparation par un hersage ou un râtelage.

Mode de propagation. — La persicaire des teinturiers se propage par graines ou par boutures ; mais l'expérience a prouvé qu'il fallait accorder la préférence au premier mode de reproduction :

Semis. — A. Mode d'exécution. — Les graines de cette plante doivent être semées en pépinière. Les semis en place ne sont possibles que lorsqu'on la cultive dans les jardins.

M. Vilmorin conseille les semis en pépinière; la même recommandation a été faite par l'auteur de l'ouvrage chinois intitulé : *Pienmin. — Thou-Trouan.*

Les semis se font sur un terrain léger, perméable, substantiel, exposé au midi, abrité du nord, et garanti la nuit et le jour si l'air est froid, par des paillassons, des châssis ou des cloches.

Lorsqu'on abrite les semis par un vitrage, on doit chaque jour, si le temps est beau, donner le plus d'air possible lorsque la germination des semences a eu lieu, afin d'éviter que les jeunes plantes s'étiolent.

B. Époque. — Les semis se font au commencement de mars, dans le midi de la France ; dans le nord, on ne doit pas les exécuter avant la fin de ce mois.

En Chine, on les pratique en février.

C. Quantité de graines nécessaire. — Un are de pépinière exige environ 1 kilog. de graines.

D. Germination des graines. — Les graines abritées par des cloches mettent quinze jours à lever quand la température moyenne a atteint + 12° et vingt-cinq jours si elle ne dépasse pas 10°.

Les Chinois rendent la germination des graines moins prolongée, en les faisant tremper dans l'eau jusqu'à ce qu'elles commencent à germer.

Poids de l'hectolitre. — Un hectolitre de graines pèse en moyenne 65 kilog.

Etendue que doit avoir la pépinière. — Un are de pépinière, d'après les expériences de M. Vilmorin, fournit le plant nécessaire pour repiquer un hectare.

Soins d'entretien des pépinières. — Lorsque les graines ont germé, on enlève les mauvaises herbes au fur et à mesure qu'elles apparaissent, on arrose légèrement si cela est nécessaire et on opère un éclaircissage lorsque les plantes sont trop rapprochées les unes des autres.

Transplantation. — A. EPOQUE. — La mise en place des plants ne peut être faite qu'en avril, dans la région du Midi, c'est-à-dire lorsque la température moyenne a atteint + 12° et que les plants ont de quatre à six feuilles. Dans les contrées du Nord on l'exécute dans la seconde quinzaine de mai ou au commencement de juin.

Il faut éviter de repiquer les plants trop jeunes, parce qu'ils sont délicats et leur reprise difficile.

B. EXÉCUTION. — La transplantation se fait sur les terres que l'on a préparées ou ameublies et fumées. On l'exécute au moyen d'un plantoir ordinaire.

On doit, autant que possible, la pratiquer quand le sol et le temps sont frais ou humides.

On repique les plants sur des lignes distantes les unes des autres de 0^m,65.

Les plants doivent être espacés les uns des autres dans les rayons de 0^m,40 à 0^m,50.

On compte en moyenne 30,000 plants par hectare.

Soins d'entretien. — A. Binages. — Quinze jours ou un mois après la plantation, on exécute un binage dans le but de détruire les mauvaises herbes et ameublir la couche arable.

On répète cette opération après chaque récolte de feuilles.

Les binages présentent des difficultés. Ainsi la facilité avec laquelle les tiges se cassent ou s'éclatent, oblige que les ouvriers agissent avec beaucoup de précaution.

B. Arrosages. — On doit arroser, si cela est possible, quand le sol devient sec. Les arrosages ainsi que les pluies accélèrent le développement des rameaux et surtout des feuilles d'une manière remarquable.

C. Buttage. — Doit-on butter la persicaire des teinturiers? Le buttage est-il utile?

M. Vilmorin ne considère pas cette opération comme avantageuse; il croit qu'elle aura pour conséquence de grands dégâts faits par les ouvriers qui la pratiqueront. Les agriculteurs qui la regardent comme favorable, disent qu'elle enveloppe de terre les racines qui se développent sur les nœuds inférieurs des tiges et qu'elle empêche celles-ci d'être aussi cassantes.

Toutes choses égales d'ailleurs, on ne butte la persicaire des teinturiers que lorsqu'elle a atteint 0^m,40 à 0^m,50 d'élévation.

Insectes nuisibles. — Les *vers blancs* sont les seuls insectes qui nuisent à cette plante tinctoriale.

Récolte. — A. On procède à la cueille des feuilles quand elles sont bien marbrées de bleu.

Cette opération se fait ordinairement un mois après la mise en place des plants, c'est-à-dire pendant la première quinzaine de juillet. On la fait tous les mois ou tous les six semaines, suivant le climat qu'on habite.

B. Mode d'opération. — 1° *Cueillette des feuilles*. — Les femmes qui récoltent les feuilles détachent celles-ci une à une des tiges en cassant ou en coupant les pétioles, et les déposent dans un panier ou dans le tablier qu'elles ont devant elles. On ne doit pas déchirer les feuilles.

Lorsque ces objets sont pleins on les vide dans des sacs ou de grands paniers.

Une femme peut récolter de 80 à 100 kilog. de feuilles vertes par jour.

2° *Fauchage des tiges*. — Philippar a proposé de faucher les tiges à $0^m,06$ ou $0^m,10$ du sol, c'est-à-dire au-dessus des nœuds inférieurs, de les conduire à la ferme et de détacher ensuite leurs feuilles.

Ce procédé n'est pas plus économique que le premier. Ainsi, si la fauchaison permet de faire la récolte des tiges plus promptement, elle rend l'effeuillage plus difficile ; en outre, elle a l'inconvénient d'affaiblir les plantes et d'amoindrir les récoltes suivantes.

Cette méthode, que l'on a adoptée en Chine, n'est réellement utile que quand la persicaire végète sur des sols très-fertiles et qu'on peut arroser par infiltration tous les dix ou douze jours.

C. Séchage des feuilles. — Les feuilles, après avoir été détachées des tiges, sont exposées sur des toiles à l'action du soleil pour qu'elles se sèchent. On peut aussi les étendre dans des granges ou des greniers.

D. Aspect des feuilles séchées. — Les feuilles qui ont perdu leur humidité, ont une teinte presque bleue. Cette coloration particulière est due à l'oxygénation de l'indigotine incolore qu'elles contiennent.

Produit par hectare. — La persicaire des teinturiers que l'on a effeuillée trois ou quatre fois depuis la fin de juin jusqu'à la fin de septembre, fournit ordinairement de 100 à 150 kilog. de feuilles fraîches par are, soit de 10,000 à 15,000 kilog. par hectare.

M. Margueron a constaté que chaque pied fournit de 125 à 140 grammes de feuilles.

Extraction de l'indigo. — On s'est beaucoup occupé, depuis 1835, des moyens d'extraire l'indigo de la persicaire.

MM. Baudrimont, Robiquet, Bérard, Chapel ont agi comme cela se pratique en Chine, sur des feuilles fraîches.

MM. Vilmorin fils, Girardin ont opéré sur des feuilles sèches.

Les procédés proposés se divisent en trois classes :

1° Le procédé à l'eau de chaux ;

2° Le procédé à l'acide sulfurique;

3° Le procédé à l'acide chlorhydrique.

Le premier procédé fournit un indigo de qualité inférieure.

Le second un indigo contenant beaucoup de matière verte.

Le troisième un indigo d'une très-belle nuance et très-léger.

Voici comment on opère, lorsqu'on suit le troisième procédé, qu'on doit aux recherches de M. Girardin :

On met les feuilles dans un cuvier long, étroit et muni d'un robinet à sa partie inférieure, et on verse par dessus de l'eau à 30° dans la proportion de trois fois environ le poids des feuilles On couvre ensuite la cuve et on abandonne l'opération à elle-même. Lorsque l'eau a acquis une teinte verdâtre et qu'elle présente à sa surface de belles écumes irisées, on la soutire rapidement en comprimant peu à peu les feuilles et on y ajoute immédiatement 1/100ᵉ à 1/100ᵉ 1/2 d'acide chlorhydrique.

Deux minutes après, on passe le liquide à travers une toile peu serrée, pour isoler les matières vertes et albumineuses qui nagent en flocons dans le liquide acidulé. Alors, on agite fortement le liquide filtré pendant dix à quinze minutes afin d'oxygéner l'indigo dissous et on le laisse en repos pendant vingt-quatre heures.

Le lendemain, on décante le liquide, on jette sur un filtre l'indigo qui s'est précipité au fond du vase et on lave à l'eau bouillante légèrement alcoolisée. Quand l'eau n'entraîne plus de matière colorante, on retire l'indigo du filtre et on le dessèche à une température de 40 à 50°.

Ce simple procédé fournit de l'indigo presque aussi riche en indigotine pure que l'indigo Bengale cuivré bon ordinaire.

Quantité d'indigo fournie par les feuilles. — Les feuilles de la persicaire des teinturiers contiennent de 0,500 à 0,900 p. 100 d'indigo. M. Girardin porte le rendement moyen à 0,776.

Il résulte de cette donnée moyenne qu'un hectare qui fournit 12,000 kilog. de feuilles doit donner 99 kilog. d'indigo.

En général, l'indigo augmente progressivement jusqu'à la floraison. Alors il existe dans la proportion de 1 p. 100. A partir de l'épanouissement des fleurs, il décroît et atteint son degré minimum, qui est 0,300 p. 100.

Le 1ᵉʳ procédé permet d'extraire 1 kil. 529 d'indigo de 100 kil. de feuilles.
Le 2ᵉ   —   0 kil. 889   —
Le 3ᵉ   —   0 kil. 508   —

Ces résultats prouvent combien il est utile, quand on extrait l'indigo, de sacrifier la quantité à la qualité.

Qualité de l'indigo fourni par la persicaire.
— M. Girardin a comparé l'indigo extrait de la persicaire
des teinturiers à l'indigo Bengale cuivré bon ordinaire.
Voici les résultats qu'il a obtenus :

	Indigo du Bengale.	Indigo de la persicaire.
Indigotine bleue	61,40	49,10
Résine rouge	7,20	15,60
Brun d'indigo.	4,60	8,50
Matières minérales	19,60	14,80
Mat. colorante rouge sol. dans l'eau . .	»	3,40
Gluten	1,50	1,80
Eau	5,70	6,80
	100,00	100,00

Ainsi, la richesse en indigotine pure, dans ces deux indigos, est sensiblement dans le rapport de 4 à 5.

Prix de revient de l'indigo. — M. de Gasparin
évalue le prix de revient de l'indigo fourni par la persicaire des teinturiers à 9 fr. 20 le kilog. Cette valeur confirme les espérances qu'on a conçues en faveur de cette
plante tinctoriale, puisque l'indigo se vend en France, de
15 à 25 fr. le kilogramme.

BIBLIOGRAPHIE

Macartney. — Voy. dans l'intérieur de la Chine, 1804, in-8, t. III, p. 197.
J. Saint-Hilaire. — Mémoire sur les indigotifères du Bengale, 1846, in-8.
Chapel. — Bulletin de la Société d'Agriculture de l'Hérault, 1837, in-8,
Turpin. — Mémoires de l'Académie des Sciences, 1838, in-4.
Vilmorin. — Journal d'Agriculture pratique, 1838, t. I, p. 438.
Philippar et **Colin**. — Mémoire sur la renouée des teinturiers, 1840, in-8.
Joly. — Bulletin de la Société d'Agriculture de l'Hérault, 1839, in-8, page I.
Margueron. — Rapport sur le polygonum tinctorium, 1840, in-8.
Girardin et **Preisser**. — Travaux de la Société d'Agriculture de la Seine-
    Inférieure, 1840, in-8, 1ᵉʳ trimestre, p. 18.
De Gasparin. — Cours d'Agriculture, 1848, in-8, t. IV, p. 286.
Boussingault. — Économie rurale, 1851, in-8, t. I, p. 346.
Vilmorin. — Bon jardinier, 1857, in-12, p. 676.

SECTION IV.

Indigotier.

(De *ferre* porter ; plante qui porte l'indigo.)

INDIGOFERA.

Plante dicotylédone de la famille des Légumineuses.

Historique. — Espèces cultivées. — Climat. — Terrain : nature, fertilité, préparation. — Semis : époque, préparation des semences, pratique des semailles. — Soins d'entretien. — Récolte : époque, opérations, séchage des feuilles. — Caractères des feuilles séchées. — Extraction de l'indigo. — Produit qu'on obtient par hectare. — Variétés d'indigo. — Caractères du bon indigo. — Valeur commerciale. — Bibliographie,

Historique. — Les peuples de l'antiquité ont-ils connu l'indigotier ? On est porté à croire que non ; si on lit attentivement les écrits de Dioscoride et de Pline, on constate que ce qu'ils appelaient *indicum* provenait du pastel ou de coquillages. Rhazès, Avicenne, Sérapion, Averrhoès, Muratori, qui vivaient aux Xe, XIe et XIIe siècles, citent aussi les mots *nil* ou *indicum*, mais pour exprimer seulement une teinture bleue mêlée de violet.

Marc Paul, qui a parcouru les Indes, pendant le XIIIe siècle, est le premier auteur qui ait parlé de l'indigo fourni par l'indigotier. Ainsi, il rapporte que les teinturiers indiens emploient une matière colorante qu'ils nomment *endico* et qu'on retire d'une plante. Balducci-Pegoletti, qui vivait au milieu du XIVe siècle, a décrit les caractères qui servaient à distinguer les diverses qualités, et Conté, qui a aussi voyagé au travers des Indes, le siècle suivant, le mentionne sous le nom d'*endego*. Enfin Gioanventura Rosetti signale dans son traité sur la teinture publié en 1540, l'indigo fin de Bagdad (*endego fino de Bagad*). De Lasteyrie est porté à croire que ce sont les Juifs qui introduisirent au moyen âge dans le Levant et en Italie, l'art de teindre les étoffes par le moyen de l'indigo. J'ai dit, en parlant du pastel, que l'indigo avait commencé à remplacer cette matière colorante après la découverte de l'Amérique.

Les premiers indigos venus d'Amérique en Europe, ont été produits à Guatimala, au Mexique et à Saint-Domingue. C'est de ces contrées que la culture de l'indigotier s'est étendue à l'Ile-de-France, à Java, à Manille et au Bengale.

L'indigotier est connu en Chine et au Japon, depuis les temps les plus reculés.

On a tenté depuis longtemps de cultiver cet arbrisseau en Europe. Sa culture a réussi à Malte, en Sicile, dans la Calabre, en Toscane et en Espagne, et elle a donné des résultats passables en France, dans le département du Vaucluse. Il est permis de croire qu'elle s'introduira en Algérie, et qu'elle y fournira de l'indigo aussi beau que les sortes ordinaires du Bengale.

Espèces cultivées. — Le nombre des espèces aujourd'hui connues et décrites par de Candolle, dans son *Prodromus*, dépasse 140, mais on n'en cultive ordinairement que trois comme plantes tinctoriales :

1° *Indigofera anil*, L. — Cette espèce (*fig.* 16), nommée *indigotier franc*, est sous-frutescente et originaire des Indes-Orientales. Sa tige a 0^m,80 à 1 mètre de hauteur; elle est dressée, un peu rameuse et ses rameaux sont effilés, d'un vert glauque et garnis de feuilles ayant trois à sept paires de folioles ovales, allongées et un peu pubescentes à leur face inférieure. Les fleurs sont disposées en grappes axillaires et elles ont une teinte pourpre et une faible odeur. Ses gousses sont comprimées, non bosselées et courbées en faucille; elles renferment de cinq à six graines brunes et anguleuses.

Cette espèce est très-répandue dans l'Amérique intertropicale.

2° *Indigofera tinctoria*, L. — Cette espèce, connue sous le nom d'*indigotier des Indes ou tinctorial*, est originaire de l'Inde. Elle diffère de la précédente par ses fleurs qui sont rougeâtres; ses gousses, qui sont cylindriques, bosselées et à dix ou quinze graines.

Cette espèce est cultivée dans l'Afrique équatoriale, à Maurice, à Bourbon et à Madagascar.

3° *Indigofera argentea*, L. — Cette espèce est originaire d'Egypte. Elle ne dépasse pas $0^m,80$; sa tige, ses rameaux et ses feuilles sont revêtus d'un duvet soyeux et blanchâtre. Ses gousses sont cotonneuses, bosselées et peu comprimées; elles contiennent deux à quatre graines plus grosses que celles des précédentes espèces.

Cet indigotier est cultivé très en grand en Arabie et dans quelques parties de l'Inde. D'après M. Boussingault, cette espèce est celle dont la culture est la plus avantageuse.

Climat. — L'indigotier exige un climat chaud à température presque régulière. M. de Gasparin a constaté que la limite de sa culture est fixée par un climat où l'on n'obtient pas pendant trois mois consécutifs une chaleur moyenne de $+ 22°$ au moins. En outre, il a reconnu qu'il donne sa première coupe quand il a reçu $2,400°$ de chaleur totale, après que la température moyenne a atteint $+ 18°$.

Ainsi, on le récolte pour la première fois :

Sur la côte de Coromandel. . . 60 jours après le semis.
A Cuba. . . . . 30 —
A Alger . . . . 90 —
A Avignon. . . . . 120 —

Ces faits prouvent qu'on ne doit pas désespérer d'introduire la culture de l'indigotier dans les régions de l'Algérie, qui ne sont pas sujettes à des intermittences de chaleur et de fraîcheur, de pluie ou de sécheresse. On le cultive depuis longtemps dans les royaumes de Tunis et de Tripoli. On sait du reste que le climat de la Caroline et de la Louisiane, n'est pas plus chaud que celui des pays européens qui bordent la Méditerranée.

Fig. 16. — Indigotier franc.

Terrain. — A. NATURE. — L'indigotier réussit bien lorsqu'on lui consacre des terres légères silico-argileuses ou silico-calcaires, profondes, perméables et fertiles ; mais il végète mal sur les terres argileuses, les sols froids à sous-sols imperméables.

Mais, toutefois, il ne suffit pas que les terres soient de bonne qualité et plutôt légères que compactes, il faut aussi que leur couleur soit foncée et que leur surface soit peu accidentée. Ainsi, on a toujours constaté que les terrains dont la couleur est blanchâtre ne permettent à l'indigotier d'avoir des feuilles très-chargées de principe colorant. On sait que ces terrains s'échauffent difficilement parce qu'ils réfléchissent les rayons lumineux. Par contre, on a remarqué que les feuilles des indigotiers qui végètent dans des sols ayant une teinte gris foncé ou brunâtre, ont toujours une couleur vert foncé et qu'elles sont très-riches en indigotine.

Enfin, on a reconnu que les terrains situés dans les vallées et les plaines, et ceux dont l'inclinaison n'est pas très-prononcée, sont plus favorables que les terres qui offrent de fortes pentes ou présentent des collines, des montagnes très-apparentes. J'ai dit, en étudiant les *terrains agricoles*, que la température des pays montagneux ou accidentés est toujours plus humide et moins uniforme que celle des pays peu ondulés.

Tout permet de croire que l'indigotier réussira très-bien en Algérie, dans la partie de la plaine de la Mitidja, qui est abritée par le Sahel, dans la vallée du Chéliff, dans une partie des plaines de la Mina, de l'Habra, de Theluth, de Méléta et de l'Hil-Hil, et dans les environs de Biscara, pays qui participe un peu du climat brûlant du Sahara.

Sa culture sera certainement impossible à Milianah et à

Médeah, qui sont à 900 et 1,100 mètres au-dessus du niveau de la mer. M. Boussingault a reconnu qu'à une altitude de 1,000 mètres, là où la température moyenne n'est plus que de 22° à 23°, la culture de l'indigotier cesse d'être productive.

B. Fertilité. — L'indigotier est un arbrisseau qui épuise les terres dans lesquelles on le cultive. Aussi est-on obligé au Sénégal, etc., ou de fertiliser les champs qu'on lui consacre avec les résidus qui proviennent de la fabrication de l'indigo, ou de le déplacer chaque année. On ne peut le cultiver plusieurs années de suite sur le même champ que lorsque la couche arable est douée d'une grande fécondité ou qu'elle a été nouvellement défrichée. L'indigotier qui végète sur des terres pauvres, reste rabougri et se couvre de feuilles petites et d'un vert pâle.

C. Préparation. — L'indigotier ayant une racine pivotante, exige que les terres soient labourées aussi profondément que possible. Ordinairement on ameublit les terrains qu'on lui consacre à l'aide de trois labours exécutés avec la charrue ou de deux labours pratiqués avec la bêche.

On complète la préparation du sol par des hersages, en ayant soin, toutefois, de ne pas complétement émietter la surface de la couche arable, si celle-ci est susceptible, après les semis, de se tasser et de se durcir sous l'action simultanée des pluies et de la chaleur solaire.

Une terre est convenablement préparée lorsqu'elle a été divisée dans toute son épaisseur et qu'elle est exempte de plantes nuisibles.

Semis. — A. Epoque. — Les semis se font à l'époque de la saison des pluies. En Algérie, on pourra les pratiquer soit en novembre ou décembre, soit en mars ou avril, époques auxquelles on les exécute à Saint-Domingue.

B. Préparation des semences. — Avant de confier les graines à la terre, on les extrait des gousses en brisant celles-ci dans un mortier en bois. Lorsque ce travail est terminé on les nettoie à l'aide d'un van ou du vent.

C. Pratique des semailles. — On répand les graines de l'indigotier *en lignes* ou *à la volée*.

Lorsqu'on sème en lignes on rayonne le terrain suivant sa longueur et sa largeur, et on dépose sur les points où les lignes se coupent, huit à dix graines qu'on couvre de terre.

Les lignes et les poquets doivent être espacés de $0^m,65$.

Il faut opérer autant que possible lorsque la terre est humide ou la veille d'une pluie.

On répand par hectare 3 à 5 kilog. de graines quand les semis sont exécutés en lignes et 12 à 15 kilog. lorsqu'on les pratique à la volée.

Les graines doivent être couvertes, suivant leur grosseur et la nature du sol, de $0^m,02$ à $0^m,05$ de terre. Cette opération se fait au moyen du râteau ou d'une herse.

Les semences germent au bout de huit à douze jours.

Soins d'entretien. — L'indigotier réclame pendant sa végétation des *sarclages*, des *binages* et des *arrosages*.

Ordinairement, on opère un sarclage quand les jeunes plantes ont de $0^m,07$ à $0^m,10$ de hauteur. Quant aux binages, on les répète toutes les fois que les plantes nuisibles commencent à couvrir la terre. Enfin, on arrose avec ménagement lorsque le sol ne fournit pas aux plantes l'humidité dont elles ont besoin.

Récolte. — A. Epoque. — On coupe l'indigotier lorsque ses fleurs commencent à s'épanouir; alors les feuilles ont une teinte foncée ou un reflet argenté et elles se brisent aisément quand on les presse entre les doigts.

Les feuilles qu'on récolte trop tôt rendent moins d'indigo, mais celui-ci a une couleur plus belle. Celles qu'on a laissé sécher sur pied, fournissent aussi moins d'indigotine et celle-ci est toujours de moins belle qualité.

On renouvelle cette récolte deux ou trois fois dans l'année, suivant les latitudes sous lesquelles l'indigotier est cultivé.

B. Opération. — La coupe des tiges s'effectue à l'aide de serpes ou de faucilles bien tranchantes. Toutes les tiges doivent être coupées à $0^m,03$ ou $0^m,05$ du sol. Les ouvriers qui exécutent cette opération les déposent sur des toiles qui servent à les transporter à l'indigoterie où ils les mettent en tas sur le sol. Dans ce dernier cas d'autres ouvriers les ramassent et les réunissent en paquets de $1^m,50$ environ de circonférence.

La coupe doit être faite par un beau temps.

C. Séchage des feuilles. — Quand la fabrication de l'indigo doit être faite avec la feuille sèche, on laisse les tiges indigotifères coupées sur la terre jusqu'à trois ou quatre heures de l'après-midi. Alors, on étend des toiles çà et là sur le champ, et à l'aide de civières on y apporte les tiges. A mesure que celles-ci y sont déposées, des ouvriers armés de gaules les frappent et en détachent les feuilles.

Quand le battage est terminé, ou au fur et à mesure qu'on le pratique, on transporte les feuilles à l'indigoterie ou on les dépose sous un hangar ou dans un magasin aéré. Les jours suivants on remue la masse si les feuilles ne sont pas parfaitement sèches pour qu'elles ne s'échauffent et fermentent.

Caractères des feuilles séchées. — Les feuilles qui ont été bien séchées ont une teinte verdâtre et l'odeur qu'elles développent rappelle celle que possède le foin de luzerne.

Extraction de l'indigo. — La préparation de la matière tinctoriale que contient l'indigo, s'exécute de deux manières : 1° lorsque les feuilles sont encore vertes et humides ; 2° lorsqu'on les a fait sécher au soleil. Ce dernier procédé est celui que l'on a adopté dans les Indes-Orientales, sur la côte de Coromandel.

Je renvoie le lecteur, qui voudrait connaître ces deux moyens de fabrication, aux ouvrages de chimie qui ont décrit les opérations concernant la technologie agricole. J'observerai que le planteur indien n'extrait pas lui-même la matière colorante de l'indigotier.

Produit qu'on obtient par hectare. — La quantité d'indigo que fournissent les feuilles qu'on récolte sur un hectare, varie suivant la nature et la fertilité du terrain, la manière du climat, l'espèce cultivée et le procédé de fabrication qu'on a adopté.

Voici les rendements que l'on a indiqués :

D'après Godozzi, un hectare fournit	à Venezuela.	127 kil. d'indigo.
— Burka, —	à la Caroline.	73 —
— Plagne, —	côte de Coromandel.	53 —

Variétés d'indigos. — Les indigos vendus par le commerce français viennent principalement des Indes anglaises, des Indes hollandaises, des Indes françaises et de Venezuela.

Les indigos du Bengale se divisent en quatorze classes : 1° bleu surfin ou flottant ; 2° bleu fin ; 3° bleu violet ; 4° violet surfin ; 5° pourpré surfin ; 6° violet fin ; 7° violet rouge ; 8° violet ordinaire ; 9° rouge tendre ; 10° rouge ; 11° cuivré fin ; 12° cuivré moyen ; 13° cuivré ordinaire ; 14° cuivré bas.

On divise les indigos de Guatemala en sept classes : 1° flor ; 2° sobré saliente ; 3° sobré fin ; 4° sobré ordinaire ;

5° corté ou corticolor fin ; 6° corté terne ordinaire ; 7° corté inférieur.

Caractères du bon indigo. — L'indigo le plus estimé est plus léger que l'eau ; sa couleur est brillante, d'un beau bleu rehaussé de violet ; il se casse sans effort entre les doigts et sans tomber en poudre.

L'indigo de qualité très-inférieure a une densité plus grande que celle de l'eau ; il est terne, bleu noir foncé ou cuivré et très-dur.

Valeur commerciale. — La valeur commerciale des indigos varie selon leur provenance et leur qualité. Voici les prix courants, à Paris, des années 1810 et 1837 :

Bengale, bleu surfin.	60 à 65 fr.	24 à 26 fr.
— violet surfin . . . , .	58 à 60 fr.	22 à 24 fr.
— violet fin.	55 à 56 fr.	20 à 21 fr.
— bon cuivré	38 à 42 fr.	16 à 17 fr.
— cuivré ordinaire. . .	36 à 38 fr.	14 à 15 fr.
Guatemala, flor.	60 à 62 fr.	14 à 16 fr.
— sobré.	55 à 57 fr.	12 à 14 fr.
— corté.	46 à 48 fr.	10 à 12 fr.

La différence que l'on remarque entre ces divers prix est en rapport avec l'accroissement qu'a pris le commerce de l'indigo. En 1827, on n'a importé en France que 745,089 kil. d'indigo ; en 1855, l'importation a atteint 1,154,474 kilog.

BIBLIOGRAPHIE.

Dutour. — Dictionnaire d'histoire naturelle, 1803, in-8, t. XII, p. 13.
Julien. — Rapport sur la culture de l'indigotier dans le Vaucluse, in-8.
De Lasteyrie. — Du pastel et de l'indigotier, 1811, in-8, p. 127.
Dufour. — Notice sur la culture de l'indigotier en Espagne, 1817, in-8.
Plagne. — Annales maritimes, 1825, in-8.
Perrotet. — Mémoires sur la culture des indigotifères, 1832, in-8.
Boussingault. — Économie rurale, 1851, in-8 et. 1, p 332.

SECTION V.

Plantes tinctoriales bleues non encore acceptées.

Mercuriale annuelle (*Mercurialis perennis*, L.). Cette euphorbiacée est commune dans les bois. Ses racines contiennent une matière colorante bleue.

Bluet des blés (*Centaurea cyamus*, L.). Les fleurs de cette composée servent, en Allemagne, à colorer en bleu les sucreries.

Inule aunée (*Inula Helenium*, L.). Cette composée est commune dans les vergers. On a extrait de ses racines, après les avoir fait sécher, une couleur bleue solide.

Scabieuse succise (*Scabiosa succisa*, L.). Cette plante appartient à la famille des dipsacées; elle végète sur les terrains humides. Ses feuilles, préparées comme celles du pastel, donnent, dit-on, une couleur bleue.

Galéga officinal (*Galega officinalis*, L.). Cette légumineuse croît naturellement dans les régions méridionales. Selon Linné, ses feuilles contiennent une teinture bleue.

Airelle myrtille (*Vaccinium myrtillus*, L.). Cet arbrisseau appartient à la famille des vacciniées; on le rencontre dans les contrées montagneuses. Ses fruits fournissent un indigo bleu pâle, à l'île de Ceylan et en Suède.

Eupatoire des teinturiers (*Eupatorium tinctorium*, ?). Les feuilles de cet arbuste, qui appartient à la famille des composées, contiennent de l'indigo. On croit, en Algérie, qu'il deviendra le rival de l'indigotier.

<table>
<tr><td>VII.</td><td align="right">14</td></tr>
</table>

CHAPITRE III.

PLANTES A PRINCIPE TINCTORIAL ROUGE.

SECTION PREMIÈRE.

Garance.

(De *ruber*, rouge ; allusion aux propriétés tinctoriales de la racine.)

RUBIA TINCTORIUM, L.

Plante dicotylédone de la famille des Rubiacées.

Anglais. — Madder.   *Polonais.* — Marzanna.
Allemand. — Krapp.   *Italien.* — Robbia.
Hollandais. — Meekrap.   *Espagnol.* — Guanzo.

Historique. — Mode de végétation. — Composition. — Terrain : nature et
fertilité. — Préparation du sol : défoncement, ameublissement ordinaire,
largeur des planches et des sentiers, direction des planches et des sentiers.
— Quantité d'engrais nécessaire. — Mode de propagation : reproduction
par graines, époque des semis, semis en place, quantité de graines, caractères des bonnes semences, préparation des graines, mode d'exécution,
espacement des lignes, germination des graines, dépenses occasionnées par
les semis, circonstances où les semis en place ne sont pas avantageux. —
Reproduction par racines : semis en pépinière, boutures, provins, plantation des racines ; époque, exécution, quantité de racines nécessaires par
hectare ; valeur des plantes, dépenses occasionnées par la plantation. —
Soins d'entretien. *Première année :* roulage, épierrage, sarclages et binages ; remplissage des places où les plants n'ont pas réussi ; rechaussage,
arrosements, buttage, but du buttage. — *Deuxième année :* râtelage, labour à la houe fourchue, sarclages et binages, rechaussage, arrosements,
fauchage des tiges, buttage. — *Troisième année :* râtelage, sarclages, arrosages, récolte des graines ; enlèvement des sommités des tiges, fauchage
ou faucillage des tiges, récolte faite avec la main, nettoyage et conserva-

tion des graines, quantité de graines que fournit un hectare, poids de l'hectolitre. — Fauchage des tiges comme fourrage. — Agents atmosphériques nuisibles. — Insectes nuisibles. — Plante parasite. — Arrachage : époque, âge de la garance. — Mode d'exécution : arrachage à bras, opérations, nombre de journées, prix de revient. — Arrachage à la charrue : mode d'exécution, étendue qu'une charrue arrache par jour, dépenses par hectare. — Arrachage à l'aide de l'appareil Garcin. — Opérations qui suivent l'arrachage. — Temps pendant lequel les racines se conservent fraiches. — Produits par hectare : racines et tiges. — Séchage des racines : dessiccation naturelle, dessiccation artificielle. — Caractères des racines desséchées. — Déchet qu'éprouvent les racines par la dessiccation. — Conservation des racines desséchées. — Qualités des garances : garance de Hollande, garance d'Alsace, garance du Comtat. — Valeur commerciale des racines. — Commerce des garances. — Moyen d'estimer la valeur tinctoriale des racines. — Réduction des racines en poudre. — Déchet qu'elles éprouvent pendant cette opération. — Emballage des poudres. — Valeur des marques du commerce. — Produits qu'on extrait des racines : garancine, extrait de garancine, fleur de garance, alcool. — Prix de revient. — Bibliographie.

Historique. — La garance est connue depuis longtemps. Elle était cultivée par les Aquitains du temps de Strabon. Dioscoride mentionne aussi sa culture en Toscane.

Les Grecs l'appelaient ἐρυθρόδανον et les Romains la nommaient *rubia*. Son nom de *garance* vient du mot *varantia*, désignation sous laquelle on connaissait au moyen âge sa racine, et qui signifiait *vraie couleur* ou *couleur rouge*.

La culture de cette plante remonte, en France, à une époque très-ancienne. On la pratiquait déjà au temps de Charlemagne et sous Dagobert; les habitants de la Neustrie et de l'Armorique en apportaient à Saint-Denis (Seine), ville où il y avait un marché à garance sur lequel l'abbaye de cette ville prélevait un droit. Ce marché existait encore en 1275, sous Philippe le Hardi. Un cartulaire de Troarn, de 1122, porte que la garance était soumise en Normandie à un droit de dîme. Le drap qu'on teignait à cette époque avec celle qu'on récoltait dans la Basse-Normandie et qu'on appelait *écarlate de Caen*, était très-estimé et très-recherché en Italie.

Les Flamands s'emparèrent au xv° siècle de la culture de cette plante tinctoriale. Ils lui consacrèrent une telle étendue de terre, qu'au siècle suivant la Normandie y renonça presque complétement.

C'est à cette époque qu'elle fut introduite dans la Zélande.

Colbert, qui n'avait qu'une seule pensée, celle de rendre les manufactures prospères, publia en 1671 une instruction pour engager les agriculteurs à étendre la culture de la garance, afin que la France ne fût plus tributaire de la Hollande. A cette époque, les Hollandais avaient donné une extension considérable à la culture de cette plante, et ils étaient le seul peuple qui importât en Europe les garances récoltées en Perse, en Syrie, dans l'Asie-Mineure et en Grèce.

Louis XV rendit à Versailles, le 24 février 1756, un arrêt qui exemptait de la taille pendant vingt ans, les exploitations et leur personnel qui se livreraient à la culture de la garance dans des marais nouvellement desséchés ou sur des terres non cultivées et de même nature. Cet édit n'exerça pas une très-grande influence sur la prospérité de cette culture. Toutefois, il engagea Frauzen à introduire en 1760 cette plante tinctoriale dans les environs de Hagueneau.

C'est vingt ans avant la publication de cet édit, à l'époque où Nadir-Chah usurpa le trône de Perse, que Jean Althen fut proscrit de ce royaume, arrêté par une horde arabe, vendu comme esclave et conduit à Anatolie. Après avoir cultivé pendant quatorze ans la garance, il parvint à s'échapper et à gagner le port de Marseille, où il se maria quelques années après.

Les 30,000 écus que lui apporta sa femme lui permirent de se rendre à Versailles et de solliciter une audience de Louis XV. Le roi lui ayant accordé la mission qu'il sollicitait, il revint dans le Midi et créa près de Montpellier un établissement séricicole. Ayant anéanti dans cette entreprise le patrimoine de sa femme, il écrivit au roi, se rendit de nouveau à Versailles, mais toutes ses tentatives restèrent sans résultat aucun. C'est alors qu'il conçut l'idée d'introduire la culture de la garance dans le midi de la France.

Il cultiva d'abord la garance indigène. N'ayant pas réussi au gré de son désir, il intrigua pour se procurer des graines de garance de Smyrne (1). Après bien des peines et du temps, il eut le bonheur, dit-il, de recevoir 60 à 90 grammes de graines du Levant. Ces semences, il les sema à Avignon et fut bientôt à même d'étendre ses expériences sur une terre appartenant à madame de la Clausenette. Cette tentative ayant complétement réussi et lui ayant permis en 1767, de récolter 2,500 kilog. de racines, il établit une grande garancière sur la propriété de Caumont, appartenant au marquis de Seytre de Caumont, près duquel il avait eu le bonheur de trouver une hospitalité bienveillante. C'est ainsi que Althen parvint à doter la France, sa patrie adoptive, d'une culture qui devait être un jour la principale richesse d'une province entière.

Hélas! cet homme de bien mourut pauvre et ignoré à Caumont, en 1774, laissant une fille, Marguerite Althen, qui vécut aussi dans l'indigence (2). La reconnaissance pu-

(1) A cette époque la peine de mort était prononcée contre ceux qui exportaient de Smyrne des graines de garance.

(2) Cette malheureuse infortunée s'épuisa en sollicitations auprès du roi et des habitants du Comtat. Rostoul, qui a écrit la vie d'Althen, cite la supplique qu'elle adressa aux Avignonnais quelque temps avant sa mort. Ce n'est pas sans émotion qu'on y lit les lignes suivantes : « La fille de celui qui

blique ne pouvait laisser périr son nom ; elle le comprit un peu tardivement et fit placer, en 1821, dans le musée Calvet, à Avignon, une table de marbre sur laquelle elle fit graver une inscription rappelant que Althen avait été l'introducteur et le premier cultivateur de garance dans le comtat d'Avignon. Toutefois, par une coïncidence fatale, sa fille mourut dans l'hôpital de cette ville le jour même où cette inscription fut inaugurée. Enfin dans ces dernières années on éleva à Althen une statue au milieu du rocher des Doms, en face du vieux palais des papes. Cette statue le représente tenant dans sa main gauche des racines de garance et indiquant de la droite le sol du Comtat comme le plus propice à la culture de cette plante.

Bertin, ministre et secrétaire d'Etat au département de l'agriculture sous Louis XV, poursuivit l'œuvre conçue par Colbert. Il fit venir des graines de garance du Levant, en 1767 et 1769, et les fit distribuer gratuitement. Ces importations secondèrent les louables intentions d'Althen, et celle que fit Dambourney, à la même époque, en Normandie, avec tant de dévouement et de persévérance.

Grâce aux efforts d'Althen, la culture de cette plante se répandit dans les communes de l'Isle, Cavaillon, Carpentras, Montueux, Entraigues dans le comtat d'Avignon, d'Arles et de Toulon dans la Provence, de Fourques et Clausonnette dans le Bas-Languedoc. Toutes ces nouvelles garancières furent établies et dirigées par les soins d'Althen. En 1772, les garancières de Caumont avaient plus de

« vous affranchit de l'empire du besoin en vous apprenant à fertiliser les
» champs les plus stériles, languit dans une triste servitude et gagne un pain
» qu'elle humecte de ses larmes. Cependant dans sa douleur, à qui doit-elle
» adresser ses prières ? Déjà, vingt fois, elle a fait parvenir une voix plaintive
» jusqu'aux oreilles des grands et des princes, et tous l'ont oubliée ! » Les
habitants du comtat Venaissin oublièrent aussi sa misère et ses souffrances !

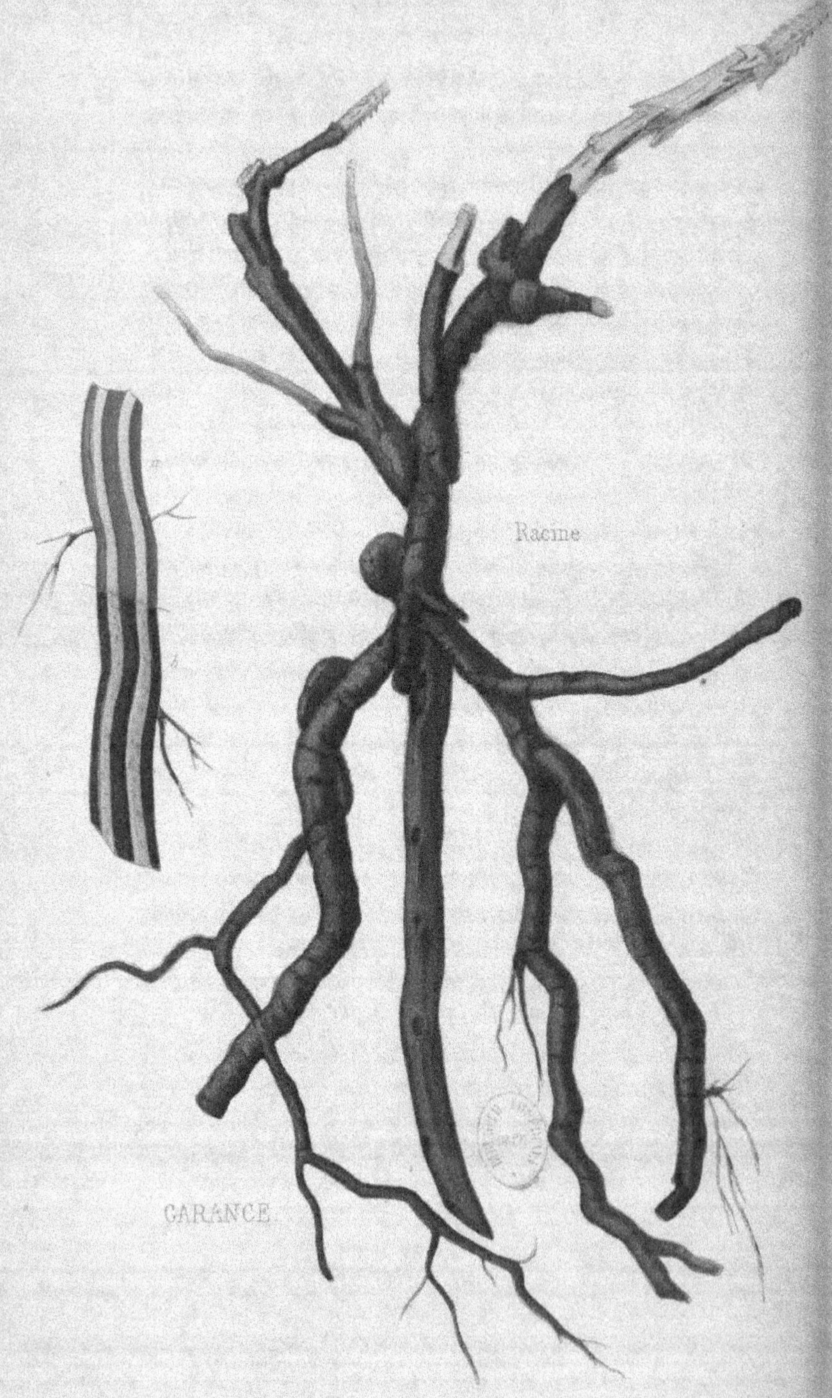
Racine
GARANCE

10 hectares d'étendue. Enfin, à la même époque, la garance était cultivée dans le Poitou, le Maine, l'Anjou, la Touraine, la Picardie, etc.

La garance est aujourd'hui cultivée dans les départements du Vaucluse, des Bouches-du-Rhône, du Gard, de la Drôme, de l'Allier, du Puy-de-Dôme et du Bas-Rhin.

Les provinces où les garancières constituent un objet important de culture sont d'abord le Comtat et ensuite l'Alsace. En 1840, elles y occupaient 14,674 hectares, qui produisaient annuellement plus de 16,000,000 kilog. de racines ayant une valeur vénale de 10,000,000 fr.

En 1855, la France a exporté 16,798,000 kilog. de garance.

C'est M. Chirat qui, en 1849, introduisit le premier la culture de la garance en Algérie.

Mode de végétation. — La garance a des *racines vivaces*, pivotantes, rameuses, articulées et rougeâtres et des *tiges annuelles*, quadrangulaires, rameuses, à articles noueux, couchées ou grimpantes. Les feuilles sont opposées, munies de stipules et forment un verticille ; elles sont, comme les tiges, munies de poils raides et crochus, et d'un vert obscur. Ses fleurs sont petites, axillaires ou terminales, et munies d'une corolle campanulée jaunâtre à cinq divisions. Ses fruits sont charnus et formés de deux baies accolées d'abord vertes, puis rougeâtres, enfin noires, qu'on sépare facilement quand elles sont complétement mûres et sèches.

Cette plante commence à végéter quand la température moyenne, à la fin de l'hiver, a atteint $+ 10°$ à $+ 12°$. Elle fleurit en juillet, forme ses fruits à la même époque et les mûrit en août. On arrache ses racines quand elle a dix-huit ou trente mois de végétation.

La garance croît en France, mais celle qu'on cultive dans

le Comtat, l'Alsace et la Hollande, est originaire de Smyrne.

Le climat n'a aucune influence sur le degré de coloration du principe tinctorial.

Composition. — La racine de garance présente trois parties distinctes :

1° L'*épiderme*, pellicule rougeâtre qui sert d'écorce ;

2° La *partie corticale*, qui est rouge et située sous l'épiderme ;

3° Le *cœur*, qui est ligneux, jaune et occupe le centre de la racine.

Pendant longtemps on a cru que la racine de la garance ne contenait que deux principes colorants :

1° La *garancine* ou matière rouge ;

2° La *xanthine* ou matière jaune.

La garancine réside dans la partie corticale ; elle contient, d'après MM. Robiquet et Colin, l'*alizarine* et la *purpurine* ou *colorine*. La xanthine est située dans le ligneux.

Suivant Runge, la garance renferme sept principes différents :

1° Le pourpre de garance ;	5° Le brun de garance ;
2° Le rouge de garance ;	6° L'acide garancique ;
3° L'orange de garance ;	7° L'acide rubiacique.
4° Le jaune de garance ;	

MM. Gerber et Dollfus croient que l'alizarine, signalée pour la première fois par MM. Robiquet et Colin, est un mélange du pourpre et du rouge de garance du chimiste Runge.

Quoi qu'il en soit, l'alizarine et la purpurine sont les seules substances qui teignent les tissus de coton mordancés.

M. Decaisne pense que la garance ne renferme qu'un

Rameau de Garance.

seul principe colorant, qui est liquide et jaune, et qui devient rouge en absorbant une certaine quantité d'oxygène. Cette opinion est aussi celle qu'ont admise MM. Gerber, Dollfus et Schwartz.

D'après M. Decaisne, la matière colorante se produit dans la partie cellulaire de la racine.

Nonobstant, voici, d'après John, les matières que contient la racine de cette plante :

Matière colorante.	20,00
— extractive.	5,00
— grasse.	1,00
Résine rouge.	3,00
Gomme et fibre	43,50
Matières salines	19,50
Eau	8,00
	100,00

M Koechlin a constaté que les racines de garance récoltées en Alsace, étaient composées comme il suit :

A. *Racines fraîches* :

Parties charnues   90,36 = { eau 73,42
matières sèches . . . 16,94

Parties ligneuses   9,64 = { eau 4,96
matières sèches . . . 4,68

100,00   100,00

B. *Racines sèches* :

Xanthine soluble dans l'eau froide.	55,00
Garancine soluble dans l'eau bouillante.	3,00
Xanthine et garancine solubles dans l'alcool.	1,50
Ligneux.	38,00
Perte.	2,50
	100,00

D'après cette analyse, la racine de garance contiendrait à

l'état normal 0,78 p. 100 d'eau. Bastet a constaté que les racines du Comtat en contiennent 0,74 à dix-huit mois et 0,72 à dix-huit mois.

Enfin, M. Payen a reconnu que ces racines renfermaient :

> A l'état humide. . . . . 1,24 p. 100 d'azote.
> A l'état sec. 1,33   —

Et que les tiges, qui contiennent à l'état normal 18,4 p. 100 d'eau, dosaient :

> A l'état vert. . . . . 0,66 p. 100 d'azote.
> A l'état sec. 0,81   —

Terrain. — A. NATURE. — La garance demande des terres douces, substantielles, profondes, perméables et fraîches. Elle réussit mal sur les sols compactes, à sous-sols imperméables et dans les terrains secs.

Dans le comtat d'Avignon, on la cultive de préférence dans les *palus.* On désigne sous ce nom d'anciens marais qui ont été comblés par les alluvions de la rivière appelée la Sorgue. Les terres de cette contrée les plus propres à la garance sont situées à une faible distance du Trenten, sur les confins des communes du Thor, Montueux, Saint-Saturnin et Perne. Ces terrains sont noirâtres lorsqu'ils sont humides, et grisâtres quand ils sont secs. Ils ne renferment pas de pierres et ils reposent sur des sous-sols presque crayeux et toujours frais.

On cultive aussi la garance sur les *sols paludiens* (on donne ce nom aux alluvions limoneuses du Rhône), dans les terres calcaires situées aux environs de la fontaine de Vaucluse et aux portes d'Avignon, et sur les terres légères, sablonneuses et accidentées, situées entre Carpentras et le Mont-Ventoux.

Les terres qu'on consacre à la garance dans les environs de Hagueneau, Bischeviller et Reichshoffen (Bas-Rhin), et de Sainte-Marie (Allier), sont aussi sablonneuses.

En général, les terrains les plus favorables à la garance sont ceux qui renferment une notable quantité d'argile et surtout de carbonate de chaux. Ainsi Bastet a constaté que les meilleures terres du département du Vaucluse, contenaient en moyenne :

	T. d'Orange.	T. de Causens.	T. de Courthezon.
Calcaire.	41,00	47,00	38,00
Argile.	18,00	28,00	35,00
Sable.	35,50	20,00	21,50
Humus	5,50	5,00	5,50
	100,00	100,00	100,00

Ces trois analyses donnent les moyennes suivantes :

Carbonate de chaux.	42,00
Argile.	27,00
Sable.	25,67
Matières organiques.	5,33
	100,00

Les terres si fertiles de l'Isle, contiennent 47 p. 100 de parties calcaires et celles de Mallemont en renferment 37.

D'après des analyses faites par M. Koechlin, les cendres de racines de garance récoltées en Alsace, contiennent jusqu'à 34,92 p. 100 de parties calcaires. Les cendres de garance récoltées en Zélande, ne renferment, suivant M. May, que 16,29 p. 100 de carbonate de chaux. Ces faits justifient l'importance du calcaire dans les terres consacrées à la culture de cette plante tinctoriale.

Enfin, M. Bastet a reconnu que les anciens palus produisent des racines rouges, les palus nouvellement cultivés et les alluvions nouvelles des racines d'un très-beau rosé. Il n'en est pas de même des alluvions anciennes du Rhône, des terres très-argileuses, des sols très-calcaires et des terrains quartzeux ; tous ces terrains ne produisent que des racines d'un rosé ordinaire.

En général, les terres vierges, celles fertiles, profondes, fraîches, douces qui n'ont point encore produit de la garance, fournissent des racines de très-belle qualité. Ce fait explique pourquoi les racines de garance obtenues dans la vallée de la Limagne et en Algérie, sont remarquables par la richesse de leur principe colorant rouge.

Si le terrain influe par sa nature sur la richesse tinctoriale des racines, il exerce aussi une action très-remarquable sur leur développement par ses propriétés physiques. Ainsi, les terres qui conservent le plus de fraîcheur pendant l'été sont celles qui fournissent les plus belles racines. Voici les faits que M. de Gasparin a observés :

Terrains.	Faculté de rétention de l'eau.	Pouvoir productif.
Paludiens du Thor.	56,48	77
Alluvions d'Orange	51,30	68
Paludien d'Orange.	48,36	60
Marneux de Tarascon.	43,60	57
Bolbenes.	32,60	42

Ces chiffres expliquent pourquoi on cultive toujours la garance dans les vallées recouvertes par des alluvions ayant une épaisseur de 0ᵐ,60 à 1 mètre.

B. FERTILITÉ. — La garance est une plante très-épuisante. Aussi doit-on la cultiver sur des terres riches et abondamment fumées.

Lorsqu'elle végète sur des sols de fertilité ordinaire, elle produit peu et les racines qu'elle fournit sont grêles, effilées et leur épiderme est très-épais.

En général, les bonnes terres à garance ne contiennent

normalement jamais moins de 4 à 5 p. 100 d'humus ou de matières organiques.

Valeur des terres à garance. — Les terres propres à la garance se vendent et se louent un prix très-élevé. Quand elles sont de première qualité, leur valeur vénale varie entre 5,000 et 8,000 fr. l'hectare et leur valeur locative entre 220 et 360 fr. Les terres ordinaires se louent 150 à 200 fr.; la valeur locative des terres de qualité inférieure dépasse rarement 120 fr. et elle descend quelquefois à 85 fr.

Préparation du sol. — La préparation des terres qu'on consacre à la culture de la garance comprend deux opérations distinctes : 1° les travaux de défoncement; 2° les opérations qui ont pour but unique l'ameublissement du sol arable et sa disposition en planches.

A. Défoncement. — La terre sur laquelle on veut établir pour la première fois une garancière doit être défoncée de 0^m,65 à 1 mètre de profondeur suivant la nature du sous-sol et la durée d'existence de la garance. Ce travail est indispensable; il permet aux racines de mieux se développer en longueur et en grosseur.

En France, on exécute ce défoncement à bras et en automne au moyen du louchet ou de la bêche. En Hollande, des ouvriers munis aussi chacun d'une bêche suivent la charrue et ils défoncent le sous-sol de manière que la partie divisée ou ameublie ait au moins 0^m,50 de profondeur.

Le défoncement exécuté entièrement par des ouvriers ne laisse rien à désirer s'il est pratiqué par un beau temps et avant les fortes gelées, mais il est très-coûteux.

On compte qu'il faut pour défoncer un hectare à 0^m,75 de profondeur quatre-vingt-cinq à quatre-vingt-dix journées d'ouvriers lorsque la terre est de consistance moyenne, et de cent trente à cent quarante journées lorsqu'elle est argileuse ou compacte.

Ainsi, dans le premier cas un ouvrier défonce par jour de 111 à 117 mètres carrés et dans le second de 71 à 76 mètres.

M. de Gasparin dit qu'un défoncement pratiqué à 0^m,50 de profondeur dans une terre de consistance moyenne, exige quarante-quatre journées de huit heures de travail. Ce résultat ne concorde pas avec les faits pratiques. Il est difficile, en effet, d'admettre qu'un ouvrier puisse en un jour défoncer 227 mètres carrés, et remuer et ameublir 113 mètres cubes de terre.

B. Ameublissement ordinaire. — Lorsqu'il est question de préparer des terres qui ont déjà porté de la garance, on les laboure avant les gelées avec une charrue ou à l'aide de la bêche ou du louchet.

Lorsqu'on opère dans le Comtat avec une charrue, on emploie d'abord la charrue dite *coutrier*. Cet instrument, ordinairement traîné par quatre ou six chevaux ou mules, ameublit la couche arable de 0^m,16 à 0^m,25 de profondeur. Au mois de février, quand le fumier a été conduit et répandu, on exécute un second labour avec une charrue sans versoir et traînée par deux chevaux. Ce labour est perpendiculaire au précédent. Enfin on complète la préparation du sol en exécutant quelques jours avant l'époque des semailles, un labour à l'aide d'une charrue à un cheval.

Les terres que l'on a défoncées à bras avant l'hiver ne reçoivent au printemps que les deuxième et troisième labours précités.

La préparation faite à l'aide du louchet est supérieure à la préparation exécutée avec une charrue, mais elle occasionne des dépenses plus considérables.

Dans la plupart des cas, le dernier labour est suivi par un ou plusieurs hersages et roulages.

On compte qu'il faut par hectare pour exécuter :

```
Le premier labour, 3 journées d'attelage à 4 à 6 chevaux.
Le second      —    1    —    1/2    —    à 2       —
Le troisième   —    1    —    1/2    —    à 1       cheval.
```

C. **Largeur des planches et des sentiers.** — Au dernier labour on dispose toujours le sol en planches séparées les unes des autres par des sentiers dont la largeur varie suivant les contrées.

Dans le département du Vaucluse, la largeur des planches varie de 1 mètre à 1^m,65 et celle des sentiers de 0^m,30 à 0^m,40.

En Alsace, les planches ont de 6 à 8 mètres de largeur et 10 mètres de longueur; la largeur des sentiers est de 0^m,60 à 0^m,70.

En Hollande, la largeur des planches est de 1 mètre et celle des sentiers de 0^m,50 à 0^m,60.

D. **Direction des planches et des sentiers.** — La direction des planches et des sentiers varie aussi suivant les localités.

Dans le Comtat, le sol est disposé de manière que les plantes et les sentiers soient parallèles à la longueur du champ (*fig.* 17).

Fig. 17. — Culture du Comtat.

Voici comment on dispose ordinairement les garancières
en Alsace (*fig.* 18).

Fig. 18. — Culture alsacienne.

En Hollande, on dispose le sol tel que l'indique la
fig. 19, p. 225.

Les lignes maigres des trois figures précédentes indiquent
la direction des rayons dans lesquels on opère les semis ou
la plantation des racines.

Quantité d'engrais nécessaire. — La garance est une plante qui consomme beaucoup d'engrais. Si elle est

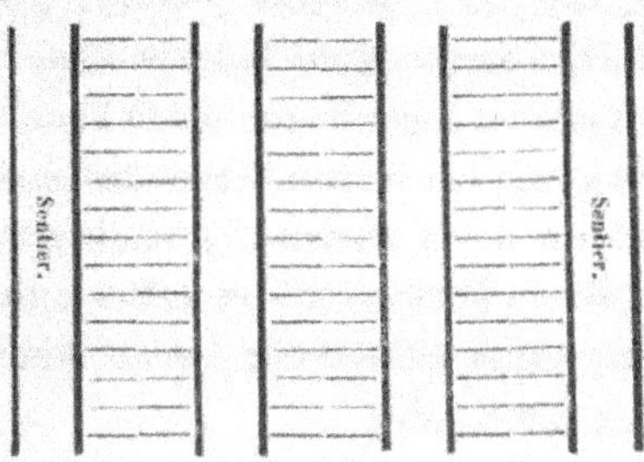

Fig. 19. — Culture hollandaise.

productive à Montueux (Vaucluse), c'est qu'elle y est bien cultivée et qu'elle y végète sur des terres fertilisées avec des engrais abondants.

M. de Gasparin admet comme principe qu'il faut appliquer 3,000 kilog. de fumier pour chaque 100 kilog. de racines desséchées qu'on espère récolter. Ainsi, une terre qui produirait 3,000 kilog. par hectare devrait être fumée à raison de 90,000 kilog. de fumier et celles sur lesquelles on récolte 5,000 kilog. de racines, exigeraient une fumure de 150,000 kilog.

Applique-t-on en pratique des quantité de fumier aussi considérables? Je ne l'ai jamais ouï dire ni dans le Comtat, ni dans l'Alsace, ni dans la Limagne. Ainsi, au Trenten (Vaucluse), on fume les terres à raison de trente-six charretées à trois chevaux ou 150 mètres cubes pesant environ 100,000 kilog. Cette fumure est considérable. M. Favier, à Orange, ne répand par hectare que 51 mètres cubes ou 36,000 kilog. En Alsace, les fumures varient entre 60,000 et 75,000 kilog.

J'ai dit, dans le volume des *Matières fertilisantes*,

page 497, que 2,000 kilog. de fumier permettaient à la garance de donner 100 kilog. de racines sèches. D'après cette donnée, une terre pouvant produire 5,000 kilog. de racines doit être fumée avec 100,000 kilog. de fumier; celle qui ne peut en fournir que 3,000 kilog. exige l'emploi de 60,000 kilog. Les bonnes terres du Trenten, le centre de la culture de la garance, produisent par hectare 5,000 kilog. de racines sèches et celles situées dans le rayon de Haguenau (Bas-Rhin), n'en fournissent, en moyenne, que 3,000 kilog.

On dit ordinairement qu'on applique dans le Comtat, de 500 à 800 fr. par hectare. Le fumier est cher dans cette province. Rendu sur place, il revient au minimum à 12 fr. les 1,000 kilog. Il suit de là qu'une fumure de 50,000 à 60,000 kilog. occasionne une dépense de 600 à 720 fr. Appliqué à la dose de 150,000 kilog., le fumier nécessiterait une avance de 1,800 francs.

Lorsque les cultivateurs du Trenten n'ont pas la quantité de fumier nécessaire pour fumer les terres qu'ils consacrent à la garance à raison de 100,000 kilog., ils n'appliquent par hectare que 50,000 ou 75,000 kilog. de fumier et répandent, quelques jours avant la semaille, 1,900 ou 950 kilog. de *trouille* ou tourteau.

On remplace quelquefois par nécessité, le fumier par des boues de ville, qui sont loin de valoir cet engrais.

Les terres sur lesquelles on propage la garance par racine, exigent beaucoup moins d'engrais, puisque l'arrachage se fait à la fin de la deuxième année.

Ainsi, une terre qui produit 5,000 de racines et sur laquelle on plante 2,000 kilog. de pourettes ou de provins, doit être fumée à raison seulement de 60,000 kilog. de fumier, puisqu'elle ne doit fournir que 3,000 kilog. de racines.

Mode de propagation. — La garance se propage par graines et par racines.

A. REPRODUCTION PAR GRAINES. — 1° **Époque des semis**. — Les semis se font dans le midi comme dans le nord de la France, depuis le 1ᵉʳ mars jusqu'au 1ᵉʳ mai, lorsqu'on ne craint plus de gelées blanches, et que la température moyenne a atteint + 8 à + 10°.

En général, il faut semer la garance aussitôt que la température le permet, afin de profiter de la fraîcheur de la couche arable.

On sème très-rarement en automne, parce que les jeunes plantes sont souvent détruites par les gelées pendant l'hiver.

2° **Semis en place** — Les semis en place ne se font plus à la volée. On les pratique en lignes plus ou moins éloignées les unes des autres, suivant le mode de culture qu'on adopte.

3° **Quantité de graines**. — La quantité de graines qu'on répand par hectare s'accroît d'année en année. Voici les quantités que l'on a indiquées depuis 1772 :

1772	Althen.	28 à 36	kilog.
1794	Rozier.	2	—
1810	Yvart.	20 à 30	—
1825	De Gasparin.	85	—
1835	Bastet.	88 à 99	—
1838	Leclerc-Thouin.	144	—
1848	De Gasparin.	120	—
1852	Chambaud	138	—
1855	Favier.	180	—

Quelle est la cause de cet accroissement ? Il est probable qu'il faut l'attribuer à la qualité imparfaite des semences. Celles-ci, en effet, germent, de nos jours, moins facilement qu'il y a un demi-siècle. Aussi est-on porté à admettre que la garance qu'on cultive dans le Comtat, n'a plus les qualités qui la distinguaient à l'époque où elle fut introduite en France par Althen.

4° Caractères des bonnes graines. — Les graines de garance de bonne qualité, celles qui ont bien mûri, sont noires et elles développent une odeur suave semblable à celle de la figue sèche ou de la cassonnade rousse.

On doit rejeter les semences qui n'ont plus leur pédicule et qui offrent un périsperme brunâtre ou brun, parce qu'elles ont fermenté et qu'elles germent toujours très-difficilement.

Les graines de deux années qui ont été convenablement conservées, germent bien.

5° Préparation des semences. — Althen a proposé, en 1772, de faire subir aux semences une préparation, afin qu'elles germent promptement, qu'elles donnent naissance à des plantes plus vigoureuses et munies de racines ayant une couleur plus vive.

Je ne rapporterai pas cette préparation, parce que je ne crois pas qu'elle puisse empêcher la garance de s'abâtardir et qu'elle s'oppose à la diminution graduelle de la matière colorante observée en 1856, par M. de Gasparin, dans les contrées où cette plante est le plus anciennement cultivée.

On rend la germination des graines plus prompte, en les *stratifiant* pendant deux ou trois semaines dans du sable frais ou en les faisant *tremper* dans l'eau pendant douze ou vingt-quatre heures avant le moment de les confier à la terre.

Quand on met en pratique l'un ou l'autre de ces deux moyens, il faut avoir le soin de bien enterrer les graines afin que leurs germes ne se dessèchent pas.

6° Mode d'exécution. — L'ouvrier chargé d'exécuter les semis de garance, trace sur une planche, au moyen du cordeau et d'un rayonneur à main, une raie ou rigole profonde de 0ᵐ,04 à 0ᵐ,06. La femme ou l'enfant qui l'accompagne, y répand les graines en ayant soin qu'il existe un intervalle entre chacune d'elles, de 0ᵐ,03 à 0ᵐ,05.

Lorsque l'ouvrier a ouvert la première raie, il en trace une seconde et emploie la terre qui en provient pour couvrir les graines déposées dans le premier rayon.

Quelquefois, l'ouvrier se borne à ouvrir les raies et, lorsque celles-ci sont ensemencées, on y enterre les graines par un hersage.

Nonobstant, les semences doivent être couvertes d'une couche de terre épaisse en moyenne de 0ᵐ,05.

8° **Espacement des lignes**. — La distance qui sépare les rayons varie entre 0ᵐ,22 et 0ᵐ,65.

En général, les rayons qu'on trace sur les terrains disposés en planches ayant 1ᵐ,32 à 1ᵐ,65 de largeur, sont espacés les uns des autres de 0ᵐ,25 à 0ᵐ,35.

Lorsque la garance est cultivée en billons, on espace les lignes de 0ᵐ,50 à 0ᵐ,65.

9° **Germination des graines**. — Les semences de garance germent ordinairement entre le quinzième et le vingtième jour qui suivent l'époque où le semis a été pratiqué.

10° **Dépenses occasionnées par les semis**. — Dans le Comtat, un homme et une femme ensemencent un hectare de garance en huit jours. Or, huit journées d'homme à 2 fr. et huit journées de femme à 1 fr. occasionnent une dépense de 24 fr. Dans le Puy-de-Dôme, cette opération coûte 21 fr., soit douze journées d'homme à 1 fr. 25 et douze journées de femme à 50 c.

11° **Circonstances où les semis en place ne sont pas avantageux**. — En général, les semis ne donnent pas des résultats très-favorables quand on les exécute sur des terres fortes et argileuses et sur les terres sujettes à être desséchées au printemps par les hâles et les sécheresses des mois de mars, avril et mai. Aujourd'hui, on sème la garance moins fréquemment qu'autrefois dans les palus sur lesquels le *vent mistral* exerce une si fâcheuse influence à la fin de l'hiver ou pendant les premiers jours du printemps.

B. REPRODUCTION PAR RACINES. — On multiplie la garance par racines de trois manières : 1° à l'aide de racines provenant de pépinières, auxquelles on donne quelquefois le nom de *pourettes*; 2° de boutures enracinées appelées *provins*; 3° de tronçons de racines.

1° **Semis en pépinière**. — On sème la graine de garance en pépinière lorsqu'on doit planter de nouvelles garancières avec des plants de six à huit mois seulement.

Cette manière de cultiver la garance est très-bonne, elle est très en usage en Alsace. Voici les avantages qu'elle présente : les garancières établies au moyen de racines ont moins de durée et elles exigent moins d'engrais; en outre, elles n'ont pas à solder une valeur locative aussi considérable que lorsqu'elles occupent le sol pendant trois années. Aussi doit-on recommander ce procédé de culture aux agriculteurs qui cultivent la garance sur des terres sablonneuses, légères et très-perméables.

J'observerai, toutefois, que ce moyen ne doit toujours être pratiqué sur la même exploitation, parce qu'il est moins favorable que le semis à la régénération de la garance. L'expérience a prouvé en Alsace, qu'il est utile de temps à autre de renoncer à ce mode de propagation pour adopter la multiplication par graines.

Les semis en pépinière sont toujours exécutés à la volée, sur des planches de 1^m,50 à 2 mètres de largeur et avec 300 kilog. de graines à l'hectare.

Il faut éviter de disposer le sol en planches très-larges, parce que celles-ci rendent toujours l'exécution des sarclages plus difficile et plus coûteuse.

2° Boutures de racines — La propagation de la garance par boutures de racines est pratiquée en Hollande et aussi dans quelques communes de l'Alsace, contrées où la graine de cette plante tinctoriale mûrit très-difficilement.

Ces boutures, qui ne sont que des tronçons de racines pourvus d'un bouton ou bourgeon, se récoltent en automne à l'époque à laquelle on arrache les garancières.

On les conserve fraîches jusqu'au printemps en les stratifiant dans du sable déposé dans une cave ou un cellier.

3° Boutures enracinées ou provins. — Pour obtenir ces boutures, on plante au printemps, dans une terre fertile et bien préparée, des tronçons de racines rouges de $0^m,08$ de longueur. A l'automne suivant, alors qu'elles ont développé des racines, on les arrache de cette pépinière pour les planter à demeure.

4° Plantation des racines. — A. *Epoque*. — La mise en place des pourettes, provins ou boutures se fait en automne. On peut aussi l'exécuter au printemps, mais le mois de novembre est l'époque la plus favorable parce qu'elle s'allie mieux avec la végétation de la garance. Toutefois, on doit éviter, quand on opère pendant cette saison, que les racines restent exposées, après leur arrachage, à l'action des gelées.

B. *Exécution*. — On arrache d'abord les pourettes et les provins avec un louchet ou à l'aide d'une bêche, on les met en bottes ou en paquets et on les transporte ensuite à destination.

Le champ sur lequel on doit établir une garancière à

l'aide de racines, doit avoir été préalablement labouré, fumé, disposé en planches rayonnées.

Les rayons sont plus grands que les raies destinées à recevoir des graines. Ordinairement on leur donne $0^m,10$ à $0^m,15$ de profondeur et de largeur.

Lorsque les rayons sont tracés ou à mesure qu'on les exécute, des ouvriers, aidés par des enfants, y plantent les racines à plat ou verticalement.

En Alsace, on exécute la mise en place des plants à l'aide d'un couteau courbé à angle droit en forme de plantoir. La lame de cet outil a $0^m,16$ de longueur et $0^m,08$ de largeur. En outre, on humecte quelquefois les racines en les trempant dans un baquet rempli d'eau avant de les enterrer. Cette opération assure leur reprise si la plantation a lieu au printemps par un temps sec. Enfin, parfois les ouvriers placent les plants contre l'un des bords des rayons qui sont inclinés à 45°, les couvrent de terre et les consolident avec leurs pieds.

Les pourettes, les provins et les boutures sont plantés dans les rayons à $0^m,15$ ou $0^m,16$ de distance les uns des autres.

C. *Quantité de racines nécessaire par hectare.* — La plantation d'une garancière ayant un hectare d'étendue exige de 3,500 à 4,500 kilog. de racines fraîches suivant l'espace qui sépare les rayons. C'est bien à tort que l'on a dit qu'il fallait en planter 1,800 à 2,400 kilog.

En général, on compte qu'il faut 200,000 plants ou boutures par hectare.

D. *Valeur des plants.* — Les racines fraîches étêtées et pouvant fournir des boutures se vendent en moyenne de 8 à 12 fr. les 100 kilog.

E. *Dépenses occasionnées par la plantation.* — On compte

que la plantation d'un hectare de garance revient à 70 fr. et qu'elle exige quarante journées d'homme et vingt journées d'enfant.

Soins d'entretien. — Les opérations qu'on donne aux garancières sont assez nombreuses et elles varient suivant l'âge de la garance.

1° Première année. — A. *Roulage*. — Lorsque la terre après les semis s'est prise en croûte, sous l'influence simultanée des pluies et de la chaleur ou des hâles, on la roule à l'aide d'un rouleau armé de pointes en fer. Cette opération est faite dans le but de détruire la dureté que présente la terre superficiellement et faciliter la sortie des cotylédons.

Ce rouleau, qu'on appelle *barlaïe* à Avignon, a quatre-vingt-seize dents espacées les unes des autres de 0^m,04 et longues de 0^m,07. Il pèse 5 kilog. 300 et a 0^m,47 de longueur. Le cylindre sur lequel les dents ont été fixées a 0^m,08 de diamètre. J'ai acheté ce rouleau 15 fr.

Un homme roule avec cet instrument 50 ares par jour.

On répète quelquefois son emploi une ou deux fois sur le même terrain.

On peut remplacer cette opération par un *râtelage*.

B. *Épierrage*. — Lorsque les terres consacrées à la garance sont caillouteuses, on les épierre après le semis, afin de pouvoir mieux exécuter, à l'automne suivant, la fauchaison des tiges.

C. *Sarclage ou binage*. — Lorsque la garance est sortie de terre, on la sarcle à la main ou on lui donne un binage. Ces deux opérations ont pour but la destruction des mauvaises herbes.

Le sarclage est pratiqué par des femmes qui se tiennent

à genoux dans les sentiers. On opère le binage avec une houe à lame triangulaire et pointue.

On répète le sarclage pendant l'été une ou deux fois.

Chaque sarclage exige l'emploi de vingt à vingt-cinq journées de femme par hectare, suivant le nombre de plantes nuisibles qu'elles doivent arracher.

La garance doit toujours végéter sur un sol exempt pour ainsi dire de mauvaises herbes.

D. *Remplissage des places où les plants n'ont pas réussi.* — Lorsqu'on aperçoit vers la fin d'avril, qu'il existe des lacunes dans les garancières plantées, on doit s'empresser de les garnir de boutures si on manque de pourettes ou de provins. En agissant ainsi, on a la certitude que les lignes seront productives sur tous les points de leur étendue.

E. *Rechaussage.* — Après chaque sarclage on exécute une opération que l'on désigne sous les noms de *recouvrir*, *éborgner*.

Ce rechaussage a pour but : 1° de combler les trous ou les vides causés par l'enlèvement des mauvaises herbes; 2° d'élever le niveau du sol qui s'est tassé sous l'action des pluies et qui a mis à nu le collet des plantes; 3° de couvrir de terre les pousses qui se développent au collet des garances pendant le mois de juillet.

Le premier rechaussage doit être exécuté quand les tiges de garance ont de 0^m,08 à 0^m,10 de hauteur.

Avant de pratiquer cette opération, on ameublit à la houe la terre des sentiers qui séparent les planches. M. Goubet, à Saint-Saturnin (Vaucluse), a inventé un petit scarificateur de forme particulière et qui est destiné à remplacer dans cette opération d'ameublissement le travail de l'homme.

Lorsque la terre a été bien pulvérisée et émiettée, des

ouvriers munis de pelles en fer ou de louchets, couvrent chaque planche de 0^m,01 à 0^m,02 de terre. Cette opération doit être confiée à des ouvriers adroits et intelligents, afin que les plantes ne soient pas couvertes de terre.

Ce rechaussage exige par hectare 4 journées d'homme : 2 pour ameublir les sentiers et 2 pour projeter la terre.

F. *Arrosement*. — La garance se trouve bien d'être arrosée lorsqu'elle végète sur des terres très-fortes ou légères.

Quand les arrosages sont possibles on les pratique par infiltration. A cet effet, on utilise les sentiers que l'on a creusés pour pratiquer le rechaussage.

On doit les répéter tous les quinze jours pendant l'été, si les circonstances le permettent.

G. *Buttage*. — En novembre et avant l'apparition des gelées, on charge toutes les planches de la garancière de 0^m,05 à 0^m,08 de terre suivant la nature de la couche arable. Les terres légères doivent être plus chargées de terre que les sols argileux ou compactes.

La terre avec laquelle on opère ce chargement est prise avec le *lichet* ou la bêche, le *trengo* ou la houe à lame dans les sentiers qui séparent les planches.

Dans le Vaucluse, on paye aux ouvriers qui exécutent ce buttage de 20 à 25 fr. par hectare, parce qu'il exige dix à douze journées d'homme.

Quand cette opération est terminée, les planches présentent le profil suivant :

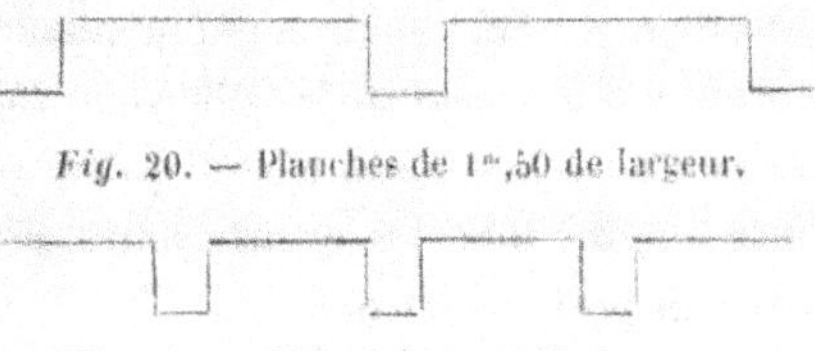

Fig. 20. — Planches de 1^m,50 de largeur.

Fig. 21. — Billons de 0^m,65 de largeur.

H. *But du buttage*. — Le buttage n'a pas pour but de garantir la garance des gelées, car cette plante ne craint pas le froid. On l'exécute comme l'a démontré M. Decaisne, pour augmenter la masse végétale chargée de matière colorante. Ainsi la chromule ou matière colorante verte des parties herbacées se change facilement en xanthine ou en principe colorant jaune lorsqu'on la soustrait au contact de la lumière. C'est en s'oxygénant que la chromule passe à la couleur jaune qui, elle-même, se change en principe tinctorial rouge.

2° DEUXIÈME ANNÉE. A. *Râtelage*. — A la fin de l'hiver de la seconde année, on exécute sur toute la garancière une sorte de hersage avec un râteau à dents de fer. Cette opération a pour but : 1° de détruire ou pulvériser les mottes qui existent sur les planches; 2° d'aplanir la surface du sol; 3° de détruire la croûte ou les mauvaises herbes que présente la couche arable.

B. *Labour à la houe fourchue*. — Dans quelques localités où les terres sont argileuses et compactes, on les laboure quelquefois avec la houe fourchue. Cette excellente opération ne peut être pratiquée que lorsque les garancières ont une faible étendue, soit 50 ares ou 1 hectare, car elle occasionne des dépenses assez considérables.

C. *Sarclage* ou *binage*. — Un mois environ après le râtelage, on exécute un sarclage ou un binage. On renouvelle le sarclage chaque fois que cela est nécessaire.

D. *Rechaussage*. — On répète aussi pendant la seconde année l'opération dite *rechaussage* (voir page 234).

E. *Arrosements*. — Les garancières qu'on peut arroser doivent l'être encore tous les quinze jours, si la quantité d'eau dont on dispose, le permet.

F. *Fauchage des tiges*. — En septembre de la seconde

année, on fauche les tiges avec soin. Ces parties herbacées peuvent être données aux bêtes à cornes comme fourrage (voir page 239).

G. *Buttage*. — En novembre on butte de nouveau la garance. Alors, on creuse encore les intervalles des planches et on couvre celles-ci de $0^m,05$ à $0^m,06$ de terre. Il est inutile, pendant ce travail, de diviser les mottes que le louchet dépose sur la couche arable, car elles se déliteront d'elles-mêmes à la fin de l'hiver, sous l'influence des gels et des dégels.

3° TROISIÈME ANNÉE. — A. *Râtelage*. — Vers la fin de février ou au commencement de mars, on exécute de nouveau un râtelage.

Quand les terres sont argileuses et qu'elles présentent, à la fin de l'hiver, des mottes dures ayant résisté à l'action des gelées, on pratique un hersage avec un ou deux chevaux ou mulets.

Lorsque cette opération est terminée, on exécute un râtelage dans le but unique d'unir la superficie de la terre.

B. *Sarclage*. — Au fur et à mesure que les mauvaises herbes apparaissent et se développent, on les extirpe avec la main.

C. *Arrosements*. — Pendant la troisième année, on arrose encore, si cela est possible.

D. *Récolte des graines*. — Le plus généralement, c'est pendant la troisième année qu'on s'occupe de la récolte des graines. Cette opération se fait, dans le Comtat, en août et en septembre, lorsque les fruits ont pris une teinte violet noir.

On l'exécute aussi quelquefois dès la seconde année.

Voici comment on opère cette récolte :

1° *Enlèvement des sommités des tiges*. — Des femmes munies de serpettes et de paniers, coupent les sommités des tiges qui portent des graines mûres, et quand les paniers sont pleins, elles les vident sur un drap ou une bâche qui sert à les transporter à la ferme.

Alors, on les dépose sur une aire où elles restent exposées à l'action du soleil. On les retourne de temps à autre. Quand elles sont sèches, on les bat au moyen de baguettes pour en détacher les graines.

2° *Fauchage ou faucillage des tiges.* — Des hommes coupent les tiges de garance au-dessous des basses grappes, avec une faux à lame bien tranchante, afin qu'elle n'occasionne pas la chute d'un certain nombre de graines. Les femmes qui exécutent cette récolte, sont munies de faucilles et les coupent dans le sens de la verse ou de l'inclinaison des tiges. Celles-ci sont ensuite déposées en tas sur les planches ou les billons et transportées à la ferme où on les étend sur une aire.

On doit agir de préférence le matin à la rosée, afin de perdre le moins possible de graines.

Lorsque le soleil a séché les tiges, on les bat avec une fourche.

3° *Récolte faite avec la main.* — Enfin, on peut récolter les semences graine à graine avec la main. Cette méthode, recommandée par Althen, est longue et coûteuse, mais elle est la seule qui permette de récolter des graines bien mûres et d'excellente qualité.

En général, la récolte des graines de garance ne peut être faite avantageusement que dans les départements méridionaux. C'est en soutenant les tiges de garance avec des échalas, ou en plantant cette plante le long des haies, qu'on parvient à récolter des graines au point précis de maturité.

Les graines sont d'abord vertes, puis rougeâtres et ensuite noires. Cette dernière coloration est le signe d'une maturité complète.

Les pluies abondantes font souvent couler les fleurs de garance, et elles nuisent à la maturation des semences.

4° *Nettoyage et conservation des graines.* — Quand les graines ont été détachées des tiges, on les nettoie au van ou au tarare, et on les expose ensuite sur un drap, au soleil, en couche peu épaisse. Dès qu'elles sont sèches, c'est-à-dire quand elles ne teignent plus les doigts lorsqu'on les presse dans la main, on les dépose en tas dans un local sec. On doit les remuer souvent, pour qu'elles ne s'échauffent pas et ne contractent pas une odeur de moisi.

E. *Quantité de graines que fournit un hectare.* — Un hectare de garance produit ordinairement 300 kilogr. de graines. On récolte rarement dans les bonnes années au delà de 400 kilogr. sur la même étendue.

F. *Poids de l'hectolitre.* — Un hectolitre de graine de garance pèse de 50 à 52 kilogr.

Fauchage des tiges comme fourrage. — Les tiges de garance constituent une bonne nourriture. Les bêtes à cornes les mangent avec beaucoup d'avidité, soit vertes, soit sèches.

On les fauche en août et septembre, lorsque les baies sont encore peu développées.

Cette opération exige deux faucheurs. Le premier ouvrier dirige sa faux de manière qu'elle coupe les tiges à $0^m,12$ ou à $0^m,15$ au-dessus du sol, c'est-à-dire au-dessus du point où elles passent, pour ainsi dire, à l'état ligneux. Le second coupe la partie laissée par le premier faucheur. Ce second fauchage est connu sous le nom de *raclage,* parce que la faux coupe les tiges aussi près de terre que possible.

Le fauchage d'un hectare ainsi pratiqué exige huit journées d'homme.

Agents atmosphériques nuisibles. — La garance
redoute les sécheresses prolongées.

Insectes nuisibles. — Les chenilles du *sphinx de la
garance* (SPHINX GALLII) s'attaquent quelquefois aux jeunes
plantes et en détruisent un certain nombre. Aussi doit-on
surveiller leur apparition à l'époque du sarclage qui suit
la germination et les détruire par tous les moyens possibles.

Les chenilles de ce lépidoptère sont olive, avec une raie
sur le dos et des taches latérales couleur de soufre. Les
pattes de devant sont noires. Elles entrent en terre en automne, passent l'hiver sous cette forme, et deviennent insectes parfaits l'été suivant.

Plante parasite. — La garance est attaquée pendant
sa végétation par un rhizoctone que l'on a appelé *fârum*
dans le Comtat, et auquel les botanistes ont donné le nom
de RHIZOCTONIA RUBIÆ, D. C. Ce champignon présente des caractères identiques à ceux qui caractérisent le rhizoctone
du safran (voir p. 158).

On reconnaît que la garance est atteinte par ce parasite
redoutable et très-envahissant, au desséchement et à la
décoloration de ses feuilles et de ses tiges.

Les mesures à prendre pour arrêter ses ravages consistent à entourer les parties dans lesquelles il se développe,
par un fossé profond, à arracher la garance et brûler ses
racines.

Arrachage. A. EPOQUE. — L'arrachage de la garance
se fait ordinairement depuis la fin d'août ou le commencement de septembre jusqu'à la fin de novembre.

Dans certaines années, alors que la valeur commerciale

des racines est très-élevée, on commence l'arrachage vers la fin de juillet. Par contre, cette opération se prolonge quelquefois jusqu'en décembre et janvier.

En général, on arrache plus tôt dans le Midi qu'en Alsace et en Hollande, afin de profiter des derniers beaux jours de l'été pour sécher les racines.

On commet une faute quand on procède très-tard dans le Midi à l'arrachage ; non-seulement on a alors à craindre qu'il survienne des pluies qui détrempent la terre et rendent l'opération plus difficile, plus longue et plus dispendieuse, mais on a à redouter que la dessiccation des racines, qui se fait à l'air et non pas dans des sécheries comme cela a lieu en Alsace, soit contrariée par des pluies ou par des jours nébuleux.

B. AGE DE LA GARANCE. — Les agriculteurs du Comtat arrachent ordinairement la garance lorsqu'elle a trente mois, c'est-à-dire à la fin de sa troisième année d'existence. C'est par exception qu'on attend qu'elle ait quatre années de végétation pour extirper ses racines, et il faut qu'elle se vende un prix très-élevé pour qu'on l'arrache à la fin de sa deuxième année.

En Alsace, dans les provinces Rhénanes et en Hollande on arrache toujours la garance à dix-huit mois. Dans de telles contrées, on ne pourrait pas agir autrement et hasarder un produit qu'on est certain d'avoir à la seconde année de plantation.

On ne doit pas oublier que les agriculteurs du Midi multiplient le plus ordinairement la garance par graine, tandis que ceux du nord de l'Europe la propagent presque toujours à l'aide de boutures ou de provins.

Bastet a reconnu que les grosses racines contiennent une très-forte proportion de ligneux et que les petites fournissent une très-grande quantité d'écorce. Les racines moyennes, celles de la grosseur d'un crayon, sont celles qui contiennent le plus d'aubier, et par conséquent le plus de matière colorante.

Enfin cet observateur a constaté que la garance à

		Ligneux frais.	*Aubier frais.*
10 mois contient.	. . . . .	7,50	78,50
18 — —	. . . . . .	13,95	79,05
30 — —	. . . . . .	31,00	69,00
40 — —	. . . . . .	66,34	30,66

Ces résultats prouvent combien il est utile d'arracher la garance avant qu'elle ait trois années révolues de végétation.

Procédés d'arrachage. — L'arrachage de la garance se fait suivant trois procédés :

A. Arrachage a bras. — 1° *Mode d'opération.* — Les ouvriers chargés d'arracher la garance à bras, ouvrent une tranchée que l'on nomme quelquefois *atelier*. Cette fosse est tantôt parallèle, tantôt perpendiculaire à la direction des planches ou des billons. On lui donne ordinairement 1 mètre de largeur sur 0^m,50 ou 0^m,65 ou 0^m,80 de profondeur, selon le point auquel sont parvenues les racines.

Quand la tranchée est terminée, on enlève un peu de terre en dessus et en dessous de la tranche suivante que l'on fait ensuite tomber dans la rigole. En agissant ainsi la terre se divise aisément et un grand nombre de racines sont mises à nu. On enlève celles-ci avec les mains ou au moyen d'un crochet ou d'une houe à deux dents et on les dépose dans des paniers.

Lorsque les racines de cette première bande de terre ont été extraites, on relève la terre, de manière qu'elle comble la première fosse, et on attaque une troisième tranche.

Les ouvriers qui ameublissent la terre doivent marcher à reculons dans les rigoles. Ils se servent ou de houes à une pointe ou *béchards*, ou de bêches à branches qu'on nomme *lichets*, ou de houes fourchues qu'on appelle *accrocs*.

Lorsque le terrain est déclive et lorsqu'on divise les billons transversalement, on commence toujours l'opération par le bas du champ.

L'arrachage à bras est plus long, mais il exige moins de bras que l'arrachage à la charrue. Il a, en outre, l'avantage d'être plus parfait puisqu'il permet de mieux extirper les racines et de les avoir moins divisées ou plus entières.

2° *Nombre de journées.* — Le nombre de journées nécessaires pour arracher un hectare de garance varie suivant la nature des terres.

Les terres légères, en exigent de. . . . . 120 à 140
Les sols compacts, — de. . . . . 220 à 250

La sécheresse, en durcissant les terres argileuses, augmente le nombre de journées d'un cinquième ou d'un quart.

Il résulte de ces chiffres qu'un ouvrier arrache :

Dans le premier cas, un are de garance en 1 jour 1/2
Dans le deuxième, — — 2 — 1/2

Il faut que les terres soient très-compactes pour qu'un ouvrier emploie trois journées pour exécuter ce travail.

Enfin, ces résultats permettent de dire qu'un ouvrier, auquel on donne 3 fr. par jour, arrache par jour : 1° 70 mètres ; 2° 40 mètres carrés environ.

3° *Prix de revient.* — Les déboursés qu'occasionne l'arrachage d'un hectare de garance dans la Comtat, s'élèvent dans les *terres légères*, de 360 à 420 fr., et dans les terres compactes de 660 à 755 fr.

La Société d'agriculture du Vaucluse évalue les frais d'arrachage à 750 fr. par hectare.

En Alsace, où les racines sont moins nombreuses et moins pivotantes, où les terres sont plus siliceuses ou légères, cette opération revient de 175 à 200 fr.

B. Arrachage a la charrue. — 1° *Mode d'exécution.* — Cette opération exige une charrue spéciale. Celle que l'on emploie de préférence dans le département du Vaucluse, est connue sous le nom de *charrue Bonnet*, et se vend 240 à 265 fr. selon ses dimensions.

Cette charrue, d'une puissance considérable, pénètre jusqu'à 0^m,80 de profondeur. On y attèle de huit à seize mules suivant sa force et la résistance de la couche arable.

La charrue doit autant que possible pénétrer d'un seul rayage à la profondeur à laquelle sont parvenues les racines. Lorsque cet instrument laboure moins profondément et revient dans la même raie pour compléter le travail qu'il doit exécuter, il est rare qu'il ne divise pas les racines en plusieurs parties.

La garance âgée de trente mois exige une charrue plus forte que la garance de dix-huit mois.

Chaque charrue est suivie par douze à seize hommes, armés de pelles en fer ou de râteaux, ayant pour mission d'ameublir la bande de terre qu'elle a renversée, et par vingt-quatre à trente-deux femmes, chargées de séparer les racines. Ainsi, 36 à 48 travailleurs sont nécessaires pour terminer le travail commencé par la charrue.

L'arrachage de la garance, ainsi exécuté, est plus économique que l'arrachage à bras, mais il a l'inconvénient de laisser des racines dans le sol, de les diviser en plusieurs fragments et d'exiger un grand nombre de bras.

2° *Étendue qu'une charrue arrache par jour.* — Une charrue Bonnet, munie de trois roues et traînée par douze à seize animaux, arrache par jour de 50 à 60 ares de garance quand la terre est fraîche ou qu'elle a été préalablement détrempée par les pluies, et 25 à 30 ares seulement quand on opère pendant une sécheresse.

En général, il faut trois journées d'attelage pour arracher un hectare.

3° *Dépenses par hectare.* — L'arrachage à la charrue est plus économique que l'arrachage à bras. Voici les dépenses qu'il occasionne en moyenne par hectare :

48 journées de mules à.	. .	3 fr.	» c.	144 fr.
12 — de conducteurs à	3	»		36
48 — d'hommes à.	. .	3	»	144
90 — — à.	. .	1	50	135
	Total. . .	. .	. . .	459 fr.

La différence qui existe en faveur de l'emploi de la charrue varie donc entre 100 et 200 fr.

D'après la Société d'agriculture de Vaucluse, l'arrachage d'un hectare de garance exécuté avec une charrue traînée par seize animaux revient à 562 fr.

C. ARRACHAGE A L'AIDE DE L'APPAREIL GARCIN. — On a proposé dans ces dernières années d'arracher la garance au moyen d'un appareil imaginé par M. Garcin. Cet appareil consiste en un cabestan mobile faisant mouvoir simultanément deux charrues qui cheminent en sens inverse, et mis en mouvement par un manége auquel on attèle de quatre à six chevaux.

Cet appareil exige l'emploi de dix hommes et de huit femmes, et il opère par jour l'arrachage de la garance sur une étendue de seize ares. Ces résultats donnent pour un hectare : 25 journées de chevaux, 62 journées d'hommes et 50 journées de femmes, ou 305 fr.

Cet appareil se vend 1,200 fr. La Société d'agriculture de Vaucluse a reconnu, le 16 septembre 1855, après l'avoir expérimenté dans des terres de l'Isle, qu'il méritait d'être pris en sérieuse considération. MM. Chevalier et Léonard fils, agriculteurs à Althen-les-Paluds, se louent de l'avoir employé.

Comparaison économique des procédés d'extraction. — D'après les expériences faites par la Société d'Agriculture de Vaucluse, les frais d'arrachage se résument ainsi qu'il suit, par 10 kilog. de racines séchées à l'air :

```
Arrachées à bras.  . . . . . . . . . .  » fr. 15 c.
   —        à la charrue. . . . . . . . .  »    11
   —        au cabestan. . . . . . . . . .  »    07
```

Ces résultats sont relatifs à une production moyenne de 2,500 kilog. de racines par hectare.

Opérations qui suivent l'arrachage. — Les racines, après avoir été arrachées, restent toute la journée en tas sur le sol pour qu'elles se ressuient.

Le soir on les rapporte à la ferme, pour procéder, le lendemain, à leur dessiccation. Quand on redoute de la pluie, on les dépose directement sous un hangar ou dans un bâtiment.

En Hollande, où les pluies détrempent souvent complétement les terres au moment où a lieu l'arrachage, on les soumet à un lavage avant de les conduire dans les sécheries. Cette opération s'exécute dans une grande auge ou dans une eau courante ; elle a l'avantage de débarrasser les racines des parties terreuses qui les enveloppent. On ne doit l'exécuter que lorsque les circonstances l'exigent, car l'expérience a mille fois démontré que les racines de garance perdent, par le lavage, une notable partie de leur valeur tinctoriale.

En Hollande, lorsque la garance est sèche, on la bat au fléau sur une aire planchéiée, afin de détacher l'écorce terreuse et les radicelles. On complète cette opération, que l'on exécute rapidement, et qui concasse les racines en fragments de 0^m,02 à 0^m,03 de long, en séparant la poussière des racines au moyen d'un tararage.

Le résidu de ces opérations est employé dans les teintures communes; on le nomme *billons*.

Temps pendant lequel les racines se conservent fraîches. — Les racines de garance que l'on a arrachées par un beau temps se conservent fraîches pendant quinze à vingt jours.

Produit par hectare. — A. RACINES. — La quantité de racines sèches qu'on récolte par hectare a peu varié depuis 1772. Voici les produits moyens et maximum que l'on a signalés :

Garance du comtat d'Avignon.

	Moyenne.	Maximum.
Althen. . . .	2,200 kilog.	—
Moll.	3,000 —	—
Chambaud . .	2,500 —	6,000 kilog.
Leclerc-Thouin .	3,800 —	4,400 —
Favier. . . .	—	6,500 —
De Gasparin. .	3,500 —	5,600 —
Moyennes. .	3,000 kilog.	5,600 kilog.

Les terres paludiennes sont celles qui donnent les produits les plus élevés.

M. Chiras a obtenu en Algérie 5,000 kilog. de racines

Garance d'Alsace.

	Moyenne.	Maximum.
Schwertz. . .	2,200 kilog.	3,000 kilog.
Moll.	2,000 —	— —

La garance s'arrache en Alsace à l'âge de 18 mois.

B. TIGES VERTES. — Un hectare de garance produit en moyenne 5,000 kilog. de tiges vertes à l'âge de 18 mois, et 3,500 kilog. lorsqu'elle a 30 mois d'existence.

Séchage des racines. — Après l'arrachage des racines, on procède à leur dessiccation. On exécute cette opération, soit à l'air libre, soit dans une étuve.

A. DESSICCATION NATURELLE. — Dans le Comtat, on dépose les racines sur les aires à battre les céréales, en ayant soin qu'elles ne restent pas longtemps exposées à la pluie ou au grand soleil.

De temps à autre, on les secoue légèrement avec une fourche en bois, dans le but de détacher les parties terreuses qui y sont adhérentes.

Lorsque le temps est beau, cette dessiccation dure de trois à quatre jours.

Quand l'état de l'atmosphère ne permet pas de suivre ce procédé, on rentre les racines sous un hangar ou dans une chambre sèche et aérée, et on les dépose sur des claies placées le long des murs ou sur l'aire du bâtiment. Ce mode de dessiccation, en usage quelquefois en Alsace, exige qu'on remue les racines tous les deux ou trois jours, afin qu'elles ne moisissent pas.

B. DESSICCATION ARTIFICIELLE. — En Alsace et en Hollande, on opère ordinairement la dessiccation des racines dans des *séchoirs* ou *sécheries.*

Ces bâtiments appartiennent ou aux communes ou aux cultivateurs. Haguenau, Pfoffenhoffen, Hochselden (Bas-Rhin), ont une ou deux sécheries communales. Les agriculteurs qui y envoient des racines de garance payent 1 fr. 50 c. par 100 kilog. de racines fraîches, ou 5 à 6 fr. par 100 kilog. de racines sèches.

Les sécheries alsaciennes se composent d'un bâtiment rectangulaire ayant 10 mètres de longueur sur 8 mètres de largeur. Au centre, il existe un ou deux calorifères ou fours au-dessus desquels on a établi plusieurs planchers à claire-voie.

Les séchoirs hollandais sont voûtés en briques inférieurement et supérieurement, et ils présentent de un à cinq et quelquefois sept planchers formés de lattes espacées les unes des autres de $0^m,04$ à $0^m,05$. Les planchers sont situés à $1^m,60$ au-dessus les uns des autres, et à chaque étage il existe des fenêtres ou des lucarnes qui permettent d'aérer à volonté le bâtiment.

Lorsque les racines déposées sur les premiers planchers sont sèches, on les retire pour les remplacer par celles du deuxième plancher, et celles-ci par les racines du troisième étage, etc. Ainsi, chaque fois qu'on enlève de la sécherie des racines sèches, on les remplace par des racines fraîches qui occupent alors le plancher supérieur.

Les racines sont déposées sur les lattes en couches épaisses seulement de $0^m,05$ à $0^m,08$.

On remue toutes les racines une fois par jour.

La chaleur qu'on y entretient varie entre 40 et 50° centigrades. Cette température permet de dessécher les racines ou quinze ou dix-huit heures. Une chaleur plus forte que 50° altère les propriétés tinctoriales des racines.

Caractères des racines desséchées. — Les racicines sont bien desséchées quand elles se brisent aisément sans plier et qu'elles se laissent tordre.

Déchet qu'éprouvent les racines. — Les racines de garance perdent en moyenne 75 p. 100 de leur poids par la dessiccation. Ainsi, 100 kilog. de racines fraîches se réduisent à 25 kilog.

Les racines de 18 mois éprouvent un déchet un peu plus élevé que celles de 30 mois, celles-ci étant plus ligneuses.

Conservation des racines. — Les racines sèches doivent être conservées dans un local sec et aéré. On doit éviter de les entasser dans des lieux humides, car elles s'y moisiraient très-promptement et prendraient une couleur rouge-brun foncé.

Qualités des garances. — Les garances que l'on récolte en Europe varient entre elles quant à leurs propriétés physiques et colorantes, suivant les lieux où elles ont été récoltées.

A. Garance de Hollande. — Les racines qu'on récolte en Hollande ont une odeur forte et nauséabonde ; leur saveur, quoique sucrée, a beaucoup d'amertume. Elles varient en couleur du rouge brun au rouge orangé.

Ces garances sont rarement importées en France, à cause des droits qui les frappent à leur entrée. Elles sont réputées de très-bonne qualité, surtout lorsqu'elles ont été conservées en tonneau pendant plusieurs années.

B. Garance d'Alsace. — La garance d'Alsace est inférieure à la précédente sous tous les rapports. L'odeur qu'elle développe est moins pénétrante, sa saveur est aussi moins sucrée, et elle absorbe facilement l'humidité. Cette garance acquiert sa qualité colorante maximum au bout de un à deux ans ; mais elle s'altère plus facilement et plus tôt que celle de Hollande.

Les garances d'Alsace sont recherchées pour la teinture des draps rouges qui servent à l'habillement des troupes. Celles qu'on estime le plus proviennent de Lampertheim, Hürtigheim et Osthoffen, dans le rayon de Wasselonne. Celles qu'on récolte à Bischeviller, Haguenau et Reichoffen, sont plus menues, et leur épiderme est plus épais et plus foncé en couleur.

C. GARANCE DU COMTAT. — Les garances qu'on récolte dans le département de Vaucluse ont une odeur agréable et peu pénétrante. Leur saveur est légèrement sucrée, mais elles ont moins d'amertume que la garance de Hollande. En outre, elles absorbent plus difficilement l'humidité, et ont un aspect rosé, rouge clair ou rouge brun.

Les racines rouges, dites de *paluds*, proviennent de terres autrefois marécageuses et riches en matières organiques. Les racines rosées sont produites par les autres terrains.

Valeur commerciale des racines. — La valeur commerciale des racines sèches de garance varie suivant les années et les besoins des industries qui les emploient.

En 1802, elles se sont vendues à Avignon 300 fr. les 100 kilog.

En 1837, la *garance jaune* dite *de montagne*, qu'on récolte entre Carpentras et le mont Ventoux, valait 45 à 50 fr. les 100 kilog.; celle désignée sous le nom de *garance rouge* avait une valeur qui variait entre 62 fr. 50 et 75 fr. La *garance rosée* ne se vendait que 50 fr. à 62 fr. 50 c.

En général, le prix normal des garances rosées est de 50 à 55 fr. les 100 kilog.; celui des garances rouges ou des paluds, dont la couleur rouge est la plus belle, atteint 55 à 60 fr.

Les *garances d'Alsace* se vendent un cinquième plus cher que les belles racines du Comtat. Leur prix moyen est de 80 à 90 fr. les 100 kilog.

Quant aux *garances d'Auvergne*, elles se vendent 6 à 10 fr. de plus par 100 kilog. que les garances du Comtat et d'Alsace.

La valeur commerciale des *racines fraiches* est ordinairement le quart de la valeur des racines sèches.

Valeur des graines. — Les graines de garance se vendent, selon les années, de 1 à 3 fr. le kilog.

Valeur des tiges vertes. — Le prix des tiges vertes varie, dans le Vaucluse, entre 3 et 4 fr. les 100 kil.

Commerce des garances. — Les racines de garance sont presque toujours vendues entières par les cultivateurs.

Ceux-ci les emballent dans des toiles. On compte que l'emballage de 100 kilog. de racines occasionne une dépense de 3 fr. environ.

Les frais d'emballage et de transport sont toujours à la charge des producteurs.

Les *garances d'Alsace* sont expédiées à Mulhouse, à Rouen, en Suisse et en Allemagne. Les *garances du Comtat* alimentent les industries de Lyon, de Paris, etc. Enfin, les *garances d'Auvergne* sont livrées aux usines de Saint-Affrique, Castres, Lodève, etc.

Le commerce alsacien achète les racines vertes avec une réduction de 75 p. 100 dans le prix.

Moyen d'estimer la valeur tinctoriale des garances. — La plupart des producteurs de garance ignorent comment le commerce apprécie la valeur tinctoriale des racines. Il résulte de là que la plupart d'entre eux ne peuvent classer les racines qu'ils récoltent et déterminer leur valeur commerciale. Voici le procédé que suivent les négociants d'Avignon quand ils veulent juger la qualité colorante des racines qu'on leur offre à acheter.

A l'aide d'un appareil appelé *machine à rouleaux*, on imprime sur un morceau de coton préalablement blanchi, cinq mordants différents et suffisamment épaissis (voir la *planche ci-jointe*).

Le mordant qui produit la *couleur lilas* A, consiste en *acétate de fer faible*;

Le mordant qui donne la *couleur rouge* B, est de l'*acétate d'alumine*;

Le mordant qui fournit la *couleur grenat* C, est un *mélange faible d'acétate de fer et d'alumine*;

Le mordant qui produit la *couleur marron foncé* D, est un *mélange concentré d'acétate de fer et d'alumine*;

Le mordant qui donne la *couleur puce* E, est un mélange des *deux acétates* dans lequel *domine l'acétate de fer*.

Lorsque le mordançage est terminé, on laisse la toile exposée dans une étente pendant plusieurs jours pour oxyder les mordants, puis on la soumet à l'opération du *bousage*, et on la dégorge avec soin dans la machine à laver. On la sèche ensuite. Alors elle est préparée pour servir à l'essai qu'on veut faire.

On opère cet essai en teignant pendant deux heures dans un bain de garance, pour lequel on prend 5 ou 10 grammes de garance par chaque décimètre carré que présente la toile de coton et 75 centilitres d'eau.

Après la teinture, on lave, on avive au savon et au sel d'étain, puis on dégorge avec soin et on sèche.

C'est alors qu'on peut établir, en agissant comparativement avec différentes garances, leur véritable valeur tinctoriale, indiquée par la richesse et la vivacité des nuances obtenues. La planche précédente représente les couleurs que donnent les garances du Comtat de première qualité.

Le moyen qu'on met en pratique dans quelques fermes du Comtat, consiste à aciduler légèrement de l'eau avec de l'acide nitrique, à faire ensuite une décoction de garance, et à y tremper un écheveau de coton qui s'empare de la matière colorante. Alors on juge des propriétés de l'échantillon par la nuance de l'écheveau.

Réduction des racines en poudre. — Le commerce, après avoir acheté les racines de garance, les réduit en poudre dans des usines à moteurs hydrauliques, et munies de meules à *robbes* et de blutoirs.

La garance d'Alsace se *grappe* jusqu'au cœur; mais sa trituration est toujours plus grosse que celle des garances du Midi.

La poudre extra-fine du Comtat est fabriquée avec le cœur de la partie ligneuse des racines. Ainsi préparée, elle a une couleur plus vive, mais elle a moins de valeur tinctoriale.

La poudre de garance des paluds est rouge sombre et peu agréable à l'œil; celle de la garance rosée est rouge clair, tirant un peu sur le jaune.

La poudre moitié palus moitié rosée, est rouge corsé et brillant, et d'une vente facile.

La garance perd par sa trituration 3, 5, 7, 10, 15 et 20 p. 100 de son poids.

La trituration de 100 kilogrammes coûte de 10 à 12 fr.

Les poudres de garance gagnent en poids et en qualité avec le temps, si on les conserve dans un local sain.

Valeur des marques commerciales. — Les racines ne portent aucune marque. Il n'en est pas de même des poudres. Celles-ci sont désignées, suivant leur qualité, par une ou plusieurs lettres.

Autrefois, les garances du Comtat portaient les marques suivantes :

M. — Mulle.	SF. — Surfine.
FF. — Fine, fine.	SFF. — Surfine, fine.

De nos jours on leur a ajouté les lettres suivantes :

P. — Palus.	PP. — Palus pur.
R. — Rosé.	RPP. — Rouge palus pur.

Ces marques indiquent la finesse ou qualité des poudres, c'est-à-dire si elles contiennent : 1° de la terre ; 2° de l'épiderme et de la terre ; 3° toute la racine ; 4° de l'écorce seulement ; 5° du ligneux seul.

MF. — Mi-fine.	
FF. — Fine, fine.	EXT. F. —Extra fine.
SF. — Surfine.	EXT. SF. — Extra surfine.
SFF. — Surfine, fine.	
SFFF. — Surfine, fine, fine.	EXT. SFF. — Extra surfine, fine

Ainsi, une poudre rosée extra-fine sera désignée par la marque suivante : R E X T F.

J'observerai que la qualité des poudres ne répond pas toujours aux marques adoptées par le commerce. Nonobstant, à Avignon, chaque fabricant a sa marque particulière. C'est pourquoi on n'achète que *vue dessus*, c'est-à-dire après avoir étendu la poudre sur une feuille de papier blanc.

Les garances en poudre de l'Alsace portent les marques suivantes :

O. — Mulle.	SF. — Surfine.
MF. — Mi-fine.	SFF. — Surfine, fine.
FF. — Fine, fine.	

La poudre la plus employée est désignée par les lettres FF. On y fait très-peu de poudre S F F.

Emballage des poudres - Les garances en poudre du Comtat sont expédiées dans des fûts de bois blanc garnis intérieurement d'un carton très-épais. Ces tonneaux pèsent de 200 à 300 kilog.

Celles d'Alsace s'emballent dans des fûts de chêne du poids de 600 kil., dans des barriques pesant 300 kilog., et dans des barils contenant seulement 100 kilog.

La poudre est foulée avec force dans les tonneaux ou barils; toutefois, on agit de manière qu'il y existe assez d'air pour oxygéner le principe jaune et le changer en principe rouge.

Produits divers extraits des racines. — A. GARANCINE. — On donne le nom de *garancine* à une poudre brune que l'on obtient en traitant les racines de garance par un poids égal d'acide sulfurique, et ensuite par une forte pression à la vapeur. Ce produit charbonné, découvert en 1827 par Robiquet et Colin, est employé dans les fabriques d'indiennes; il a un pouvoir colorant trois à quatre fois plus sensible que les garances premier choix; mais les couleurs qu'il fournit sont un peu moins solides.

La garance ainsi traitée perd un tiers de son poids.

B. EXTRAIT DE GARANCINE. — MM. Poncet frères extraient de la garancine, par la volatilisation, des cristaux en aiguilles rougeâtres, et destinés à remplacer ce produit charbonné. On obtient avec ces cristaux des teintes d'une vivacité extraordinaire.

C. FLEUR DE GARANCINE. — On donne le nom de *fleur de garancine* aux racines qui ont été traitées par l'eau. 100 kilog. de racines donnent 50 kilog. de fleur de garance.

D. ALCOOL. — On extrait de l'alcool des racines de garance.

Les eaux que l'on emploie pour préparer la fleur de garance, servent aussi à la fabrication de ce produit.

Prix de revient. — La culture de la garance engage
un capital considérable; mais les produits nets qu'elle
donne sont parfois très-élevés.

Voici les faits qu'on a constatés :

	France.	Algérie.
	Leclere-Thouin.	Chirat.
Dépenses.	2,406 fr. 65 c.	1,677 fr. » c.
Recettes.	3,043 10	3,506 35
Bénéfice	636 45	1,829 35
— par an et par hectare. . .	212 »	699 78
Prix de revient des 100 kil.	60 16	33 54

M. Raynaud porte les dépenses dans le Vaucluse à
2,266 francs.

Schwertz évalue les dépenses de la culture en Alsace à
2,335 francs.

M. de Gasparin établit comme il suit le prix de revient
des 100 kilogrammes :

Terres légères.	52 fr. 38 c.
— argileuses.	73 44
— moyennes, arrachage à la charrue. .	30 78

En outre, il porte les dépenses pour les terres légères à
1,125 fr. 52 c., et celles des terres fortes, à 1,611 fr. 50 c.

OBSERVATION.

J'ai dit, page 227, que la garance de Smyrne n'avait
plus les qualités tinctoriales qui la distinguaient. il y a
bientôt un siècle. M. Vilmorin fils partage cette opinion et
depuis plusieurs années il se livre à une série d'études dans

le but de la régénérer. Les faits qu'il a déjà constatés, permettent d'espérer qu'il développera avec le temps les principes colorants que contiennent ses racines, tout en augmentant leur pouvoir tinctorial.

BIBLIOGRAPHIE.

Colbert. — Instruction sur la culture de la garance, 1671, in-4.
Duhamel — Mémoire sur la garance, in-4, 1756.
Lesbos de la Versane. — Traité de la garance, in-8, 1768.
Dambourney. — Instruction sur la culture de la garance, in-4, 1771.
Althen. — Journal de physique, 1772, in-4, t. II, p. 152.
Rozier — Cours d'agriculture, 1784, in-4, t. V, p. 234.
De Gasparin. — Mémoire sur la culture de la garance, 1824, in-8.
I. O. — Traité sur la culture de la garance, 1827, in-8.
Verplanker. — Description de la culture de la garance, 1835, in-8.
Decaisne. — Recherches physiologiques sur la garance, in-8, 1837.
Raynaud. — Moniteur de la propriété, 1838, gr. in-8, t. III, p. 721.
Bastet. — Essai sur la culture de la garance du Vaucluse, 1839, in-8.
Leclerc-Thouin — Journal d'agric. prat., 1839, 1re série, t. II, p. 289.
Schwertz. — Assolements de l'Alsace, 1839, in-8, p. 295.
Thouin. — Voyage dans la Belgique, etc., 1841, in-8, t. I, p. 134.
Schlumberger. — Bulletin de la société de Mulhouse, t. VII, p. 99.
Laur. — Guide pour la culture des garances, 1842, in-8.
Schwertz. — Plantes économiques, 1847, in-8, p. 185.
Chambaud. — Journal d'agric. prat., 3e série, 1852, t. IV, p. 136.
Gerber et **Dolfus.** — Mémoire sur la garance, 1853, in-8.

SECTION II.

Carthame.

(De l'arabe *kartam*, qui signifie teinture.)

CARTHAMUS TINCTORIUS, L.

Plante dicotylédone de la famille des Composées.

Anglais. — Bastard saffron.	*Suédois.* — Saffler.
Allemand. — Garten safran.	*Italien.* — Cartamo.
Hollandais. — Wilde saffraan.	*Espagnol.* — Azafram romí.

Historique. — Climat. — Mode de végétation. — Composition. — Terrain : nature, préparation, fertilité. — Semis : époque, exécution. — Soins d'entretien : premier binage, éclaircissage, garnissage des places vides, deuxième binage, buttage. — Récolte des fleurs : époque, mode d'opération, dessiccation et conservation des fleurons. — Caractères du carthame d'Espagne, de l'Egypte et de l'Inde. — Récolte des graines. — Poids de l'hectolitre. — Produits par hectare. — Valeur commerciale du carthame et des graines. — Usages des fleurs, des graines, des feuilles et des tiges. — Bibliographie.

Historique. — Le carthame, que l'on a appelé *safran bâtard, safran d'Allemagne* et *safranum*, est connu depuis 1551 ; il est originaire de l'Égypte. On le cultive en Orient, dans les Indes, en Perse, en Espagne, en Allemagne et dans quelques parties de la Provence. Depuis 1845, il se répand d'année en année en Algérie.

La France, en 1855, a importé 284,941 kilog. de carthame ayant une valeur de 512,894 fr.

Climat. — Cette plante tinctoriale convient au climat méridional de la France. Dans les environs de Paris, elle y accomplit très-bien toutes ses phases d'existence ; mais ses fleurs, à cause de l'humidité de l'atmosphère pendant le mois de septembre, sont moins riches en matière colorante que celles qu'on récolte dans le Midi.

Mode de végétation. — Le carthame est annuel; sa tige est droite, lisse, un peu blanchâtre, rameuse à son sommet, et haute de $0^m,50$ à $0^m,80$; ses feuilles caulinaires sont alternes, sessiles, ovales, coriaces et bordées de dents épineuses. Ses fleurs capitules sont terminales, ovoïdes, comprimées, et composées de fleurons à cinq divisions et d'un beau jaune rouge rappelant la couleur du safran. Ses graines sont oblongues, quadrangulaires, luisantes, blanches et aussi grosses que les graines du soleil; elles contiennent une amande oléagineuse d'une saveur d'abord douce, et ensuite âcre.

Cette plante fleurit quelque temps après la maturité du blé.

Composition. — Les fleurs de carthame contiennent deux principes colorants : 1° une *matière jaune*, gommeuse, soluble dans l'eau et ne contenant pas de carbonate de chaux ; 2° une *matière rouge*, résineuse, qui se dissout dans les alcalis et qu'on précipite avec l'acide citrique. Cette dernière substance est la seule dont on fait usage. On la nomme *carthamine*.

M. Dufour a constaté que les fleurs de carthame contenaient :

Ligneux.	49,60
Extrait .	30,60
Albumine .	5,50
Cire .	0,90
Carthamine.	0,50
Résine .	0,30
Matières terreuses.	1,90
Débris de la plante .	3,40
Eau .	6,20
Perte.	1,10
	100,00

Carthame des teinturiers

Le safran d'Espagne est moins riche en carthamine que le safran d'Orient.

Terrain. — A. Nature. — Le carthame doit être cultivé sur une terre légère, profonde et exposée au midi, soit silico-argileuse, soit calcaire-siliceuse ou calcaire-argileuse. Le carbonate de chaux paraît exercer une grande influence sur le principe colorant que contiennent les fleurs. Les sols humides ne lui conviennent pas.

B. Préparation. — Les terres qu'on consacre à l'existence de cette plante doivent être parfaitement préparées, c'est-à-dire très-bien ameublies et nettoyées. Il faut, en outre, qu'elles aient été labourées un peu profondément, parce que la racine du carthame est fusiforme, pivotante.

C. Fertilité. — Le carthame ne demande pas des terres riches et abondamment fumées, mais il réussit mal lorsqu'on le cultive sur des terres peu fertiles. Il s'élève beaucoup quand on le cultive sur des sols très-riches; alors ses fleurs sont moins nombreuses, moins colorées et moins riches en carthamine.

Semis. — A. Époque. — Les semis se font en mars, en avril ou en mai, lorsque la température moyenne a atteint $+ 12$ à $15°$, c'est-à-dire quand on n'a plus à redouter de gelées.

En Égypte, on sème en mars; dans le midi de la France, en avril, et en Allemagne, dans les premiers jours de mai.

La graine est sujette à pourrir, si on la confie trop tôt à la terre.

B. Exécution. — On les pratique en lignes espacées les unes des autres de 0^m,50 à 0^m,65. La graine se répand à la main ou au moyen d'un semoir à bras ou à brouette. Les semences doivent être placées dans les rayons à une distance de 0^m,15 à 0^m,20 les unes des autres.

On enterre les graines avec la herse ou le râteau.

Soins d'entretien. — A. Premier binage. — Un mois environ après le semis, alors qu'on peut aisément distinguer les jeunes carthames, on exécute un binage à bras.

B. Éclaircissage. — Quand les plantes ont environ $0^m,10$ de hauteur, on les éclaircit, c'est-à-dire on arrache les pieds les plus faibles pour que les plantes soient espacées de $0^m,30$ à $0^m,40$.

C. Garnissage des places vides. — On utilise les plantes qu'on arrache pendant l'éclaircissage pour regarnir les places vides. Le carthame transplanté reprend très-aisément, si on a le soin de l'arracher avec une motte de terre, ou si on évite de laisser ses racines se dessécher à l'air.

D. Deuxième binage. — Un mois environ après qu'on a éclairci, on pratique un nouveau binage. Cette opération a encore pour but la destruction des mauvaises herbes et l'ameublissement de la couche arable.

E. Buttage. — On complète les soins d'entretien qu'exige le carthame, en le buttant. Cette opération a l'avantage de donner plus de fixité aux plantes et de leur procurer plus de fraîcheur pendant les mois de juillet et août.

Récolte des fleurs. — A. Époque. — La cueille des fleurs a lieu pendant les mois de juin et juillet, juillet et août, ou août et septembre, suivant la latitude sous laquelle le carthame est cultivé.

En général, elle dure deux mois.

Cette récolte se fait chaque jour, le matin et après la rosée, afin qu'on puisse enlever toutes les fleurs avant qu'elles commencent à se faner. La matière colorante que fournissent les fleurs trop épanouies ou que les pluies ont noircies, est moins abondante et de moins belle qualité que celle qu'on extrait des fleurs bien développées et qui n'ont pas perdu leur éclat.

B. Mode d'opération. — La récolte des fleurs se fait de deux manières :

1° On se borne à arracher les fleurons en pinçant ceux-ci entre les doigts.

En agissant ainsi, les capitules floraux produisent souvent de très-bonnes graines. Ce procédé est celui qu'on suit en Allemagne.

2° On coupe les capitules avec des ciseaux ou un instrument tranchant, on les dépose dans un panier qui sert à les rapporter à la ferme.

Ce procédé a l'avantage de provoquer l'épanouissement des boutons qui ne sont pas encore ouverts, mais il est peu pratiqué.

La cueillette des fleurs de carthame est longue et minutieuse ; elle doit être faite de préférence par des femmes ou des enfants.

C. Dessiccation des fleurons. — Lorsque la récolte journalière des fleurons est terminée, et que ceux-ci ont été rapportés à la ferme, on procède à leur épluchage, opération qui consiste à enlever les débris de calice ou de réceptacle.

Quand ce nettoyage a été fait on procède à la dessiccation des fleurs. On pratique ce séchage en étendant les fleurons sur des tablettes, des claies ou des nattes dans une chambre aérée et à l'abri du soleil, car les rayons lumineux altèrent facilement la carthamine. On a soin de remuer de temps à autre, afin que la dessiccation se fasse le plus promptement possible.

D. Conservation des fleurons. — Quand les fleurons sont secs, on les renferme dans des caisses ou dans des sacs qu'on conserve dans un endroit très-sec. L'humidité détruit leur couleur jaune rouge et les colore en brun ou noirâtre.

Caractères du carthame. — Le *carthame d'Espagne* est d'un beau rouge et très-riche en couleur. On y trouve souvent des fleurs noires.

Le *carthame d'Egypte* a une couleur rouge foncé et une odeur forte; il est formé de filaments courts, grêles et frisés. Sa qualité tient plus au mode de préparation qu'au climat de l'Egypte.

Le *carthame de l'Inde* est d'un rouge rosé; il contient souvent du sable.

Le carthame qui a une couleur terne a été mal desséché; il contient peu de matière colorante.

Récolte des graines. — Lorsque les graines sont bien formées, on laisse les plantes sécher sur pied pendant une semaine. Quand les tiges sont sèches, on les arrache et on les bat au fléau pour détacher les graines que contiennent les capitules.

Poids de l'hectolitre. — Un hectolitre de graines pèse de 48 à 50 kilog.

Produits par hectare. — Un hectare bien cultivé et récolté produit de 200 à 300 kilog. de fleurs desséchées et 800 à 1,200 kilog. de graines.

Valeur commercia'e du carthame. — Le carthame de l'Inde se vend de 250 à 350 fr. les 100 kilog., celui d'Egypte de 200 à 300 fr. et celui d'Espagne de 150 à 200 fr.

Valeur commerciale des graines. — Les semences, à cause de leur propriété oléagineuse, valent de 25 à 30 fr. les 100 kilog., soit 12 à 15 fr. l'hectolitre.

Usages des fleurs. — Les fleurs du carthame servent à teindre les étoffes de soie et de coton en couleurs rose.

cerise et ponceau, mais les teintes qu'elles permettent de produire sont peu solides. En Angleterre et en Espagne, elles servent aussi à colorer les potages, etc.

Enfin, on emploie ces fleurs : pour préparer le *fard* ou le *rouge de toilette* dont les femmes font un si grand usage,

> Pour réparer des ans l'irréparable outrage ,

pour fabriquer le beau rouge que les peintres ont nommé *rouge végétal, laque de carthame* ou *vermillon d'Espagne*, et pour frauder le safran (*Voir* p. 154).

Le fard se fabrique en mêlant de la carthamine au talc réduit en poudre très-fine.

Emploi des graines. — Le péricarpe des graines de carthame contient un principe âcre et purgatif; nonobstant, ces semences sont nutritives pour les volailles et surtout les perroquets.

En Egypte et en Abyssinie, on extrait des amandes une huile douce et comestible. 100 kilog. en fournissent de 25 à 27 kilog.

Usage des feuilles. — Les Egyptiens dessèchent les feuilles de cette plante, les réduisent en poudre et emploient celle-ci pour coaguler le lait avec lequel ils fabriquent des fromages.

Emploi des tiges. — Les tiges du carthame peuvent servir au chauffage.

BIBLIOGRAPHIE.

Bertholet. — Mémoires de l'Institut du Caire, 1799, in-4.
Laure. — Manuel du cultivateur provençal, 1827, in-8, t. 1, p. 312.
De Gasparin. — Cours d'agriculture, 1848, in-8, t. IV, p. 217.

SECTION III.

Cactus à Cochenilles.

(De Opuntus, ville de la Phocide ou la Locride, où les opuntia sont abondants.)

CACTUS OU OPUNTIA.

Plante monotycolédone de la famille des Cactées.

Historique. — Caractères de la cochenille. — Mœurs. — Cactus sur lesquels elle vit. — Plantation d'une nopalerie : choix et préparation du terrain, mode de multiplication des nopals, mise en place des raquettes. — Multiplication de la cochenille. — Récolte. — Manière d'étouffer la cochenille : dessiccation naturelle, dessiccation artificielle. — Quantité qu'un homme récolte par jour. — Déchet que subissent les cochenilles par la dessiccation. — Produits par hectare. — Variétés commerciales : cochenille noire, cochenille grise ou argentée, cochenille rougeâtre. — Valeur commerciale. — Mode d'emballage. — Usages de la cochenille. — Bibliographie.

Historique. — La culture du cactus à cochenilles (1) ou *nopal* est connue au Mexique, depuis une haute antiquité. L'histoire fait connaître qu'elle y était pratiquée du temps des rois aztèques. Toutefois, la conquête de cette contrée par Fernand Cortez, nuisit à cette culture. Ainsi les Espagnols ruinèrent les nopaleries de la péninsule de Yucatan, afin de favoriser celles qui existaient à Oaxaca et à Guaxaca.

(1) On a cru pendant longtemps que la cochenille était une graine et non un insecte. C'est d'Acosta qui a démontré le premier, en 1530, que la cochenille appartenait au règne animal.

Un jour, ils eurent l'idée de monopoliser à leur profit la
production de la cochenille et ils en défendirent l'exportation; mais un Français, Thierry de Menouville, se préoccu-
pant peu, il y a bientôt un siècle, des peines sévères pro-
noncées contre les exportateurs, parvint à transporter à
Saint-Domingue des nopals chargés d'insectes.

Lorsque les Espagnols perdirent toutes leurs possessions
d'Amérique, à l'exception de Cuba, ils introduisirent la
culture du nopal dans les environs de Murcie et de Malaga.
En 1827, on l'expérimenta avec succès aux îles Canaries, et
en 1831, M. Simounet fit venir des nopals de l'Andalousie,
et les propagea très-heureusement aux environs d'Alger.

Il y a vingt ans environ que les Hollandais ont naturalisé
la cochenille à l'île de Java.

D'après les faits constatés dans ces dernières années, on
peut dire désormais que la culture du nopal et l'éducation
de la cochenille prospéreront en Algérie et y donneront des
résultats aussi satisfaisants que ceux qu'on obtient aujour-
d'hui aux îles Canaries En 1854, on comptait dans une
seule province de cette colonie 14 nopaleries contenant
61,500 plants.

En 1834, la cochenille exportée des Canaries, ne dépassa
pas 941 kilog.; mais en 1850, elle atteignit 250,000 kilog. Ce
succès permet de concevoir de grandes espérances de son
introduction en Afrique

La France en a importé, en 1855, 413,884 kilog. ayant
une valeur de 4,138,840 fr.

Caractères de la cochenille. — La cochenille qu'on
multiplie dans les nopaleries, est connue sous les noms de
cochenille fine, cochenille du cactus ou *cochenille du nopal.*
Les entomologistes l'ont appelé coccus cacti, L.

Elle appartient à la famille des gallinsectes de l'ordre

des hémiptères. Son corps est globuleux, mou et épais; ses tarses sont d'un seul article. Sa longueur ne dépasse pas 0^m,002.

Le *mâle* est plus petit que la femelle. C'est vers le commencement du printemps qu'il devient insecte parfait; alors il a une forme allongée, et porte des ailes finement veinées. Il est rouge foncé et son corps se termine par deux grandes soies.

Les mâles n'ont pas de bouche, ils ne vivent que le temps nécessaire à la fécondation des femelles. Ce fait explique pourquoi on en trouve rarement à l'époque à laquelle on récolte les cochenilles.

Les *femelles*, beaucoup plus nombreuses que les mâles, ont une sorte de trompe au moyen de laquelle elles percent l'épiderme des nopals pour y puiser les aliments dont elles ont besoin. Elles deviennent insectes parfaits après être restées quelque temps immobiles dans un petit nid composé d'un duvet cotonneux. Leur corps est brun foncé et couvert d'une poussière blanche.

Les femelles qu'on écrase répandent un beau suc pourpré.

Mœurs. — La femelle après avoir été fécondée, pond ses œufs deux mois environ après sa naissance et meurt quelque temps après. Chaque femelle donne naissance à cinq ou six générations par an.

La cochenille ne se déplace pas. A peine est-elle née qu'elle enferme son bec dans le nopal pour ne plus l'en retirer.

Cactus sur lesquels vit la cochenille. — La cochenille fine vit sur plusieurs *cactus* appelés *nopals* par les Mexicains.

L'espèce la plus répandue et regardée comme la plus favorable est le *cactus à cochenille* (CACTUS COCCINILLIFERA, L., ou **OPUNTIA COCCINILLIFERA**, Mill.). Ce nopal a une tige

Fig. 22. — Cactus tuna

dressée, des rameaux épais, ovales, oblongs, longs de 0^m,15 à 0^m,20, et larges de 0^m,10 à 0^m,12, et presque complétement dépourvus d'aiguillons. Ses fleurs sont rouges et ont 0^m,40 de largeur.

Après ce nopal, vient le *cactus fausse figure* (CACTUS COCCINILLIFERA, DC., ou CACTUS TUNA, L.). Cette espèce a des rameaux très-grands, garnis à leur sommet de poils raides et à leur base d'aiguillons plus résistants. Ses fleurs sont rouge terne et ont 0^m,08 de diamètre.

Aux îles Canaries, on cultive un nopal à fleurs jaune orangé et à fruits vert blanchâtre que les habitants appellent *funera* et qui paraît être le *cactus figue d'Inde* (CACTUS VULGARIS, Ten., ou CACTUS FICUS INDICA, L.).

Enfin, on a introduit à Ténériffe, depuis environ dix années, le *cactus en chapelet* (CACTUS MONILIFORMIS, L.) à fleurs et à fruits rouges. Cette espèce a une tige globuleuse garnie de rameaux diffus et ornés d'aiguillons divergents.

En général, les nopals à épiderme tendue, à feuilles très-charnues et le moins garnies d'épines sont ceux qui conviennent le mieux à la cochenille.

On désigne les feuilles sous le nom de *raquettes*.

Création d'une nopalerie. — A. CHOIX DU TERRAIN. — Les nopals doivent être plantés dans les terres perméables et sèches, c'est-à-dire sur les terrains silico-argileux ou argilo-siliceux, caillouteux ou non, mais de moyenne fertilité. Ces plantes végètent mal sur les sols compacts et humides parce qu'elles redoutent les eaux stagnantes; elles réussissent aussi difficilement sur les sols pauvres.

C'est principalement dans les vallons, les gorges des montagnes, à la base des coteaux ou dans les plaines abritées par des élévations qu'on établit les nopaleries.

Les terrains découverts ne conviennent pas pour cette

culture, parce que les vents violents y brisent les nopals, enlèvent les jeunes cochenilles des raquettes ou nuisent au développement des unes et des autres en les desséchant.

Les terres très-déclives doivent être garanties de l'action érosive des eaux par des murs de soutènement qui les disposent en terrasses placées les unes au-dessus des autres.

B. Préparation du sol. — Le terrain qu'on destine à une nopalerie doit être bien préparé. On le laboure avec une charrue ou avec la bêche jusqu'à $0^m,20$ et même $0^m,30$ de profondeur.

Quand la couche arable a été bien ameublie et débarrassée des arbustes et des plantes indigènes qui croissaient à sa surface, on la dispose en planches que l'on sépare par des allées ou des sentiers si la plantation des nopals doit être faite en plein. On doit, lorsque la terre est argileuse et à sous-sol imperméable, séparer les planches par de petits fossés d'assainissement et établir les allées sur la partie médiane de chaque planche.

Lorsqu'on plante les cactus en lignes éloignées les unes des autres de 2 mètres, on se dispense de créer des allées.

C. Mode de multiplication des nopals. — Tous les cactus se multiplient de boutures.

On obtient ces boutures en détachant des nopals bien développés et âgés de trois à quatre ans, les raquettes qu'ils ont produites. On a constaté par l'expérience qu'il fallait non pas arracher les raquettes mais les couper à leur point d'insertion sur la plante mère. Il faut être très-expérimenté pour disloquer les raquettes à leurs articulations sans les endommager ou altérer le pied qui les fournit.

On peut diviser les raquettes en deux parties, mais les

nopals que l'on multiplie à l'aide de telles boutures ne sont jamais remarquables par leur développement.

Au fur et à mesure qu'on détache les raquettes, on les pose à plat sur la terre, où elles restent pendant quatre à cinq jours. On agit ainsi par nécessité, c'est-à-dire pour que la partie coupée ou détachée puisse se cicatriser. Les raquettes qu'on abandonne ainsi à elles-mêmes doivent être retournées chaque jour, afin qu'elles ne soient courbées à l'époque de leur plantation.

D. Mise en place des raquettes. — 1° *Époque.* — On doit exécuter la plantation des boutures en automne ou au printemps. On a reconnu que l'automne est la meilleure époque. A ce moment de l'année les raquettes développent plus aisément leurs racines et, au printemps suivant, elles poussent avec plus de vigueur que si leur mise en place avait eu lieu en mars ou avril.

2° *Mode d'opération.* — La plantation des boutures est simple et facile. Il suffit de les enterrer verticalement et la cicatrice en bas, jusqu'à la moitié de leur longueur.

Les raquettes que l'on plante trop profondément sont sujettes à pourrir ou à végéter très-lentement pendant la première année.

Cette plantation doit être faite de manière que les surfaces des raquettes soient parallèles à la direction des lignes ou sillons.

Enfin, il est nécessaire que les lignes soient perpendiculaires à la direction des vents pluvieux, afin qu'une seule des faces des raquettes reçoive l'action des pluies.

Soins d'entretien qu'exigent les nopaleries. — A. Engrais. — On a proposé d'exciter le développement des nopals en appliquant de temps à autre des engrais, soit du fumier, soit du sang desséché. L'expérience, jusqu'à ce jour, n'a pas prouvé l'utilité de leur emploi. Au Mexique, on ne fume jamais les nopaleries.

B. Binages. — On doit exécuter des binages. Ceux-ci sont plus ou moins nombreux, suivant l'aptitude que la terre possède à la production des plantes indigènes. Une nopalerie bien entretenue est toujours plus productive, parce qu'elle ne favorise pas l'existence des ennemis de la cochenille.

Nonobstant, les ouvriers qui exécutent les binages doivent éviter d'endommager les racines des nopals, ou de blesser ces derniers avec les outils qu'ils emploient.

C. Arrosement. — Les nopals qu'on cultive dans les vallons ou dans les plaines, où la terre conserve une fraîcheur convenable pendant les fortes chaleurs de l'été, n'ont pas besoin d'être arrosés. Il n'en est pas de même des nopaleries établies sur les terres siliceuses et sèches ; on doit les irriguer lorsque les raquettes commencent à se flétrir, c'est-à-dire quand elles deviennent flasques et pendantes. Ces arrosements n'ont pas besoin d'être copieux : une grande humidité ferait pourrir les pieds des nopals.

D. Suppression des boutons a fruits. — Les nopals produisent des fruits qui nuisent à leur développement. C'est pour ce motif qu'il est utile de les supprimer tous les ans à mesure qu'ils apparaissent.

Les boutons du *cactus* ou *opuntia vulgaris* sont jaunâtres ; ceux du *cactus tuna* présentent une teinte rouge.

E. Taille des nopals. — Tous les ans, après la récolte des cochenilles, on supprime toutes les raquettes que ces insectes ont épuisées. Ces feuilles se distinguent des autres par les rides et la couleur jaunâtre que présentent leurs surfaces. Cette suppression a l'avantage de faire naître de nouvelles raquettes.

Durée d'existence d'une nopalerie. — Une nopalerie bien établie et bien conduite peut durer de 6 à 8 années.

A 2 ans, les nopals ont ordinairement de 1^m à $1^m,65$, hauteur qu'on ne dépasse pas, parce que la récolte de la cochenille ne s'effectuerait plus aussi facilement.

Altérations des nopals. — Les nopals sont sujets à deux altérations : 1° la pourriture ou gangrène ; 2° la gomme.

On arrête le développement de ces maladies en enlevant complétement avec un couteau la partie altérée. Alors la plaie se cicatrise et le nopal continue à végéter.

Animaux et insectes nuisibles. — Les nopals sont quelquefois attaqués pendant l'hiver par les rats et les lézards ; mais ces animaux ne causent jamais de dégâts aussi grands que ceux que font naître de petites chenilles jaunes et transparentes. Ces insectes couvrent les jeunes bourgeons d'une toile qui les dérobe à la vue, et qui leur permet de pénétrer dans la raquette, où ils vivent aux dépens de la substance charnue qui la constitue. C'est le soir et le matin qu'on doit les chercher pour les détruire.

Enfin, les nopals sont aussi attaqués par des insectes de l'espèce kermès. Ces petits insectes les épuisent ; et comme ils couvrent parfois entièrement les raquettes, il en résulte que les cochenilles qui y sont fixées ne peuvent y vivre. Deux mois suffisent pour qu'un nopal en soit couvert depuis la base jusqu'au sommet. On les détruit ou on met un terme à leur propagation, en lavant les nopals qu'ils ont attaqués avec une éponge et de l'eau.

Multiplication de la cochenille. — On propage la cochenille dans une nopalerie de dix-huit mois, en dis-

persant sur les cactus un certain nombre de cochenilles
mères. Cette sorte d'ensemencement se fait le matin, avant
le lever du soleil. On l'exécute de deux manières :

1° On réunit quelques femelles dans un petit cocon cylindrique fait avec du coton ou de la filasse et l'on suspend ce
nid sur l'une des faces d'une raquette de nopal au moyen
d'une épine. Quand le cactus est vigoureux, on attache
un cocon sur chaque face de ses feuilles. Ces nids doivent
être à claire voie, afin que les jeunes cochenilles puissent
passer à travers aussitôt après leur naissance. C'est pourquoi il est préférable de remplacer la filasse ou le coton
par un morceau de canevas à mailles moyennes.

2° On renferme des cochenilles dans une boîte non fer-
mée et on les couvre avec de petits morceaux d'étoffe
douce et très-souple. Dans l'après-midi, on enlève ces chiffons qui sont alors couverts d'un très-grand nombre de
cochenilles d'une extrême petitesse, et on les porte dans
la nopalerie pour en fixer un sur chaque côté des raquettes
au moyen d'épines de nopals. Ces chiffons une fois enle-
vés de dessus les cochenilles doivent être remplacés par
d'autres afin qu'on puisse le soir, continuer l'ensemencement des nopals.

Cette opération dure ordinairement de quatre à six
jours. Lorsqu'elle est terminée, on étouffe les cochenilles
que contiennent les boîtes, on les sèche et on les réunit à
celles que l'on a précédemment récoltées.

Si les cochenilles déposées dans les boîtes ne donnaient
pas de couvain, on devrait les remplacer par d'autres plus
avancées.

On doit avoir la précaution de placer les cocons ou les
chiffons de manière que le soleil levant puisse réchauffer
de bonne heure les jeunes cochenilles.

Il faut éviter d'opérer quand l'air est agité, afin que les larves ne soient pas emportées par le vent et lorsque le temps est brumeux ou pluvieux.

Au bout de huit à dix jours les cochenilles sont fixées sur l'épiderme des nopals à l'aide de leur suçoir ; un mois après, un certain nombre d'insectes s'enveloppent dans un petit cocon cylindrique formé de duvet blanc pour se métamorphoser en insectes parfaits. Ces cochenilles, qui ne sont autres que les mâles, fécondent aussitôt les femelles et meurent ensuite.

Lorsque les femelles ont atteint en été soixante-quinze à quatre-vingt-dix jours et en hiver cent à cent vingt, elles sont alors de la grosseur d'une tique de moyenne grosseur. Alors, on peut les enlever de dessus les cactus pour les utiliser pour ensemencer une nouvelle nopalerie, parce qu'elles sont prêtes à pondre.

Les femelles meurent après leur ponte.

Récolte de la cochenille. — Lorsque la nopalerie est nouvelle et lorsqu'elle doit continuer à exister, on attend pour opérer la récolte qu'un certain nombre de femelles ait déjà pondu.

Aussitôt qu'on a la certitude que les nopals ont été de nouveau ensemencés, on procède à la récolte des cochenilles en les enlevant de dessus les raquettes à l'aide du bec d'une cuiller à demi-couverte près de sa queue, ou d'une petite cassolette ronde ou triangulaire.

Cette opération se fait le matin et en deux fois : d'abord, on détache les cochenilles qui ont une couleur foncée et la partie postérieure du corps déprimée et ridée ; ensuite, quelques jours après, on renouvelle l'opération pour recueillir les cochenilles qui sont arrivées au dernier terme de leur développement.

Cette récolte doit être faite par des hommes ou des enfants. Les femmes, à cause de leurs vêtements qui font tomber les cochenilles sur le sol, ne doivent être employées que quand la nécessité l'exige.

Manière d'étouffer les cochenilles. — Les cochenilles doivent être étouffées aussitôt qu'elles ont été récoltées. Cette opération a pour but de s'opposer à la ponte des femelles. On la pratiquait autrefois à l'aide de l'eau bouillante ; voici comment on l'exécute de nos jours :

1° *Dessiccation naturelle* — On construit des boîtes vitrées ayant 1 mètre de longueur, 0^m,75 de largeur et 0^m,10 de hauteur ; on y met 15 kilog. environ de cochenilles fraîches, on les ferme hermétiquement et on les expose à mi-soleil. Alors, les insectes périssent par asphyxie, diminuent de volume et deviennent secs. On doit avoir soin de ne pas laisser les boîtes exposées la nuit à l'action du serein et de la rosée, et de remuer de temps à autre les cochenilles pour que leur dessiccation soit plus complète et plus parfaite.

A défaut de caisses vitrées on peut se servir de bocaux en verre bien bouchés et pouvant contenir de 3 à 4 kilog. d'insectes.

2° *Dessiccation artificielle.* — Cette dessiccation se fait dans un four après la cuisson du pain ou dans une étuve chauffée de 35 à 40° centigrades. Dans le premier cas, les cochenilles restent exposées à l'action de la chaleur pendant deux heures pour être ensuite placées dans les boîtes vitrées exposées à mi-soleil. Dans le second, on les retire de l'étuve au bout de quarante-huit heures.

Quantité qu'un homme récolte par jour. — Un homme, en une journée, récolte environ 10 kilog. de cochenilles.

On compte qu'il faut dix-huit ouvriers pour récolter dans une matinée, c'est-à-dire depuis la pointe du jour jusqu'à neuf ou dix heures du matin, les cochenilles d'une nopalerie d'un hectare.

Déchet que subissent les cochenilles par la dessiccation. — 1 kilog. de cochenilles fraîches se réduit par la dessiccation à 900 grammes environ.

Produit par hectare. — Un hectare bien garni de nopals fournit de 300 à 400 kilog. de cochenilles.

Variétés commerciales. — Le commerce distingue trois sortes de cochenilles :

1° La *cochenille noire* qui est d'un brun noirâtre et luisant. C'est la plus estimée à Londres. On la nomme cochenille *zuccatille* ou *zaccatilla*; elle vient du Mexique.

On l'obtient en récoltant les cochenilles qui ont pondu ou en débarrassant, à l'aide d'un sac dans lequel on les a agitées, la poussière cotonneuse qui couvre celles qui ont été récoltées avant la ponte.

2° La *cochenille grise* ou *argentée* est couverte d'une poussière blanche et argentée; elle vient de la Vera-Cruz, et est estimée à Marseille et à Cadix, quoiqu'elle soit inférieure à la précédente. Quelquefois, on la rend plus argentée en la couvrant de talc de Venise ou de blanc de céruse.

3° La *cochenille rougeâtre*. Cette sorte est peu estimée.

Valeur commerciale. — Le prix de la cochenille est plus ou moins élevé selon sa provenance et sa qualité; en outre, il est très-variable. Voici les prix moyens auxquels elle est vendue :

La cochenille noire vaut. . . . 10 à 13 fr. le kilog.
   —   argentée. . . . . 8 à 10 —
   —   rouge. . . . . . 6 à 8 —

Mode d'emballage. — On emballe la cochenille dans

des sacs recouverts de joncs ou de peau. Ces sacs pèsent ordinairement de 75 à 80 kilog.

Usages de la cochenille. — La cochenille est employée pour préparer le *carmin* et la laque carminée, pour colorer les liqueurs, les sucreries ; elle sert aussi dans la teinture des soieries.

Prix de revient. — On évalue en Algérie, les dépenses qu'occasionnent la culture du nopal et la multiplication de la cochenille, de 2,500 à 3,000 fr. par hectare et par an. En supposant un produit de 300 kil. de cochenille ayant une valeur de 3,600 fr., il resterait pour bénéfice de 900 à 1,100 fr. et la cochenille revient de 8 fr. 50 à 10 fr. le kil.

Le Gouvernement achète la cochenille produite en Algérie, dans le but d'encourager sa culture ; il la paie 15 fr. le kil. Cette cochenille a été classée entre la cochenille zuccatille et celle des Canaries.

BIBLIOGRAPHIE.

Thierry de Menonville. — Traité de la culture du nopal, 1787, in-8, 2 vol.

Bertholet. — Annales agronomiques, 1851, in-8, p. 422.

Guérin-Menneville. — Cult. de la cochenille en Algérie, 1850, in-8.

SECTION IV.

Plantes tinctoriales rouges non encore cultivées.

A. **Alkana des teinturiers** (ALKANA TINCTORIA, Tau. ANCHUSA TINCTORIA, Desf.).

Cette plante est vivace et appartient à la famille des borraginées. Sa racine, connue sous le nom d'*orcanette*, est grosse comme le petit doigt, rameuse, ridée et rouge foncé; le principe colorant que contient son écorce est soluble dans les corps gras.

Elle est indigène dans la Provence, le Languedoc, etc.

L'orcanette est employée par les pharmaciens et les confiseurs.

B. **Lawsonie à fleurs blanches** (LAWSONIA INERMIS, L.).

Cet arbrisseau appartient à la famille des lythrariées; il est originaire des Indes orientales, et a été importé en Europe en 1752. Il est commun dans le royaume de Tunis.

Ses feuilles, après avoir été desséchées et réduites en poudre, constituent le *henné*, que les femmes de l'Afrique, de la Turquie, de l'Egypte, etc., emploient pour se teindre les ongles, et même quelquefois les doigts et les pieds, en rouge orangé. On s'en sert aussi en Afrique et en Asie pour colorer les cheveux, les crins, les fourrures et les cuirs.

Lorsqu'on veut employer le henné, on le délaie dans l'eau, et on l'applique pendant six heures environ sur les parties qu'on veut colorer, sous forme de cataplasme.

SECTION V.

Plantes tinctoriales rouges non encore acceptées

Caille-lait à fleurs blanches (GALLIUM MOLLUGO, L.). Cette rubiacée est vivace et indigène. Le principe tinctorial rouge qu'elle fournit réside dans ses racines.

Vipérine du Portugal (ECHIUM LUSITANICUM, L.; ECHIUM VULGARE, B.). Cette borraginée est aussi vivace. Ses racines renferment une couleur pourpre très-belle que les femmes du Don emploient pour rehausser l'éclat de leur teint. Cette plante est connue en Europe depuis 1731.

Aspérule tinctoriale (ASPERULA TINCTORIA, L.). Cette plante est indigène et appartient à la famille des rubiacées. On l'emploie en Russie, sur les bords de l'Okka, pour teindre les laines en rouge.

Pégane harmale (PEGANUM HARMALE, L.). Cette plante est vivace et a été rangée dans la famille des rutacées. Elle a été introduite de Lycie en Europe en 1570. Ses graines renferment une matière colorante rouge.

Phytolaque commune (PHYTOLACCA DECANDRA, L.). Cette plante est vivace et originaire de la Virginie, et commune en Europe depuis 1615 ; elle appartient à la famille des phytolacées. On la désigne souvent sous le nom de *raisin d'Amérique*. Ses fruits contiennent un suc rouge.

CHAPITRE IV.

PLANTES A PRINCIPE TINCTORIAL NOIR.

SECTION UNIQUE.

Sumac des corroyeurs.

De ῥοῦς, qui dérive du celtique *rhudd*, qui signifie rouge ; allusion à la couleur des fruits
et des feuilles en automne.

RHUS CORIARIA, L.

Plante dicotylédone de la famille des Térébinthacées.

Anglais. — Shumac.	*Italien.* — Sammaco.
Allemand. — Sumach.	*Espagnol.* – Zumaque.
Hollandais. — Sumack.	*Portugais.* — Sumagre.

Cet arbrisseau, qu'on appelle *reboul*, connu depuis les temps les plus reculés, est originaire de l'Asie ; il a été introduit en Europe en 1596. Il est indigène aujourd'hui dans le Dauphiné, le Bas-Languedoc, la Provence, la Sicile, l'Espagne, etc. On le rencontre principalement, dans ces contrées, sur les montagnes à base calcaire. Ses tiges gèlent ordinairement sous le climat de Paris.

Le sumac des corroyeurs atteint de 3 à 4 mètres d'élévation ; ses branches et ses rameaux sont diffus, irréguliers, velus et grisâtres ; ses feuilles ont de 11 à 13 paires de folioles ovales, dentées, glabres en dessus et velues en dessous. Ses fleurs sont blanchâtres et disposées en panicules serrées. Ses fruits sont ovoïdes, rougeâtres et duveteux.

On multiplie cet arbrisseau de graines ou de racines, de

drageons et de marcottes. Les graines ne germent que la seconde année, et doivent être semées aussitôt leur maturité sur des terres bien préparées.

La plantation des rejetons se fait en automne.

On doit le propager de préférence sur les terres arides, caillouteuses, perméables et calcaires. Sa rusticité dispense de lui donner des soins d'entretien lorsqu'il a deux ans de végétation.

La récolte des feuilles a lieu en juillet et août. Voici comment on opère : on coupe les rameaux et on les laisse sur le sol pour qu'ils se dessèchent ; lorsqu'ils sont secs, on les rapporte à la ferme ; alors, des femmes ou des enfants les dépouillent de leurs feuilles, ou on les bat avec des fourches ou des gaules.

On peut suivre un autre procédé, c'est-à-dire faire couper les rameaux, les rapporter à la ferme, les étendre sur une aire pour les faire fouler aussitôt que la dessiccation des feuilles est complète. Ce procédé est celui qu'on suit le plus ordinairement dans la Provence.

Les ouvriers qui dépouillent le sumac de ses feuilles alors que celles-ci sont encore vertes, doivent être munis de gants s'ils ne veulent pas avoir les mains écorchées.

Quand la récolte est terminée, on pulvérise les feuilles à l'aide d'une meule verticale.

Un hectare bien planté peut produire de 1,000 à 1,200 kilog. de feuilles.

Suivant M. Auran, la récolte des feuilles occasionne les dépenses suivantes par 100 kilog :

Effeuillage.	1 fr.
Transport	1
Foulage.	1
Total.	3 fr.

On a calculé que les frais de culture ne dépassent pas par hectare et par an 1 fr. par chaque 100 kil. de feuilles. D'où il suit que chaque quintal métrique reviendrait à 4 fr.

Le *sumac de Donzère*, qu'on récolte sur la côte du Rhône et qu'on prépare à Donzère et à Montélimart, a une belle couleur vert sombre ; sa saveur est acerbe et astringente ; il a une odeur de tannin. On l'emballe dans des sacs de toile du poids de 100 à 150 kilog.

Le *sumac de Sicile* est plus recherché ; sa couleur est d'un beau vert tendre, et son odeur est agréable et pénétrante. On l'expédie dans des balles de toile de 50 à 60 kilog. On le récolte dans le Val di Mazzara, aux environs de Carini.

Le *sumac de Redon* se récolte sur les bords du Lot, du Tarn et de la Garonne. C'est le plus mauvais de tous les sumacs ; il a une couleur vert tendre et une odeur herbacée.

Les feuilles de sumac, après avoir été pulvérisées et réduites en poudre plus ou moins grossière, servent à la teinture et à la tannerie. On les emploie principalement pour préparer les cuirs dits *marocains noirs*.

La France ne produit pas la quantité de sumac dont elle a besoin. En 1855, elle a importé des Deux-Siciles, des Etats Sardes, etc., 2,564,079 kilog. d'écorces, de feuilles et de brindilles de sumac et de fustet (1), ayant une valeur de 814,675 fr. Tout porte à croire que la culture du sumac s'introduira en Algérie.

(1) Le fustet est le RHUS COTINUS, L.

LIVRE III.

PLANTES SALIFÈRES.

SECTION UNIQUE.

Soude commune.

(De *salsus*, salé ; allusion aux propriétés salines de la plante.)

SALSOLA SODA, L. — SALSOLA LONGIFOLIA, Lam.

Plante dicotylédone de la famille des Chénopodées.

Historique. — Mode de végétation. — Espèces cultivées. — Terrain : nature, préparation. — Semis : époque, exécution, quantité de graines. — Soins d'entretien. — Récolte : époque, opération. — Incinération : disposition des fosses, brûlage. — Richesse saline des soudes. — Récolte des graines. — Produits par hectare : soude, graines. — Valeur commerciale de la soude. — Usages de la soude. — Bibliographie.

Historique. — La soude est cultivée dans la Basse-Provence, le Bas-Languedoc, sur les bords de l'Adriatique, et dans les environs d'Alicante, localités où la terre est salée et l'atmosphère chargée de parties salines. Il y a un demi-siècle, alors qu'on ignorait la fabrication de la soude artificielle, la valeur de celle qu'on fabriquait aux environs de Narbonne dépassait annuellement un million.

Mode de végétation. — Cette plante est annuelle et haute de 0^m,30 à 0^m,40 ; elle a une tige étalée, glabre, luisante, à rameaux alternes, étalés ou ascendants ; ses feuilles sont aussi alternes, demi-embrassantes, longues, semi-cylindriques, aiguës et d'un vert glauque. Ses fleurs sont verdâtres, solitaires ou géminées ; elles s'épanouissent en juillet et août. Les fruits sont comprimés, enveloppés par les calices; ils contiennent une graine noirâtre, dépourvue d'albumen, et ayant un embryon contourné en spirale.

Espèces cultivées. — Outre l'espèce qui précède, on en cultive trois autres :

1° La *soude d'Alicante* (SALSOLA SATIVUS, L.). Elle diffère de la précédente par les longues soies que portent ses feuilles, et par les ailes étalées rose pourpre qui forment le calice. Cette espèce est connue depuis 1783. On la désigne quelquefois sous le nom de *barille d'Espagne*. Elle fournit la soude dite d'Alicante.

2° La *soude kali* (SALSOLA KALI, L.). Cette espèce a des tiges hérissées, étalées, rameuses, poilues, et les feuilles hérissées ou rudes. Elle est commune sur le bord de la Méditerranée.

3° La *soude épineuse* (SALSOLA TRAGUS, L.). Cette soude n'est qu'une variété de la précédente. Ses tiges et ses feuilles sont dressées et presque glabres. On la rencontre aussi sur les terrains salés de la Provence et du Languedoc.

Ces deux dernières espèces sont moins cultivées que les soudes commune et d'Alicante.

Terrains. — A. NATURE. — On ne peut cultiver la soude que sur les laisses de mer ou les terrains salifères, légers, frais et fertiles, où, comme cela a lieu dans la Provence et le Languedoc, sur le bord des étangs salés. Elle dégénère promptement quand on la cultive sur des terres qui ne contiennent pas de sel.

B. PRÉPARATION. — On prépare le terrain comme s'il était question de semer une céréale d'hiver. Ainsi, on l'ameublit par 3 ou 4 labours et hersages suivis de roulages, si la couche arable est motteuse.

Semis. — A. Époque. — On sème la soude en *automne* ou à la fin de *l'hiver*, c'est-à-dire en octobre ou novembre, ou en février ou mars. C'est par exception qu'on exécute les semis en avril.

B. — Exécution. — On répand les graines à la volée, et on les enterre par un hersage léger ou un fagot d'épines.

Les agriculteurs qui exécutent les semis en mars ou avril, font suivre cette opération par un roulage, afin que la terre conserve longtemps la fraîcheur que les graines demandent pour germer facilement.

On doit, autant que possible, exécuter les semis quand le temps est pluvieux.

C. Quantité de graines. — La quantité de graines qu'on répand par hectare varie suivant leur qualité et les causes qui peuvent favoriser ou nuire à leur germination.

En moyenne, on en sème par hectare 3 à 4 hectolitres.

On doit tous les deux ou trois ans renouveler les graines, c'est-à-dire les remplacer par des semences récoltées sur des plantes indigènes, parce que la soude dégénère facilement; quand on la cultive ainsi d'année en année, elle devient moins alcaline que la soude qui croît à l'état sauvage.

Soins d'entretien. — Au printemps, et à mesure que les mauvaises herbes apparaissent et se développent, on les détruit par des sarclages répétés. La soude craint l'envahissement du sol par les plantes indigènes.

Récolte. — A. Époque. — La récolte de la soude cultivée se fait de la fin de juillet au commencement de septembre, lorsque ses tiges et ses rameaux prennent une teinte rougeâtre, et que la moitié environ de ses graines sont bien formées.

La soude coupée trop verte ou lorsque sa dessiccation est

complète, contient toujours une moins forte proportion de parties alcalines.

B. Opération. — On coupe les tiges avec la faux ou la faucille, ou on les arrache avec la main.

Les femmes ou les ouvriers qui exécutent ce travail sont accompagnés d'enfants qui sont chargés de réunir les plantes en petits tas qu'on abandonne à eux-mêmes pendant 3 à 5 jours.

Quand les plantes sont fanées, on les réunit en une ou deux meules oblongues bien faites et bien convexes.

On couvre ces meules avec des paillassons, ou des nattes, ou des toiles, en cas de pluie, afin que celles-ci ne les pénètrent pas.

Les plantes restent en meules pendant 8 à 10 jours, c'est-à-dire jusqu'à ce qu'elles soient en fermentation.

Incinération. — A. Disposition des fosses. — L'incinération de la soude se fait en plein air dans des fosses creusées en terre, de forme circulaire, et ayant un mètre environ de profondeur et de largeur. Le fond de ces fosses a la forme d'une large cuvette. On doit revêtir leur surface d'une couche d'argile si le sol est sablonneux, et élever sur leurs bords un bourrelet d'argile de 0^m,15 environ de hauteur, pour empêcher les eaux pluviales de s'y introduire.

B. Séchage des fosses. — On termine la préparation des fosses en séchant par le feu toute leur surface. Voici comment on procède à cette opération : on jette dans chaque fosse 300 à 400 kilog. de bois de corde et on y met le feu. Dès que ce combustible est consumé, on augmente l'intensité du feu en jetant dans la fosse deux ou trois fagots, afin que l'argile soit bien calcinée et qu'elle arrive au rouge. Alors on retire la braise et la cendre, et on balaie le fond de la fosse.

C. **Brulage des plantes.** — Aussitôt qu'une fosse a été préparée, on procède à l'incinération. Alors on place sur l'ouverture de la fosse des barres de fer sur lesquelles on amoncelle un certain nombre de plantes auxquelles on met aussitôt le feu, ou bien on jette directement celles-ci dans la fosse après les avoir enflammées sur les charbons incandescents qui proviennent du bois qu'on a brûlé.

Quelquefois on commence l'incinération en mêlant à la soude de la fougère et de la bruyère sèche. Cette manière d'agir n'est utile que lorsque la fosse n'a pas été préalablement desséchée.

On entretient la combustion en jetant des plantes sur celles qui brûlent. Quand on incinère sans grillage, il faut, lorsque la combustion se ralentit et lorsqu'on jette des plantes dans la fosse, soulever momentanément celles-ci avec une fourche, afin de faciliter l'accès à l'air.

En général, les plantes encore très-vertes brûlent difficilement, et celles qui sont complétement sèches se consument vivement sans profit.

A mesure que l'incinération s'opère, les plantes forment dans la fosse une matière rougeâtre et liquéfiée, et l'oxalate de soude se transforme en carbonate de soude.

Toutes les deux heures, on cesse d'alimenter la combustion. Alors, à l'aide de barres de fer ou de perches de saule vert, on agite le résidu pour qu'il se transforme en une masse uniforme, poreuse et dure.

Quand la matière a été bien mêlée, on reprend de nouveau le brûlage, pour l'arrêter au bout de deux heures environ et agiter de nouveau le résidu, et ainsi de suite jusqu'à ce que la fosse soit remplie.

Alors on retire le grillage et on couvre la fosse de terre, qu'on amoncelle en forme de cône, pour que la pluie ne puisse arriver jusqu'au résidu. Au bout de cinq à six jours, on enlève la terre, et, à l'aide de masses et de barres en fer, on divise la matière agglomérée et grisâtre que contient la fosse, et on la met à l'abri de la pluie pour la livrer au commerce, quand l'incinération est terminée, sous le nom de *carbonate de soude impur.*

Prix de revient de l'incinération. — Toutes ces opérations se font à la tâche ou à la journée.

Ordinairement un ouvrier brûleur et quatre journaliers suffisent, pendant trois jours et deux nuits, pour brûler les plantes que fournit un hectare.

La préparation de chaque fosse coûte de 15 à 20 francs, et les frais d'incinération varient par hectare entre 70 et 80 fr.

Richesse alcaline des soudes. — Les résidus provenant de l'incinération de la *soude commune* contiennent de 14 à 15 pour 100 de carbonate de soude; ceux que fournit la *soude d'Alicante* en renferment de 25 à 30 pour 100.

La soude d'Alicante est regardée comme la meilleure; elle est sèche, compacte, pesante, grise et percée de petits trous.

Récolte des graines. — Lorsqu'on veut récolter des graines sur les plantes qu'on cultive, on laisse sur le champ un certain nombre de pieds, et lorsque ces derniers sont complétement mûrs, on les arrache pour les battre avec des gaules ou des fléaux légers.

La graine de soude est petite.

Produits par hectare. — A. SOUDE. — Un hectare de soude fournit de 10,000 à 16,000 kilog. de tiges à demi-sèches.

Cent kilogrammes de plantes donnent, en moyenne, de 8 à 10 kilog. de résidus.

Ainsi, un hectare produit de 900 à 1,500 kilog. de soude.

B. GRAINES — La même superficie peut donner de 40 à 60 hectolitres de graines.

Poids d'un mètre cube de résidu. — Un mètre cube de soude brute pèse 1,000 à 1,200 kilog.

Valeur commerciale de la soude. — La soude se vend de 16 à 20 fr. les 100 kilog.

Usages de la soude. — La soude qu'on obtient par l'incinération sert à la fabrication du verre et des savons. Ces derniers sont supérieurs en qualité aux savons qu'on fabrique avec la soude factice.

La soude d'Alicante sert principalement à la préparation du sulfate de soude.

On extrait aussi de la soude par incinération de la salicorne herbacée (SALICORNIA HERBACEA, L.), et de la salicorne ligneuse (SALICORNIA FRUTICOSA, L.), mais ces deux espèces ne sont pas cultivées.

Il en est de même des *goëmons* ou *varechs* qui fournissent de la soude excellente sur les côtes de l'Océan, dans la province de l'ouest.

LIVRE IV

PLANTES A BALAIS.

SECTION UNIQUE.

Sorgho à balais.

(De ἀνὴρ πώγων, barbe de l'homme ; allusion aux arètes des fleurs.)

(ANDROPOGON SORGHUM , Br. — HOLCUS SORGHUM , L.)

Plante monocotylédone de la famille des Graminées.

Historique. — Localités où il est cultivé. — Mode de végétation. — Terrain : nature, fertilité, préparation. — Semis : époque, exécution, quantité de graines, recouvrement des semences. — Soins d'entretien : binages, éclaircissage, buttage. — Récolte des panicules : époque, exécution, séchage des panicules. — Arrachage des tiges. — Egrenage des panicules. — Conservation des graines. — Poids de l'hectolitre. — Confection des balais. — Produits. — Balais ou panicules, graines, tiges sèches. — Prix de fabrication des balais. — Valeur commerciale des balais et des graines. — Usages des balais, des graines et des tiges. — Qualité des balais. — Bibliographie.

Historique. — Cette plante est annuelle et originaire des Indes orientales ; elle a été introduite en Europe en 1596. On lui a donné de *grand millet, millet de l'Inde, millet à balais.*

Localités où il est cultivé. Le sorgho à balais est cultivé en Italie, en Espagne et en France, dans le Languedoc, la vallée du Rhône, l'arrondissement de Louhans (Saône-et-Loire), et les arrondissements de Beaugé et d'Angers (Maine-et-Loire).

Mode de végétation. — Cette graminée a une tige fistuleuse, raide, à nœuds pubescents, et haute de 2^m, 50 à 3^m. Ses feuilles sont grandes, larges, et ressemblent beaucoup aux feuilles du maïs. Ses tiges sont terminées par une panicule oblongue, rameuse, un peu resserrée et longue de 0^m,20 à 0^m,30. Les graines sont ovoïdes, jaunâtres, rougeâtres ou noirâtres, et aussi grosses que les semences que produit le chanvre ; elles adhèrent aux glumelles.

Le sorgho à balais est plus sensible aux froids que les millets, et il exige environ 4000° de chaleur pour mûrir ses graines. C'est pourquoi on ne l'a adopté en France et en Europe, comme plante industrielle, que dans les contrées où le maïs mûrit facilement ses graines.

Terrain. — A. NATURE. — On le cultive sur les alluvions et sur les terres sablonneuses, graveleuses, argilo-siliceuses et argilo-calcaires, profondes, fraîches et à sous-sols imperméables. Il réussit mal sur les terrains compacts ou argileux, et sur les sols non exposés au midi, et sur ceux qui sont ombragés par des essences forestières ou fruitières.

B. FERTILITÉ. — Cette plante est aussi épuisante que le maïs. Ainsi, elle exige des terres riches ou bien fumées. (Voir t. VI, PLANTES A GRAINS FARINEUX : *Maïs*.)

C. PRÉPARATION. — Les terres qu'on lui consacre doivent être bien ameublies. On les prépare ordinairement par plusieurs labours, le premier étant aussi profond que le permet l'épaisseur de la couche arable. On complète la préparation par des hersages et des roulages, si ces derniers sont nécessaires.

Semis — A. ÉPOQUE. — Les semis se font en avril et mai, et quelquefois en juin. En général, on doit attendre, pour les pratiquer, qu'on n'ait plus à redouter de froids tardifs.

B. EXÉCUTION. — On les exécute en lignes distantes les unes des autres de 0^m,90 à 1^m. Dans le Languedoc, on les pratique quelquefois en lignes autour des champs consacrés au maïs.

C. QUANTITÉ DE GRAINES. — On répand par hectare de 25 à 40 litres de graines.

Dans d'autres contrées, on lui allie la culture des haricots à rames.

D. RECOUVREMENT DES GRAINES — On recouvre les semences par un hersage ou un râtelage. On doit les enterrer à 0^m,04 ou 0^m,06, pour éviter que les oiseaux les mangent.

Soins d'entretien — A. BINAGE. — On donne à la terre un binage aussitôt que les mauvaises herbes commencent à apparaître Ce travail se fait avec une binette.

On renouvelle une ou deux fois cette opération pendant la végétation. Alors on peut l'exécuter avec une houe à cheval.

B. ÉCLAIRCISSAGE. — On éclaircit les plantes quand elles ont de 0^m,04 à 0^m,08 d'élévation, de manière qu'elles soient séparés les unes des autres de 0^m,20 à 0^m,30.

C. BUTTAGE. — Au commencement d'août ou à la fin de juillet, on exécute un buttage. Cette opération est favorable au sorgho à balais ; elle lui donne plus de fixité, ce qui lui permet de mieux résister aux vents violents quand ses panicules sont chargées de graines; en outre, elle a pour effet de concentrer plus de fraîcheur à la base des plantes.

D. ENLÈVEMENT DES DRAGEONS. — On doit supprimer avec soin les drageons parce qu'ils affament les pieds.

Récolte des panicules — A. ÉPOQUE. — On procède à la récolte des panicules lorsque les tiges jaunissent et qu'elles sont teintées çà et là de brun, et lorsque les graines ont pris une couleur roussâtre ou brunâtre.

Dans le Languedoc et le Mâconnais, cette opération se fait en septembre. En Anjou, on ne l'effectue quelquefois que dans la première quinzaine d'octobre.

B. Exécution.— On coupe les tiges avec une serpe ou une faucille au premier nœud de la partie supérieure. Alors, les panicules ont une queue longue de 0^m,60 à 0^m,80.

A mesure qu'on opère, on réunit les panicules en bottes pour pouvoir les transporter facilement à la ferme et les déposer dans un bâtiment à l'abri de la pluie.

C. Séchage des panicules. — Pour faire sécher les panicules, on les suspend à des cordes tendues dans un grenier, une grange, ou sous un hangar, ou à des clous en bois enfoncés sur un mur abrité par un large auvent. Dans les deux circonstances, les tiges des panicules doivent être dirigées vers le sol, afin que leurs pédicelles, en séchant, restent, autant que possible, parallèles à l'axe de la queue.

Cette dessiccation dure de huit à quinze jours, suivant l'état de l'atmosphère.

Quelquefois, on courbe l'extrémité des tiges, 15 jours avant la maturité, pour conserver les pédicelles droits.

Arrachage des tiges. — Lorsque la récolte des panicules est terminée, on procède à l'enlèvement des tiges. Cette opération s'exécute, soit en les arrachant, soit en les coupant à l'aide d'une serpe.

On les laisse ensuite sur le sol pendant quelques jours, et lorsqu'elles sont sèches, on les réunit en bottes pour les conserver en meules ou sous un hangar.

Egrenage des panicules. —Pendant les veillées, ou lorsque le temps ne permet pas de travailler extérieurement, on égrène les panicules.

Cet égrenage s'exécute de plusieurs manières. Dans quelques localités, on bat les panicules avec un fléau léger. Ailleurs, les ouvriers ont devant eux un tablier de cuir sur lequel ils posent les panicules; alors, avec la lame d'un couteau, ils ràclent avec précaution les pédicelles pour en détacher les graines. Enfin, dans quelques localités, les ouvriers qui exécutent cet égrenage se servent du tranchant d'une bêche dont le manche est fixé en terre. Le second procédé doit être préféré aux deux autres.

On compte qu'il faut de 250 à 300 veillées d'un homme pour égrener les panicules qu'on récolte par hectare.

Chaque veillée étant évaluée à 0 fr. 15 c., le prix de revient de cette opération varie entre 37 et 45 fr.

Nonobstant, il est nécessaire, quel que soit le procédé qu'on adopte, d'agir avec précaution, afin de ne pas endommager les pédicelles et amoindrir leur valeur.

Conservation des graines. — Les semences, après l'égrenage, doivent être étendues en couche mince dans un grenier, afin qu'elles ne fermentent pas.

Quand elles sont bien sèches, on peut les réunir en tas, en ayant soin toutefois de les remuer tous les quinze jours ou une fois au moins par mois.

Poids de l'hectolitre. — Un hectolitre de graines de sorgho à balais pèse de 55 à 63 kilog.

Confection des balais. — Les balais sont souvent fabriqués dans les fermes. On réunit la queue des pédicelles avec de l'osier blanc, en se servant d'une corde fixée à l'extrémité d'une planche inclinée et longue de 3 mètres environ.

Lorsque la ligature est faite, on coupe les queues à $0^m,02$ ou $0^m,03$ de l'osier, en agissant de manière qu'elles forment une partie légèrement convexe.

Les liens d'osier couvrent les queues sur une longueur de 0^m,45 à 0^m,50.

En général, les balais cylindriques ordinaires ont en moyenne 0^m,70 à 0^m,80 de longueur.

Leur poids varie entre 500 et 600 grammes.

Le manche a généralement 0^m,90 de longueur et 0^m,03 de diamètre.

Produits. — A. PANICULES OU BALAIS. — Les panicules qu'on récolte sur un hectare permettent de fabriquer de 1,000 à 1,200 balais moyens, soit de 600 à 700 kilog. de panicules.

M. de Gasparin porte le nombre des balais à plus de 4,000; ce chiffre ne s'identifie pas avec les faits pratiques.

B. GRAINES. — Un hectare produit de 30 à 70 hectolitres de graines, suivant la fertilité du sol.

C. TIGES SÈCHES. — On récolte ordinairement par hectare de 2,500 à 3,000 kilog. de tiges sèches.

Prix de fabrication des balais. — Un balai de sorgho coûte à fabriquer de 0 fr. 05 à 0 fr. 07.

Les manches coûtent, lorsqu'on les achète en gros, de 5 à 6 fr. le cent.

Valeur commerciale. — A. BALAIS. — Les balais simples ou cylindriques, et sans manches, se vendent, en gros, de 35 à 50 fr. le 100. Ordinairement, on les vend par douzaine.

Le prix des panicules varie entre 30 et 40 fr. les 100 kilog.

Le commerce les vend de 0 fr. 90 à 1 fr. pièce.

B. GRAINES. — Un hectolitre de graines de sorgho se vend de 6 à 10 fr.

Usages. — A. BALAIS. — On emploie les balais à l'intérieur des habitations.

B. Graines. — Les graines servent à la nourriture des oiseaux de basse-cour. Aux Antilles, les nègres les décortiquent, les réduisent en farine, avec laquelle ils composent une bouillie qu'ils appellent *moussa*.

On ne les utilise pas dans l'alimentation de l'homme, parce que la fécule est mêlée à un principe amer et âpre.

C. Tiges. — On utilise les tiges pour chauffer les fours ou pour faire des palissades temporaires. On peut aussi les employer comme litière.

Qualités des balais. — Les balais de sorgho qu'on importe d'Italie sont très-blancs, mais ils sont généralement plus cassants que ceux qu'on fabrique en France. Ces derniers ont une teinte jaune rougeâtre.

Les balais formés de pédicelles récoltés trop tardivement sont secs, et manquent de souplesse. Ceux qu'on a fabriqués avec des pédicelles ayant perdu leur perpendicularité à cause du poids des graines, sont toujours lâches et volumineux; on ne les estime pas.

Ces balais sont plus légers, plus solides et plus durables que ceux de bouleau.

BIBLIOGRAPHIE.

Girand. — Traité élémentaire d'agricult., 1842, in-12, p. 196.
De Gasparin.
Leclerc Thouin.
Grollier. — L'agriculture délivrée, 1854, in-8°, p. 209.

LIVRE V.

PLANTES A CANNES.

SECTION PREMIÈRE.

Roseau à quenouille.

Arundo donax, L. — Arundo sativa, Lam.

Plante monocotylédone de la famille des Graminées.

Pays de production. — Mode de végétation. — Terrain. — Multiplication. —
Soins d'entretien. — Récolte. — Usages.

Pays de production. — Cette plante, que l'on désigne souvent sous les noms de *canne* de Provence et de *roseau canne*, est cultivée très en grand depuis longtemps dans la région méditerranéenne de la France. Elle est trop sensible aux froids pour qu'il soit possible de la cultiver avantageusement dans le centre, le nord et l'ouest.

Les contrées qui en produisent le plus sont les plaines d'Hyères, de Cajolin et de Fréjus (Var).

Mode de végétation — Le roseau à quenouille est vivace. Ses tiges, hautes de 3 à 5 mètres, sont creuses, fortes, dressées, presque ligneuses, et interrompues de distance en distance par des nœuds. Ses feuilles sont grandes, lancéolées et d'un beau vert glauque. Les panicules ont de 0ᵐ 40 à 0ᵐ 50 de longueur; elles sont rameuses, et leur couleur varie du jaune pâle au jaune rougeâtre.

Terrain. — On le cultive sur des terres profondes, argileuses et fraîches, ou le long des cours d'eau. Il réussit mal sur les sols secs et ceux que l'eau couvre l'hiver.

Multiplication. — Le roseau à quenouille se multiplie ordinairement par boutures de racines, ou en séparant les anciens pieds, ou les bourgeons, ou les rejets latéraux.

La plantation des boutures ou des œilletons se fait pendant l'automne, dans des fosses ayant 0^m,25 à 0^m,30 de profondeur. Les unes et les autres doivent être recouvertes de 0^m,10 à 0^m,15 de terre.

Une fois la plantation terminée, on abandonne et le terrain et le roseau à eux-mêmes, à moins que le houblon, les ronces, etc., n'envahissent le sol.

Soins d'entretien. — Pendant l'hiver, on nettoie les rigoles qui ont été ouvertes, dans le but d'empêcher que la couche arable soit marécageuse durant cette saison.

Récolte. — La récolte des cannes se fait tous les ans; mais on ne doit l'exécuter que lorsque les tiges ont deux ans et 0^m,04 à 0^m,05 de diamètre à leur base. Les cannes qui proviennent de pousses d'un an n'ont jamais la dureté, le poli de celles que fournissent les roseaux ayant deux années de végétation. C'est certainement à tort que Bosc a recommandé de les couper chaque année.

Les cannes se vendent ordinairement non coupées. Les acheteurs ont alors à supporter les frais qu'occasionne leur récolte. Après les avoir coupées rez terre, ils les effeuillent et les mettent en paquets serrés par plusieurs liens.

Usages. — Les cannes que fournit le roseau à quenouille servent à divers usages. On les emploie pour fabriquer des cannes pour pêcher à la ligne, des bobines et des fuseaux, les anches des instruments de musique : hautbois, clarinettes, bassons; des nattes et des paniers, des claies pour les vers à soie ou pour sécher les fruits; des échalas, des clôtures, etc., etc.

SECTION II.

Bambou.

(De *Bambos*, nom sous lequel les Indiens le désignent.)

BAMBUS ARUNDINACEA, Will.

Plante monocotylédone de la famille des Graminées.

Anglais. — Bamboo.   *Malais.* — Boulouh.
Allemand. — Indianescher Rohr   *Hindou.* — Rans.
Italien. — Bambu.   *Javanais.* — Prenq.

Historique. — Mode de végétation. — Terrain. — Multiplication. — Soins
d'entretien. — Récolte. — Dessiccation. — Qualités des bambous. —
Usages.

Historique. — Le bambou est originaire de l'Inde. Il
a été introduit en Europe en 1730. On le cultive très en
grand dans l'Inde, la Cochinchine, etc. Sa culture commence à se répandre en Algérie. Ce succès n'a rien d'extraordinaire. On sait qu'on est parvenu, par des soins con-
tinus, à le propager dans les contrées froides et montagneuses situées au nord de Pékin.

Mode de végétation. — Cette plante est vivace et s'é-
lève à quinze ou vingt mètres. Ses tiges sont creuses, plus
ou moins grosses, ligneuses, et entrecoupées de nœuds
d'où partent, à quatre ou six mètres au-dessus du sol, des
rameaux grêles et ramifiés; ses feuilles sont engaînantes,
oblongues, lancéolées, pointues et acuminées au sommet.
Ses fleurs sont disposées en épillets oblongs, petits et
serrés.

Le bambou ne croît plus en hauteur vers la cinquième année, mais seulement en diamètre. C'est lorsqu'il a atteint vingt à vingt-cinq ans qu'il dépérit et meurt.

En général, plus il devient vieux, plus il acquiert de dureté, de solidité.

Terrain. — Cette plante majestueuse ne réussit que quand on la multiplie sur des terres légères, sablonneuses, profondes et fraîches sans être humides. Les alluvions profondes et saines lui conviennent très-bien.

Multiplication. — On la propage par éclats de pied qu'on plante dans des fosses de 0^m,35 à 0^m,50 de profondeur et dans lesquelles on a mis du fumier ou un autre engrais. Ce procédé a l'avantage de rendre la végétation des pousses plus vigoureuses ; on la pratique de préférence en automne ou à la fin de l'hiver.

Avant de faire cette plantation, on rabat les rejetons à 0^m,03 ou 0^m,05 de leur premier nœud. Cette opération a pour but de ralentir le développement des pousses pendant la première année.

Soins d'entretien. — Les années suivantes on arrose, si cela est possible, pendant les fortes chaleurs. Enfin, pendant les trois premières années, on coupe les rejetons afin qu'ils ne végètent pas et n'affament les tiges.

Récolte. — Le bambou a atteint son entier développement quand il passe au jaune verdâtre.

On doit le couper par un temps sec au printemps ou en hiver, époque où il possède son maximum de dureté.

On ne doit couper que les tiges arrivées à leur complet développement en hauteur et qui ont une grosseur convenable.

Quand le bambou a été coupé, on l'expose à l'action d'un vent sec. On doit éviter de le coucher sur la terre.

Dessiccation. — Un mois après, on l'expose a une chaleur modérée pour terminer sa dessiccation, c'est-à-dire faire disparaître l'humidité qu'il contient intérieurement. Le bambou ne se conserve intact que lorsqu'il est bien sec à l'intérieur.

Cette dessiccation définitive doit être faite avec soin. Sous l'action d'un feu très-vif ou ardent, les cannes se tordent et se fendillent aisément.

Qualités des bambous. — Les bambous les plus estimés sont ceux qui ont une écorce lisse, unie et foncée. On a constaté qu'il faut que les cannes aient été coupées depuis un demi-siècle pour qu'elles aient la teinte rouge sombre tant recherchée.

Les cannes qui proviennent de terres argileuses ont une écorce rugueuse et cannelée.

Usages. — Le bambou fournit des perches, des échalas, des chevrons, des tuyaux; il sert à faire des ponts, des clôtures, des palissades, des manches d'outils, des instruments de musique, du papier, des cordages, des nattes, etc.

Les feuilles servent à fabriquer des chapeaux. On les emploie aussi pour fertiliser les terres.

L'amiral Cecile a rapporté de Chine, il y a quelques années, un nouveau bambou que l'on a nommé *bambou noir* (BAMBUSA NIGRA, H. P.). Cette espèce a des tiges assez grêles, rameuses, colorées en brun foncé et hautes seulement de 1^m,50 à 2^m. Elle a jusqu'à ce jour très-bien supporté la pleine terre à Versailles et à Verrières (Seine).

Ses tiges servent à faire de très-jolis manches de parapluies et d'ombrelles

Ce bambou réussira très-bien en Algérie.

LIVRE VI.

PLANTES CONDIMENTAIRES.

SECTION PREMIÈRE.

Chicorée sauvage à café.

(De Κιχόρα, nom grec de la chicorée.)

CICHORIUM INTYBUS, L.

Plante dicotylédone de la famille des Composées.

Anglais. — Wild succory.   *Italien.* — Cicoria.
Allemand. — Zichorien.   *Espagnol.* — Chicoria.
Hollandais. — Wilde chirorry. *Polonais.* — Podrosiznik.
Suédois. — Wœgwarda.

Historique. — Lieux où elle est cultivée. — Mode de végétation. — Composition. — Terrain : nature, préparation, fertilité. — Semis : époque, quantité de graines, préparation des semences, exécution, recouvrement des graines. — Soins d'entretien : premier binage, deuxième binage et éclaircissage, dernier binage. — Enlèvement des feuilles. — Récolte des racines : époque, opération préliminaire, exécution, prix de revient de l'arrachage. — Racines fournies par un hectare. — Préparation des racines : nettoyage, division, dessiccation. Déchet qu'éprouvent les racines. — Poids des cossettes. — Valeur commerciale des racines sèches. — Conservation des racines touraillées. — Récolte des graines. — Quantité de graines que fournit un hectare. — Poids de l'hectolitre. — Usages des feuilles, racines sèches et racines vertes. — Prix de revient des cossettes. — Fabrication de la poudre ; torréfaction, mouturage, blutage, poudre fournie par les cossettes. — Valeur commerciale de la poudre. — Mode d'emballage. — Poids de la poudre et des graines. — Falsification. — Bibliographie.

Historique. — L'usage de la chicorée sauvage à café n'est pas très-ancien. Valmont de Bomare est le premier écrivain qui l'ait mentionné.

A cette époque, on arrachait les racines à l'état de maturité, on les nettoyait, on les coupait en quatre, puis on les laissait sécher au soleil et on les réduisait en poudre après les avoir torréfiées. Cette poudre, qu'on a nommée *café chicorée*, a un arome qui rappelle celui du sucre caramélisé.

Les premières fabriques furent établies en Hollande, en 1772, époque où cette poudre était recherchée par les Flamands et les Hollandais. Cette fabrication resta secrète jusqu'en 1801, époque à laquelle deux Belges, Orban et Giroux, vinrent en France et organisèrent deux fabriques, l'une à Valenciennes et l'autre à Onnaing.

La fabrication de la chicorée à café a pris en France, depuis cette époque, une extension considérable. Paris en fait aujourd'hui une consommation immense. Chaque année, la quantité vendue s'élève à près d'un million de kilogrammes, c'est-à-dire au quart environ de l'approvisionnement en café.

Cette fabrication commence en octobre et se termine en janvier.

Pays de production. — La culture et la fabrication de la chicorée à café se sont concentrées dans le nord de la France. Lille, Cambrai, Arras, Valenciennes, Onnaing et Saint-Saulves sont les pays réels de production importante. On en fabrique aussi à Paris et à Metz.

La France ne produit pas toute la chicorée qu'elle consomme. Voici les faits que présente la statistique :

En 1841,	on en importait	66,000 kilog.
1844,	—	1,500,000 —
1855,	—	3,596,837 —

La Belgique nous en a fourni en 1855, 2,878,000 kilog.

Mode de végétation. — La chicorée sauvage a des racines longues, fusiformes et à écorce brune. Ses tiges sont droites, glabres et un peu rameuses; ses feuilles sont un peu velues; les inférieures sont très-découpées; les caulinaires sont plus petites, lancéolées et sessiles. Les fleurs sont sessiles, réunies en faisceaux de deux à cinq le long des tiges et des rameaux; elles sont formées de demi-fleurons à cinq dents et à cinq étamines. Les semences sont de petits akènes, amincis à la base, tronqués au sommet et couronnés par de petites écailles.

Cette plante a des racines vivaces et des tiges annuelles, mais elle n'occupe le sol que pendant une année, puisqu'on extirpe les racines au commencement de l'automne.

La *chicorée à café*, à laquelle on a donné le nom de *chicorée à grosses racines*, est une simple variété de l'espèce type; elle en diffère seulement par ses racines, qui sont plus fortes, plus grosses.

Les racines de cette chicorée ont souvent plus de 0^m,30 à 0^m,40 de longueur et leur grosseur dépasse quelquefois 0^m,02 et 0^m,03 de diamètre, lorsqu'elle végète sur des terrains de bonne qualité.

Terrain. — A. Nature. — La chicorée à café doit être cultivée sur des terres argileuses, argilo-calcaires ou argilo-siliceuses profondes et saines.

B. Fertilité. — Cette plante est épuisante et demande des sols riches. Toutefois, on doit éviter de fumer fortement les terres qu'on lui consacre, parce que les engrais forcent les racines à se couvrir de chevelure, à produire des feuilles nombreuses, qui nuisent à leur développement. En outre, les fumiers frais ont l'inconvénient de communiquer aux racines un mauvais goût.

Les terres qu'on consacre à la chicorée à café dans les

environs de Valenciennes, sont louées de 400 à 500 francs l'hectare. Leur valeur locative atteint 600 francs lorsque le cultivateur qui les loue les prépare de manière à être ensemencées et s'engage à conduire les racines, à l'époque de l'arrachage, dans les usines qui les préparent.

En Belgique, de semblables terres sont louées 350 à 400 fr.

C. PRÉPARATION. — Les terres doivent recevoir une préparation complète. Ordinairement on les laboure avant l'hiver, aussi profondément que le permet l'épaisseur de la couche arable, et on complète leur ameublissement par plusieurs labours et hersages, exécutés en février et en mars ou avril.

Il est nécessaire que la surface de la couche arable soit très-meuble à l'époque du semis.

Semis. — A. ÉPOQUE. — La chicorée à café se sème en avril ou en mai, suivant la nature et la perméabilité des terrains. On ne doit pas semer après le 15 mai.

B. QUANTITÉ DE GRAINES. — On répand de 4 à 5 kilog. de graines par hectare.

Les graines doivent être de la dernière récolte.

C. PRÉPARATION DES GRAINES. — Plusieurs agriculteurs de la Flandre font tremper les graines, avant de les confier à la terre, pendant trois à quatre jours. Cette opération a pour effet de hâter leur germination.

D. EXÉCUTION. — On sème la chicorée à café à la volée ou en ligne. Ce dernier procédé est celui qu'on suit le plus ordinairement; on l'exécute soit à la main, soit avec un semoir à brouette ou à cheval.

Les lignes doivent être espacées de $0^m,20$ à $0^m,25$, suivant que la couche arable est plus ou moins riche.

On doit répandre les graines de manière que les pieds de chicorée ne soient pas très-nombreux sur les lignes.

E. Recouvrement des semences. — On enterre les graines avec un râteau ou par un hersage.

Ordinairement on fait suivre cette opération par un roulage, lorsque les semis sont faits tardivement et sur des sols secs.

Soins d'entretien. — A. Premier binage. — Lorsque les plantes sont levées et que les mauvaises herbes commencent à apparaître, on exécute un binage avec la *rasette*.

On paie pour ce binage de 50 à 70 fr. par hectare, selon la propreté du sol. Cette opération exige de quarante à cinquante journées d'homme.

B. Deuxième binage et éclaircissage. — Un mois environ après le premier binage, on en pratique un second, pendant lequel on éclaircit les pieds, en espaçant ceux-ci sur les tiges à 0^m,16 environ.

Cet éclaircissage se pratique avec la rasette.

C. Derniers binages. — En juillet, et quelquefois aussi en août, on bine de nouveau la chicorée.

La propreté du sol a une très-grande influence sur le développement des plantes et de leurs racines.

Enlèvement des feuilles. — Vers la fin d'août, ou pendant la première quinzaine de septembre, on coupe toutes les feuilles de la chicorée pour que les racines puissent mieux se développer.

Récolte des racines. — A. Époque. — L'arrachage des racines se fait en octobre. Ici, on l'exécute dans la première quinzaine; ailleurs, on ne l'opère que du 15 au 30.

B. Opération préliminaire. — Avant de procéder à l'arrachage, on coupe de nouveau toutes les feuilles, on les réunit en tas et on les rapporte à la ferme.

C. Exécution. — On arrache la chicorée avec la bêche,

en défonçant le sol jusqu'à 0^m,50 et même 0^m,65, selon la longueur des racines.

Au fur et à mesure de l'arrachage, on réunit les racines en tas ou on les transporte directement à l'atelier.

Les tas de racines qui séjournent la nuit dans les champs, doivent être couverts de paille si la température est froide et si l'on redoute une gelée à glace.

Les racines sont belles, quand elles ont en moyenne 0^m,02 de diamètre.

D. PRIX DE REVIENT DE L'ARRACHAGE. — Le prix de l'arrachage varie de 140 à 160 fr. par hectare, selon la dureté plus ou moins grande du terrain.

E. TRAVAIL QU'UN OUVRIER EXÉCUTE EN UN JOUR. — Un ouvrier habile peut arracher de 180 à 200 mètres carrés par jour, ou 350 à 400 kilog. de racines fraîches.

Racines fournies par un hectare. — Un hectare de terre donne en moyenne de 18,000 à 20,000 kilog. de racines non desséchées, suivant sa fertilité.

En Belgique, dans la Flandre occidentale, on obtient souvent jusqu'à 25,000, 28,000 et 30,000 kilog.

Préparation des racines. — A. NETTOYAGE. — Lorsque les racines ont été conduites à l'atelier, on les décollète légèrement pour enlever les feuilles ou les fragments de pétioles qui pourraient tenir au collet, et on les lave si elles sont chargées de terre. Il faut éviter, si elles restent en tas, qu'elles ne s'échauffent et fermentent.

B. DIVISION. — Quand les racines ont été épluchées ou lavées, on les fend dans toute leur longueur avec un couteau en 4 ou 6 parties suivant leur grosseur. Ensuite, on les coupe par morceaux de 0^m,04 à 0^m,06.

Dans quelques usines, on divise les racines qui ont été coupées longitudinalement avec un instrument qu'on appelle *couteau à racines*, et qui a beaucoup de rapport avec un hache-paille. Une vis de pression agit continuellement sur les racines et les pousse au dehors de l'auge. Alors, elles tombent divisées sur des *bannettes* qui servent à les porter dans les *tourailles* ou *étuves*.

C. DESSICCATION. — Les tourailles sont chauffées par un ou plusieurs foyers ou *feux*. On y entretient une température qui varie entre 50 et 55 degrés.

Pendant cette opération, on a soin de retourner fréquemment les racines qui reposent étendues sur les bannettes ou *carreaux percés de petits trous*, afin qu'elles se dessèchent régulièrement et pour éviter qu'elles brûlent.

Ordinairement, douze heures suffisent pour qu'elles soient complétement sèches.

Une touraille à deux feux permet de dessécher en 24 heures environ 350 kilog. de racines.

On donne le nom de *cossettes* aux racines qui ont été ainsi desséchées.

Il est nécessaire d'employer, pour chauffer les feux, du charbon de terre très-pur. Le plus ordinairement, on brûle de l'anthracite, parce que ce combustible ne produit pas de fumée.

Déchet que les racines éprouvent par la dessiccation. — Les racines de chicorée, bien desséchées, subissent une diminution de 65 à 70 p. 100.

Ainsi, 20,000 kilog. de racines fraîches pèsent, après avoir été touraillées, de 6,000 à 7,000 kilog.

En Flandre, on est satisfait quand on obtient en moyenne par hectare 5,000 kilog. de cossettes.

Poids des cossettes. — Un mètre cube de cossettes pèse de 375 à 400 kilog., suivant leur grosseur.

Valeur commerciale des racines sèches. —

Le cultivateur livre toujours les racines de chicorée à café qu'il a récoltées, divisées et touraillées, c'est-à-dire en cossettes.

Ainsi préparées, ces racines se vendent de 20 à 25 fr. les 100 kilog.

Les fabricants de chicorée en poudre rejettent les *passures* ou *tourillons*, c'est-à-dire les fibrilles des racines.

Conservation des racines touraillées. — On ne doit pas conserver les racines qui ont été touraillées au delà d'une année.

Les racines de deux ans moisissent facilement, si elles ne sont pas conservées dans un local parfaitement sain; en outre, elles sont sujettes à être attaquées intérieurement par des vers.

Récolte des graines.—On récolte les graines de chicorée en août, lorsque la floraison est presque complète.

On coupe les tiges avec une faucille, on les met en bottes pour les exposer ensuite à l'action du soleil, ou les rentrer dans un grenier ou dans une grange.

On les bat avec le fléau.

Quantité de graines que fournit un hectare. — Un hectare de chicorée peut produire de 600 à 800 kilog. de graines.

Poids de l'hectolitre. — Un hectolitre de graines pèse de 37 à 41 kilog.

Usages.—A. FEUILLES.—On fait consommer les feuilles vertes de la chicorée par les bêtes à cornes.

Quelquefois, on en vend un peu aux pharmaciens, qui les emploient pour faire du sirop de chicorée.

B. RACINES SÈCHES. — Elles servent à la fabrication de la chicorée en poudre.

C. RACINES FRAÎCHES. — On les vend 1 fr. 25 c le 100 aux

jardiniers, qui les emploient pour obtenir de la *barbe de capucin*.

Prix de revient des cossettes. — En Belgique, on estime que le produit brut que fournit un hectare de chicorée s'élève en moyenne à 1,000 fr. Si l'on déduit de cette somme les dépenses, qui ne dépassent pas 500 à 600 fr., il restera pour bénéfice net 400 à 500 fr., et le prix de revient des racines touraillées variera entre 10 et 13 fr. les 100 kilog., si l'on admet qu'un hectare donne en moyenne 5,000 kilog. de cossettes.

Fabrication de la poudre. — A. TORRÉFACTION. — Lorsque les cossettes ont été préparées, on les torréfie dans des *brûloirs* ou grands cylindres, auxquels on imprime un mouvement continuel de rotation, soit par un manége, soit par une machine à vapeur.

Lorsque la torréfaction est arrivée au point voulu, on ajoute aux cossettes environ 2 p. 100 de mélasse ou de beurre, et on agite de nouveau le brûloir pendant quelques minutes. La mélasse ou le beurre lustre les cossettes et leur donne l'apparence du café brûlé.

Quand le grillage est terminé, on retire les cossettes des brûloirs et on les dépose dans de grands vases en tôle appelés *rafraichissoirs*.

100 kilog. de cossettes fournissent en moyenne 75 kilog. de cossettes torréfiées.

B. MOUTURAGE. — Lorsque les cossettes sont refroidies, on les pulvérise au moyen de meules ou de cylindres. Le but qu'on doit chercher à remplir consiste à faire le moins de poudre et le plus de grain possible.

C. BLUTAGE. — On complète la fabrication de la poudre en la soumettant à un blutage. Les blutoirs qu'on emploie séparent le produit broyé en quatre sortes : 1° en *poudre* ,

2° en *grain* ; 3° en *moyen grain* ; 4° en *semoule, gros grain*.

D. POUDRE FOURNIE PAR LES COSSETTES. — 100 kilog. broyés avec les meules donnent par le blutage les résultats suivants:

Poudre	40 kil.
Fin grain. . . .	25
Moyen grain. . .	25
Gros grain . . .	10
	100

Les fabricants qui se servent de cylindres pour concasser les cossettes et les faire ensuite passer sous les meules, obtiennent, par le blutage, les qualités suivantes :

Poudre.	25 kil.
Fin grain	30
Moyen grain . . .	33
Gros grain . . .	12
	100

On doit regretter que ce genre de broyage soit plus long que la mouture ordinaire, car il donne des résultats plus satisfaisants que le procédé qu'emploient la plupart des fabricants.

En général, 100 kilog de cossettes bien touraillées donnent 75 à 80 kilog. de poudre ou de grain.

Les cossettes qui ont été mal préparées subissent un déchet de 25 à 28 p. 100.

Ainsi un hectare qui fournit 5,000 kilog. de cossettes permet de fabriquer en moyenne 3,750 à 4,000 kilog. de chicorée en poudre.

Valeur commerciale de la poudre. — Les grains, beaucoup plus recherchés que les poudres, se vendent en fabrique, emballage non compris, de 45 à 50 fr. les 100 kil. Le prix des poudres ne dépasse pas de 40 à 45 fr.

Emballage de la poudre. — La poudre s'emballe dans des paquets de 125, 250 et 500 grammes. On la livre aussi en vrague dans des tonneaux ou des caisses carrées de bois blanc pesant de 25, 50 à 200 kilog.

Poids de la poudre et des grains. — La chicorée en poudre pèse de 15 à 20 pour 100 de plus que la chicorée en grain.

Falsification. — La chicorée en poudre, à laquelle on a donné les noms de *moka surfin, café des dames, crème de moka, café des Indiens, café pectoral*, etc., est souvent falsifiée avant d'être livrée à la consommation.

On la fraude avec de l'ocre, de la terre pulvérisée, du marc de café, des cossettes de betteraves, de la brique pilée, du pain, des restes de semoule, de vermicelle, et des semences de pois, de fèves, de haricots torréfiés, etc. Aux termes de l'instruction publiée par le ministre de l'agriculture et du commerce, le 25 juillet 1853, la chicorée en poudre est pure quand elle ne donne pas au delà de 5 à 6 p. 100 d'une cendre grisâtre après avoir été incinérée.

On surveille aujourd'hui la vente de la chicorée-café, et chaque année les tribunaux prononcent de sévères condamnations contre les fabricants frauduleux.

La chicorée-grain est toujours moins falsifiée que la chicorée-poudre; mais on doit préférer la dernière, parce qu'elle est plus riche en matières extractives. Ainsi, elle abandonne 60 p. 100 par l'épuisement à l'eau chaude; la chicorée-grain n'en perd que 56 p. 100.

SECTION II.

Moutarde noire.

(De Σιναπι, nom grec du senevé.)

(SINAPIS NIGRA, L. BRASSICA NIGRA, Koch.)

Plante dicotylédone de la famille des Crucifères.

Anglais. — Black mustard. *Italien.* — Senape nero.
Allemand. — Senf. *Espagnol.* — Mostaza.
Danois. — Senep. *Portugais.* — Mostarde.
Suédois. — Senap. *Polonais.* — Gorczyka.
Hollandais. — Mosterd. *Russe.* — Gortschisa.

Historique. — Composition. — Terrain. — Semis. — Soins d'entretien. — Récolte. — Conservation des graines. — Poids de l'hectolitre. — Usages des graines. — Fabrication de la moutarde. — Huile. — Farine. — Bibliographie.

Historique. — Cette plante, que l'on désigne souvent sous le nom de *senevé*, est connue depuis les temps les plus reculés; mais sa culture n'a pris une extension marquée en Europe, que depuis le XIVe siècle.

Mode de végétation. — La moutarde noire est annuelle et indigène; elle a une tige droite, cylindrique, glauque, un peu velue, très-rameuse et haute de 0^m,60 à 0^m,90. Ses feuilles sont rameuses, pétiolées, laciniées et presque glabres. Les fleurs sont jaunes et disposées en grappe allongée, terminales et glabres. Ses siliques sont courtes, ridées, et contiennent des graines brunes ou noires.

Composition. — Les graines de moutarde ont une saveur âcre et piquante. Lorsqu'on les mâche, leur saveur chaude se répand dans l'intérieur de la bouche.

Elles contiennent, d'après M. Moride, les substances suivantes :

Matières organiques	63,02
Huile	27,36
Phosphate	3,32
Silice, etc.	1,10
Eau.	5,20
	100,00

Les matières organiques consistent en gomme, sucre,
matière grasse, albumine végétale, matières colorantes
jaune et verte; acides citrique, malique, myronique, et sy-
napisine.

Terrain. — A. NATURE. — Cette crucifère végète sur tous
les terrains; mais elle réussit mieux sur les terres profondes, fraîches, argilo-siliceuses, silico-argileuses, que sur les
terrains argileux et les sols sablonneux. Elle a beaucoup
d'aptitude sur les terres profondes qui contiennent du
carbonate de chaux.

Nonobstant, elle ne fournit de bonnes récoltes que lorsqu'on la cultive sur des terres de bonne qualité.

B. PRÉPARATION. — La moutarde noire oblige à bien préparer les terres qu'on lui consacre. Ainsi, on doit labourer
celles-ci avant l'hiver, et les ameublir de nouveau avec la
charrue et la herse, quelques jours avant la semaille.

Semis. — A. ÉPOQUE. — On sème cette crucifère en
mars, ou, au plus tard, dans la première quinzaine d'avril.

B. EXÉCUTION. — Les semis se font à la volée ou en lignes
espacées de 0ᵐ,40 à 0ᵐ.50.

Les semis en rayons ont l'avantage de rendre les binages
plus faciles.

On couvre les graines par un hersage.

C. QUANTITÉS DE GRAINES. — Lorsqu'on répand les graines

à la volée, on en emploie 5 à 6 litres par hectare. Les semis en lignes n'en exigent que 3 à 4 litres.

Soins d'entretien. — La moutarde exige, pendant sa végétation, deux opérations :

A. BINAGE. — Lorsqu'elle a 3 ou 4 feuilles, on lui donne un binage, dans le but de détruire les plantes indigènes et d'ameublir la surface de la couche arable.

On répète cette opération, si elle est nécessaire, quand les plantes ont de 0^m,15 à 0^m,20 de hauteur.

B. ECLAIRCISSAGE. — La moutarde noire doit être éclaircie. Il faut, pour qu'elle puisse facilement se ramifier et donner naissance à des siliques nombreuses, que tous les pieds soient éloignés les uns des autres de 0^m,15 à 0^m,25, selon la fertilité de la terre.

Récolte. — A. EPOQUE. — La récolte de la moutarde noire se fait à la fin de juillet, ou, au plus tard, dans la première quinzaine d'août.

On doit l'exécuter aussitôt que les tiges commencent à jaunir et à perdre leurs feuilles, et lorsque les graines des siliques inférieures ont pris une teinte noire. Si on attendait pour l'opérer que toutes les siliques fussent mûres, on perdrait par l'égrenage beaucoup de graines, et celles-ci auraient l'inconvénient d'infecter la terre, au détriment des récoltes suivantes.

B. EXÉCUTION. — On coupe la moutarde noire le soir ou le matin, soit avec la faucille, soit à l'aide de la faux. Il faut éviter d'opérer pendant le milieu du jour, si le soleil est ardent et la chaleur atmosphérique très-élevée.

On laisse les tiges en javelles sur le sol, ou on les met en meulons coniques de 1^m,50 à 2^m d'élévation. On doit avoir soin de couvrir ces derniers de paille, s'ils doivent séjourner dans le champ pendant plusieurs semaines, afin d'empêcher les oiseaux de s'attaquer aux siliques.

C. Battage. — Lorsque les tiges sont sèches, c'est-à-dire 6 à 10 jours après la coupe, on les rentre à la ferme pour les battre dans une grange à l'aide de fléaux légers ou d'une machine à battre, ou on les bat dans le champ, sur une bâche, comme on opère quand on récolte la navette (Voir *Navette*, p. 51).

Conservation des graines. — Les graines, après le battage, doivent être déposées, avec une partie des siliques, en couche peu épaisse, dans un grenier.

Lorsqu'elles sont sèches, on les crible pour les nettoyer et les séparer des siliques.

Alors, on les réunit en tas qu'on remue de temps à autre, pour éviter qu'elles fermentent ou qu'elles soient attaquées par des mites.

Produits. — La moutarde noire est aussi productive que la navette d'été. Cultivée sur des terres de bonne qualité, elle donne, en moyenne, de 12 à 15 hectolitres à l'hectare. Ses produits maximum dépassent très-rarement 18 à 20 hectolitres.

Poids de l'hectolitre. — Un hectolitre de graines de moutarde pèse de 68 à 70 kilogr.

Usages des graines. — La graine de cette plante sert à fabriquer la moutarde qu'on mange comme condiment; elle fournit aussi la farine de moutarde, qui forme, de temps immémorial, la base des emplâtres rubéfiants appelés *sinapismes*; enfin, on en extrait une huile propre à l'éclairage.

Fabrication de la moutarde. — Après avoir nettoyé la graine, à l'aide du van ou du tarare, on la fait gonfler dans l'eau pendant vingt-quatre heures environ. Alors on la pile dans un mortier ou on la broie au moyen d'une meule. Ce dernier procédé a été imaginé, en 1730, par mistriss Clément, du comté de Durham (Angleterre). Quand elle a été réduite en poudre, on arrose celle-ci avec du vinaigre ou du moût de raisin, pour la convertir en une pâte homogène brune jaunâtre, piquante, et ayant une consistance fluide. La pâte est ensuite passée au travers d'un tamis de crin, et renfermée dans des vases en verre, en grès ou en faïence, qu'on scelle avec un bouchon de liége.

On mêle souvent à la moutarde ainsi fabriquée, des aromates, des anchois ou des épices.

Les moutardes françaises les plus estimées sont celles de Dijon, de Bordeaux, de Paris et de Brives. Cette dernière moutarde se fait au moût de raisin. On recherche à l'étranger, la moutarde de Durham (Angleterre), de Krems (Autriche).

Huile. — L'huile qu'on extrait des graines de moutarde noire est jaune ; elle a une odeur forte et est très-siccative. On l'emploie, au Japon et au Bengale, pour l'éclairage. En France, elle sert à fabriquer le savon jaune.

100 kilog. de graines fournissent de 18 à 20 kilog. d'huile.

Farine de moutarde. — La farine s'obtient en réduisant les graines en poudre, au moyen d'un moulin ordinaire.

Prix de revient. — Mathieu de Dombasle évalue les dépenses qu'occasionne la culture de la moutarde noire sur un hectare, à 254 fr., et le prix de revient de l'hectolitre, à 17 francs.

BIBLIOGRAPHIE.

De Dombasle. — Mémoires de la Société centrale d'agriculture, 1822, in 8, t. 1, p. 366.

De Gasparin. — Cou s d'agriculture, 1848, in-8, t. IV, p. 153.

SECTION III.

Fenu-grec.

(De τρεῖς, trois et γωνία, angle ; allusion à la forme triangulaire de la corolle).

TRIGONELLA FŒNUM GRÆCUM, L.

Plante dicotylédone de la famille des Légumineuses.

Anglais. — Fenugreek.   *Italien.* — Fienogreco.
Allemand. — Bakshorn.   *Espagnol.* — Fenogreco.

Historique. — Mode de végétation. — Terrain. — Semis. — Soins d'entretien.
Récolte. — Produit. — Poids de l'hectolitre. — Usages des graines et des
tiges. — Valeur commerciale des graines.

Historique. — Cette plante est très-ancienne. Théophraste, Dioscoride, Pline, etc., l'ont mentionnée dans leurs écrits. En Egypte, on emploie ses semences depuis fort longtemps dans l'engraissement des bêtes à cornes; cet usage est aussi très-répandu de nos jours, dans un grand nombre de provinces de la France.

Le fenu-grec, que l'on désigne souvent sous le nom de *senegrain*, est cultivé comme plante industrielle dans l'arrondissement de Bourgueil (Indre-et-Loire).

On le cultive aussi en Allemagne, en Suisse et en Italie.

Mode de végétation. — Le fenu-grec est une plante annuelle; ses racines sont pivotantes, grêles et fibreuses; sa tige est droite, fistuleuse, rameuse, légèrement velue et haute de 0ᵐ,30 à 0ᵐ,60. Ses feuilles sont composées de trois folioles ovales, rétrécies à leur base et un peu dentées à leur sommet. Les fleurs sont blanchâtres ou jaunâtres, axillaires, solitaires ou géminées; elles produisent des gousses glabres, étroites, longues de 0^h,10 à 0^m,12, comprimées, courbées et contenant de 12 à 15 graines jaunâtres et bosselées. Ces semences répandent une odeur fragrante, analogue à celle du mélilot.

Terrain. — Cette légumineuse doit être cultivée sur des terres légères, sèches, calcaires et de moyenne fertilité. Elle réussit ordinairement mal sur les terres argileuses et humides et sur les sols pauvres.

On doit éviter de fumer les terres qu'on lui consacre, à moins qu'elles soient arides. Quand elle végète sur des sols riches et bien fumés, elle pousse vigoureusement, fleurit facilement, mais produit toujours très-peu de graines.

Semis. — On sème le fenu-grec du 15 février au 15 de mars. Dans les provinces du midi, on le sème souvent en automne.

Les semis se font à la volée ou en lignes.

On répand par hectare de 8 à 10 kilogr. de graines.

Les semences doivent être enterrées par un hersage.

Soins d'entretien. — Aussitôt que le fenu-grec a quelques feuilles, on le sarcle, pour débarrasser le sol des plantes indigènes qui pourraient nuire à son développement.

Quand le semis a bien réussi et que les plantes sont très-nombreuses, on les éclaircit de manière qu'elles soient espacées les unes des autres de 0^m,15 à 0^m,25.

Récolte. — Le fenu-grec est en pleine fleur vers la fin de juin ou pendant la première quinzaine de juillet.

Il mûrit ses graines vers la fin de juillet ou au commencement d'août.

On coupe ses tiges avec une faucille ou à l'aide d'une petite faux, que l'on nomme *petit fauchard*, dans la Touraine.

Lorsque les tiges et les gousses sont sèches, on les met en bottes, qu'on rentre dans une grange ou dans un grenier.

On opère l'égrenage des siliques avec le fléau.

Produit. — Un hectare, dans les circonstances ordinaires, produit de 1,000 à 1,200 kilogr. de graines.

Poids de l'hectolitre. — Un hectolitre de graines pèse de 68 à 70 kilogrammes.

Usages des graines et des tiges sèches. — Les graines de cette plante sont données aux bêtes à cornes, aux porcs et aux chevaux qu'on veut engraisser, à la dose de 25 à 40 grammes par jour. Il faut éviter de leur en donner au delà de 50 grammes.

Ces semences excitent les animaux à boire et à digérer; elles renferment une très-forte proportion de mucilage et un principe actif dont la nature est encore inconnue. C'est très-probablement ce principe qui leur permet de faire naître, sur les animaux auxquels on en donne, un embonpoint factice.

Les tiges qui ont produit des graines, n'ont aucune valeur alimentaire; on doit les employer comme litière

Valeur commerciale des graines. — La graine de fenu-grec se vend chez les herboristes ou les épiciers, soit au kilogramme, soit au litre.

En général, son prix varie entre 0 fr. 40 cent. et 0 fr. 80 le litre.

LIVRE VII.

PLANTES A CARDES.

SECTION UNIQUE.

Cardère.

(De δίψαν ἀκέομαι, je guéris la soif; allusion au réservoir que forment les feuilles et
dans lequel s'amasse l'eau pluviale.)

Dipsacus fullonum, Will.

Plante dicotylédone de la famille des Dipsacées.

Anglais. — Fuller's thistle.   *Italien.* — Cardo da cardare.
Allemand. — Weberdistel.   *Espagnol.* — Cardo peinador.

Historique. — Localités où elle est cultivée — Mode de végétation. — Terrain : nature, fertilité, préparation. — Semis : *semis en place* : sur sol nu;
en ligne et à la volée; sur sol ombragé par une céréale; — quantité de
graine, époque des semailles. — *Semis en pépinière* : exécution, étendue
que doivent avoir les pépinières, transplantation, prix de revient de la
plantation. — Soins d'entretien : *Première année* : Premier binage, éclaircissage, binage d'été, arrosement, buttage et abris pendant l'hiver. —
Deuxième année : Binage, étètage ou taille, suppression des drageons,
enlèvement des tètes avariées. — Plantes nuisibles. — Animaux nuisibles. — Maladies. — Agents atmosphériques nuisibles. — Récolte: signes
de maturité, époque, exécution, dessiccation des tètes, mise en paquets.—
Conservation des cardères. — Produit que fournit un hectare. — Commerce des cardères. — Valeur commerciale. — Emballage.— Usages :
tètes, graines, tiges. — Prix de revient. — Bibliographie.

Historique. — Cette plante, à laquelle on a donné les
noms de *chardon à bonnetier*, *chardon à foulon*, *chardon à car-
der*, *chardon lainier*, *chardon cardière*, est cultivée depuis

longtemps en Europe. Dioscoride et Mathioli l'ont mentionnée.

Au XVIe siècle, la Bourgogne était la province qui produisait en France le plus de cardères.

La France a exporté en 1855, 1,020,054 kilogrammes de
cardères ayant une valeur de 1,530,081 francs.

Le commerce désigne les têtes de cardère sous les noms
de *brosses, peignes* ou *pommes de cardières.*

Localités où elle est cultivée. — La cardère est
cultivée soit au nord ou au midi de l'Europe, dans les contrées où il existe des fabriques de drap.

En France, on la cultive en Normandie, dans les environs de Louviers et d'Elbeuf; dans les Ardennes, près de
Sedan et de Verviers; dans l'Ile-de-France, à Mézières;
dans le Languedoc, aux environs de Montpellier, de Cette
et de Carcassonne; dans la Provence, à Tarascon et surtout
à Saint-Remy. Elle est aussi cultivée dans quelques localités
de la Flandre, de la Bourgogne et de l'Orléanais.

Le département des Bouches-du-Rhône, qui est le seul
département que mentionne la statistique, en offre annuellement plus de 1,000 hectares.

On la cultive en Angleterre, en Belgique, en Prusse, en
Saxe, en Bavière, etc.

Mode de végétation. — La cardère est une plante
robuste, bisannuelle et trisannuelle. Sa racine est longue,
fusiforme et pivotante ; sa tige est droite, raide, sillonnée
et à peine munie d'aiguillons ; elle s'élève de 1^m,50 à
2 mètres et donne naissance à des rameaux opposés qui se
développent à l'aisselle des feuilles. Ses feuilles sont un peu
coriaces, entières et presque sans épines, opposées deux à
deux et soudées ensemble à la base, de manière à former
une sorte de réservoir dans lequel se conserve l'eau pluviale

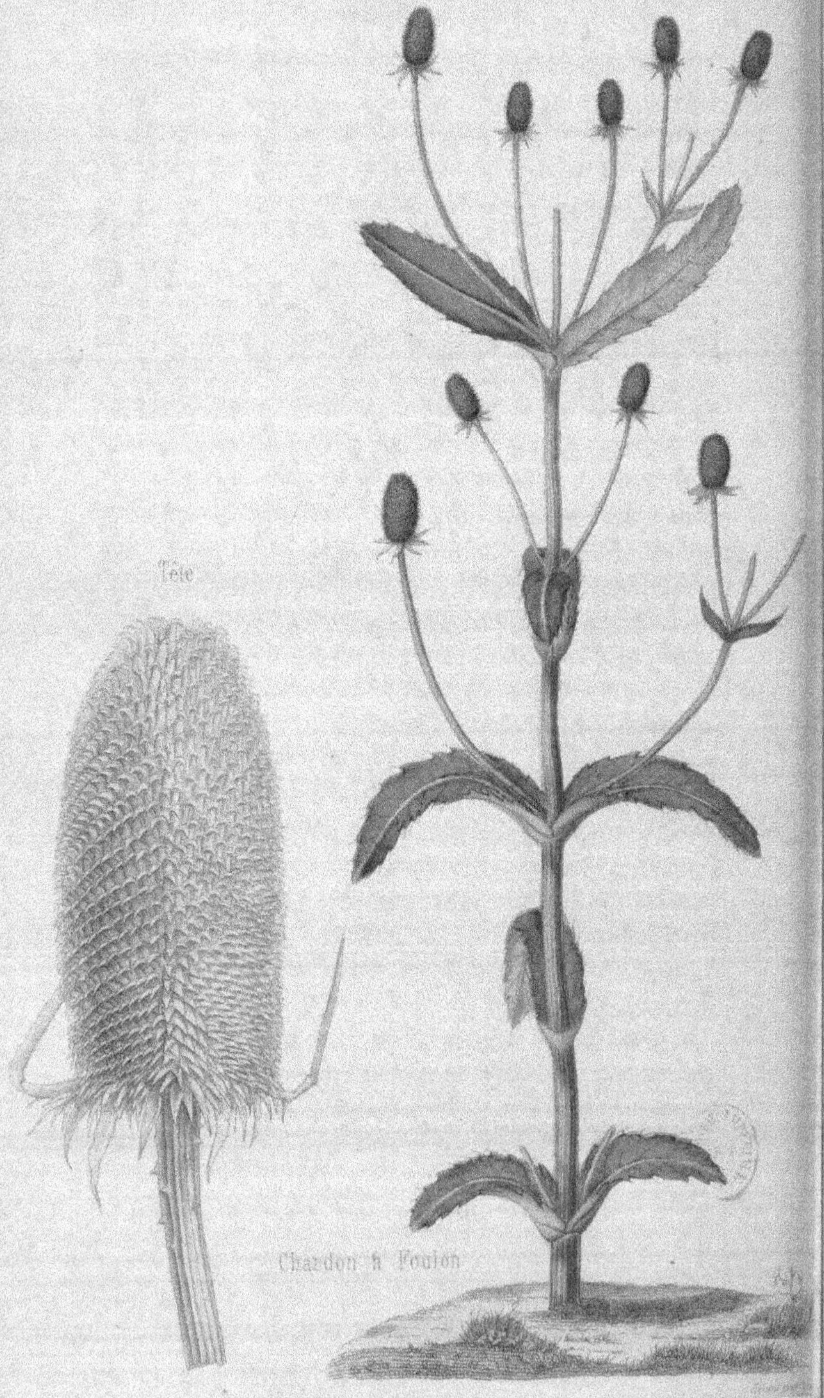

Tête
Chardon à Foulon

ou celle produite par les rosées. Ses fleurs lilas sont réunies en capitules cylindriques, globuleux ou pyramidaux ; leur involucre est à folioles non épineuses , et leur réceptacle est armé de bractées ou paillettes recourbées au sommet. Ses graines sont allongées, striées, brunâtres et un peu plus grosses que celles de la chicorée sauvage.

Cette espèce diffère des deux cardères sauvages en ce que celles-ci ont une tige épineuse, des feuilles caulinaires crénelées ou très-découpées, et des paillettes droites et non réfléchies.

La cardère végète lentement pendant la première année ; elle ne présente jusqu'au printemps qui suit l'époque à laquelle elle a été semée, que quelques feuilles radicales. Ces feuilles ont naturellement une belle teinte verte, mais ordinairement elles rougissent ou prennent une légère teinte violacée en automne et surtout en hiver quand la température descend au-dessous de zéro.

Cette dipsacée résiste très-bien aux froids ordinaires de l'hiver quand elle n'a poussé que des feuilles radicales, qui sont plus lancéolées, plus étroites que les feuilles caulinaires. Dans les contrées du nord et du midi, sa tige périt pendant l'hiver si elle se développe en automne.

Sa tige apparaît et s'élève quand la température au printemps dépasse $+ 8°$. C'est en mai, en juin ou juillet, selon les latitudes, que les fleurs s'épanouissent. Ces organes apparaissent d'abord à la base des capitules et toujours elles forment en se développant une couronne lilas qui gravit lentement de la partie inférieure au sommet du capitule.

La cardère termine ordinairement son existence lorsqu'elle a reçu pendant la seconde année, environ 3,000 de chaleur.

En général, cette plante ne végète convenablement que

lorsque la température pendant la première année a été régulière.

Terrain. — A. NATURE. — La cardère doit être cultivée sur des terres saines, aérées, exposées au sud, profondes et plutôt légères que compactes. Elle redoute les terrains humides et ceux sur lesquels les eaux sont stagnantes pendant l'hiver.

Les sols qui lui conviennent le mieux sont les terres silico-argileuses et silico-calcaires, les terrains à chanvre et les sols graveleux et pierreux.

Les terres sur lesquelles on cultive la cardère à Mézières (Seine-et-Oise), se louent en moyenne 200 fr. l'hectare.

B. FERTILITÉ. — Les terres qu'on consacre à cette plante ne doivent être ni trop riches, ni trop pauvres. Cultivée sur des terrains substantiels, elle fournit des têtes volumineuses et garnies de crochets qui manquent d'élasticité. C'est sur les sols sains et de fertilité moyenne, c'est-à-dire sur les terres à froment, qu'elle produit des têtes recherchées des industriels pour leur grosseur moyenne et uniforme et l'élasticité de leurs bractées. Ordinairement, la valeur des produits qu'elle fournit quand on la cultive sur des sols pauvres, des terres épuisées, ne couvre pas les dépenses qu'elle occasionne.

C. PRÉPARATION. — Les terres doivent recevoir une préparation complète. Ainsi, on doit, par des labours et des hersages, les diviser, les ameublir aussi profondément que le permet l'épaisseur de la couche arable, et les débarrasser des plantes vivaces à racines traçantes qui l'ont envahie.

Quantité d'engrais à appliquer. — La cardère est épuisante et s'empare facilement des anciens engrais. Toutefois, elle n'exige pas, pour donner des produits abondants et égaux, que les terres soient fécondées par des engrais abondants. M. de Gasparin dit qu'il faut appliquer 5,000 kilog. de fumier par chaque 100 kilog. de têtes qu'elle peut fournir. Ainsi, une terre qui fournirait en moyenne 700 kilog. de têtes devrait recevoir 35,000 kilog. Ce chiffre est beaucoup trop élevé. La quantité de fumier qu'elle exige est de 1,500 kilog. par 100 kilog. de têtes, quantité qui porte la fumure moyenne à 12,000 kilog. par hectare.

Semis. — On cultive la cardère de deux manières. Ici, on la sème en place; ailleurs, on la cultive d'abord en pépinière pour transplanter les plants lorsque la saison le permet.

A. **Semis en place**. — Les semis en place se font tantôt sur une terre nue, tantôt sur des terrains occupés par une céréale d'hiver en végétation.

I. — SEMIS SUR SOL NU. — Ce procédé est celui qu'on adopte ordinairement en Normandie, dans l'Ile-de-France et les Ardennes. On le suit quelquefois dans la Provence.

1° *En lignes*. — Lorsqu'on sème la cardère en lignes, on projette la graine avec la main dans des rayons tracés avec un rayonneur, ou on la répand avec un semoir à brouette ou à cheval, ou bien encore on la sème sous raies.

Les rayons doivent être espacés les uns des autres de 0^m,40 à 0^m,70, selon la fertilité du sol et les plantes qu'on doit cultiver entre les lignes, pendant la première année. Nonobstant, celles-ci doivent être assez espacées pour que les ramifications qui s'écartent de 0^m,30 à 0^m,35 de la tige principale puissent se développer facilement.

Dans les circonstances ordinaires, 0^m,50 de distance entre les lignes sont suffisants pour que la cardère puisse végéter librement.

On recouvre légèrement les graines par un hersage ou à l'aide d'un fagot d'épines ou d'un râteau. L'enfouissement au râteau est souvent pratiqué par les femmes ou les enfants qui projettent les graines dans les rayons.

C'est à tort qu'on a recommandé de ne pas enterrer les semences. Si ces graines restaient sur la terre ou dans les rayons sans être enterrées, les oiseaux, qui en sont très-friands, désensemenceraient en partie le champ.

2° *Semis à la volée.* — Autrefois on semait la cardère à la volée. La plupart des agriculteurs la cultivent aujourd'hui en lignes, parce qu'ils ont reconnu que ce procédé était beaucoup plus avantageux sous tous les rapports.

II. — Semis sur sol ombragé par une céréale. — Dans la Provence et le Languedoc, on sème ordinairement la graine de cardère sur les champs ombragés par une céréale d'hiver ou en même temps qu'on exécute les semailles de blé, de seigle ou d'avoine.

Voici comment on exécute ces semis spéciaux :

On sème deux raies de charrue en blé ou en seigle et on évite d'ensemencer la troisième, puis on sème les deux suivantes en négligeant encore d'ensemencer la sixième, et ainsi de suite jusqu'à la fin du champ. En suivant ce procédé, la ligne non occupée par la céréale est séparée par deux bandes ou sillons de blé ayant environ 0^m,50 à 0^m,60 de largeur. Cette distance est suffisante pour que la cardère puisse librement se développer l'année suivante. J'observerai que la semaille de la céréale a lieu sous raies.

Lorsque le moment de semer la cardère est arrivé, on trace un sillon ou rayon sur le milieu des bandes non ensemencées. Ce travail se fait de diverses manières. Tantôt on le pratique avec un araire traîné par un cheval et appelé *fourcat,* tantôt on l'exécute avec la houe à main ou au moyen d'un petit sep d'araire armé d'une faible pointe de fer.

A mesure que l'ouvrier trace les rayons, une femme le suit et y laisse tomber de la graine de cardère. On recouvre ensuite celle-ci avec un râteau, avec une planche traînée en guise de herse ou avec *l'araire fourcat*. Quand on se sert de ce dernier instrument, on trace une légère raie à côté de celles qui ont été ensemencées, de manière à les combler en partie de terre.

On peut aussi exécuter les semis à l'aide d'un semoir à cheval muni de trois tubes espacés les uns des autres de $0^m,20$ à $0^m,25$. Ainsi, si l'on dispose le réservoir à graines de manière qu'il alimente le tube médian de graines de cardère et les deux autres de semences de blé, on sèmera à chaque rayage deux lignes de froment et une ligne de cardère. Alors les lignes de cardère seront séparées par deux lignes de blé occupant un espace ayant $0^m,40$ à $0^m,50$ de largeur.

L'expérience a démontré qu'il faut, autant que possible, tracer les rayons de l'est à l'ouest, afin que les cardères puissent profiter largement de l'influence de la lumière et de la chaleur du soleil pendant l'été de la seconde année.

Cette culture simultanée présente un avantage incontestable, en ce qu'elle permet d'occuper utilement la terre pendant l'année qui suit le semis.

Cet avantage explique pourquoi on a l'habitude, dans les contrées où les ensemencements sont exécutés sur un sol nu, de cultiver entre les lignes de cardère, durant la première année de végétation de cette plante, des haricots, des carottes, des pommes de terre, des betteraves, etc. Cette association est rationnelle : elle n'oblige pas à porter au compte de cette plante industrielle deux années de loyer :

en outre, les façons d'entretien que réclament les carottes, haricots, etc., lui sont favorables et l'aident dans son développement, puisqu'elles sont faites dans le but d'ameublir et nettoyer la couche arable.

III. — QUANTITÉ DE GRAINES. — On répand par hectare de huit à dix litres de graine.

Cette quantité n'est pas trop élevée. En général, les bonnes graines sont mêlées à des graines infertiles qui proviennent de la partie supérieure des capitules ou de la base de têtes récoltées trop prématurément.

Les graines de mauvaise qualité ont une teinte blanchâtre et elles sont très-légères. Celles qui peuvent germer sont grises et lourdes.

Poids de l'hectolitre. — Un hectolitre de graines de bonne qualité pèse 36 à 40 kil.

IV. — ÉPOQUE DES SEMIS. — La cardère se sème soit en automne, soit au printemps.

Dans le Midi, aux environs de Saint-Remy, d'Eyragues, de Tarascon, etc., on confie ordinairement la graine à la terre en automne au mois de septembre ou octobre. Ce n'est qu'accidentellement qu'on la sème en août ou pendant les mois de février ou de mars.

Les cultivateurs des communes d'Aix, Salon, Charleval, Orgon (Bouches-du-Rhône), sèment souvent la cardère au printemps.

Aux environs d'Elbeuf, de Louviers, de Mantes, de Verviers, d'Aix-la-Chapelle, de Mézières, etc., on exécute presque toujours les semis en mars ou avril.

B. **Semis en pépinière**. — Quelques cultivateurs de Mézières (Ardennes), Mézières (Seine-et-Oise), Louviers (Eure), sèment la cardère en pépinière. Ce mode de culture présente quelques avantages sur les semis en place.

Ainsi, par cette méthode, la cardère occupe la terre pendant moins de temps, drageonne peu, résiste mieux aux froids rigoureux de l'hiver et pousse plus régulièrement.

I. — EXÉCUTION. — Ces semis se font toujours plus tardivement que les semis en place. Ordinairement on les exécute en mai ou en juin sur des terres de bonne qualité et fraîches que l'on a préalablement labourées à la bêche et fumées.

II. — ÉTENDUE QUE DOIVENT AVOIR LES PÉPINIÈRES. — Un hectare bien garni de plants suffit à la transplantation de 8 à 12 hectares, suivant l'écartement qu'on met entre les lignes et les plants.

III. — TRANSPLANTATION. — La mise en place des plants a lieu dans le nord de la France pendant le mois de septembre. En Allemagne, on l'exécute en juillet et août.

Cette opération doit être faite avec beaucoup de soin ; on l'exécute soit au plantoir, soit à la bêche, sur des terres labourées en planches de 3 à 5 mètres de largeur, afin que les dérayures servent de rigoles d'écoulement aux eaux pluviales pendant l'automne et l'hiver. Il est utile de la pratiquer autant que possible par un temps couvert ou pluvieux, afin que la reprise des plants soit plus assurée.

Il est utile aussi de bien choisir les plants. On doit planter de préférence ceux qui sont forts et vigoureux, parce qu'il sont moins sujets à produire des rejets.

IV. — PRIX DE REVIENT DE LA PLANTATION. — Un homme aidé par un enfant ou une femme plante un hectare en dix à douze journées.

Ce travail, qui constitue une opération assez longue, à cause du développement que présentent les racines, est payé à Mézières (Seine-et-Oise), où l'hectare contient 20,000 pieds, de 50 à 60 fr.

Soins d'entretien. — I. **Première année.** — A. Premier
binage. — On donne un binage quelques semaines après la
levée des graines, afin d'ameublir la terre et de détruire
les mauvaises herbes.

B. Eclaircissage. — Aussitôt que les feuilles ont de $0^m,05$
à $0^m,08$ de longueur, on éclaircit les plants de manière
qu'ils soient espacés sur les lignes de $0^m,30$ à $0^m,40$.

Il est utile de mettre en réserve un certain nombre de
pieds superflus pour pouvoir regarnir les places vides au
mois de septembre suivant.

Souvent on exécute cet éclaircissage lorsqu'on pratique
le deuxième binage.

C. Binage exécuté pendant l'été. — Cette seconde culture d'entretien s'exécute en juin ou juillet.

Lorsque la cardère a été associée au froment, on lui
donne un bon binage aussitôt que la récolte de cette céréale
a eu lieu. Cette opération détruit la dureté que le sol a
acquise pendant la végétation du froment et le débarrasse
des mauvaises herbes qui envahissent sa surface. On ne
doit pas oublier que la cardère qui provient d'un semis exécuté dans une céréale, soit à l'automne, soit au printemps,
ne commence véritablement à végéter qu'après la moisson.

D. Arrosement. — Dans le Midi, on arrose quelquefois les
cardères après la récolte de la céréale à l'abri de laquelle
elle s'est développée. Cette irrigation, si elle est modérée,
excite la végétation des plantes et les rend plus robustes,
plus rustiques.

On a constaté dans le département de Vaucluse, qu'un dé-
bit de 48 centilitres, par hectare et par seconde, était suffisant pour pratiquer cet arrosement.

E. Buttage. — Au mois de septembre ou octobre, on

exécute un buttage soit avec la houe ou la pioche, soit au moyen d'une charrue à deux versoirs ou d'un buttoir. Cette opération, que l'on pratique ordinairement en Angleterre et en Belgique, est faite dans le but de garantir les plantes du froid pendant l'hiver et de faciliter l'écoulement des eaux pluviales. Quelquefois, on ne l'opère que partiellement, c'est-à-dire on se borne à chausser les plantes au nord seulement des rayons. Alors on se sert d'une charrue légère traînée par un seul animal.

F. Abris pendant l'hiver. – Quand les plantes sont faibles et qu'on craint des gelées très-intenses pendant l'hiver, on répand, sur toute la surface du champ, une couverture de paille ou de fumier pailleux.

II. — **Deuxième année**. — A. Binage. — En mars ou avril de la seconde année, on exécute un nouveau binage. Cette opération doit être terminée avant l'époque à laquelle la cardère commence à montrer sa tige, parce que celle-ci, qui se développe toujours très-rapidement, ne permettrait plus aux ouvriers d'exécuter le binage sans endommager les plantes.

B. Etêtage ou taille. — Il est utile, lorsque la cardère végète vigoureusement au printemps de la seconde année, de la tailler aussitôt qu'elle a atteint $0^m,50$ à $0^m,60$ au maximum.

Cette taille s'exécute en avril, mai ou juin, suivant le climat ; elle consiste à couper plus ou moins la tige principale de chaque plante. Lorsque la cardère végète sur des sols riches, on la rabat au-dessus du premier ou du second étage de feuilles.

Cette solution de continuité favorise le développement des tiges secondaires et des têtes qui se développent à leur extrémité. Si, sur les terres fertiles, on abandonnait les plantes à elles-mêmes, la tige principale se développerait vigoureusement, au détriment des rameaux latéraux, puisqu'elle absorberait une grande partie de la sève. Alors, la tête que fournit cette tige deviendrait volumineuse et difforme, et les rejets qui se développent à l'aisselle des feuilles ne présenteraient que de très-petites cardères.

C'est par l'étêtage qu'on augmente la vigueur des rameaux inférieurs et qu'on peut seulement obtenir des têtes régulières de forme et de grosseur.

Dans le Midi, à Arles, par exemple, on châtre la tige principale et souvent on répète cette taille une ou deux fois sur les jets latéraux qui se développent trop vigoureusement. Alors, on ne laisse sur chaque pied que 8 à 12 têtes, selon la nature et la richesse du sol.

Enfin, dans d'autres contrées, cette opération n'est exécutée que partiellement, suivant l'extension que prennent les cardères.

La taille retarde toujours de plusieurs semaines la maturité des têtes. Ceci explique pourquoi elle est plus en usage dans les contrées du midi que dans les provinces du nord.

Quoi qu'il en soit, il est utile de supprimer avec soin toutes les têtes qui se montrent tardivement et qui n'ont pas la force nécessaire pour acquérir un développement convenable.

L'écimage de la cardère constitue, dans le Vaucluse, l'opération que l'on nomme *capouiller*.

C. SUPPRESSION DES DRAGEONS. — Au printemps, on supprime aussi les drageons qui se développent à la base des cardères cultivées sur des sols riches.

Ces rejets ont le défaut d'affamer considérablement les pieds qui les produisent, et de nuire par conséquent à la beauté et à la régularité des têtes.

On désigne les cardères qui drageonnent sous le nom de *chardons gras*.

D. Enlèvement des têtes avariées. — On doit aussi supprimer, pendant la végétation des cardères, les têtes avariées ou mal conformées; celles qui se flétrissent, qui sont trop volumineuses, trop petites, ou qui noircissent, et celles dont les paillettes ou bractées ne sont pas recourbées vers le pédoncule.

Plante nuisible. — La cardère est attaquée par l'*orobanche rameuse* (Orobanche ramosa, L.) qui l'épuise et la fait périr.

Maladies. — Cette plante est sujette à deux altérations. Ainsi tantôt elle se couvre d'un duvet blanchâtre qu'on nomme *blanc, blanquet* ou *surdige*; tantôt elle est affectée par une sorte de *pourriture*, pour laquelle on ne connaît aucun remède. Cette seconde altération se manifeste principalement sur les cardères qui végètent dans les sols riches et humides.

On doit arracher avec soin tous les pieds qui prennent le *blanc*, parce que cette altération se propage aisément.

Animaux nuisibles. — Les mulots font quelquefois de très-grands dégâts dans les cultures de cardères; aussi doit-on chercher à les détruire dans les champs où ils rongent les racines de ces plantes.

Insectes nuisibles. — La cardère est attaquée pendant sa végétation par une *pyrale* (Pyralis dipsacana, Val.). Cet insecte a été mentionné par Pline. Il rend les piquants des têtes plus faibles. On l'observe dans les tiges, d'avril à juillet, et dans les têtes après la récolte. On ne connaît malheureusement aucun moyen pour arrêter ses ravages.

Agents atmosphériques nuisibles. — La cardère redoute les sécheresses intempestives et prolongées;

mais dans les années ordinaires, elle supporte très-bien les grandes chaleurs, à cause de la disposition de ses feuilles.

Les pluies continuelles lui sont aussi nuisibles ; elles affaiblissent les crochets ou bractées et font pourrir les têtes. Les brouillards intenses et prolongés du bassin du Rhône et de la Normandie les noircissent et diminuent leur valeur commerciale.

Récolte. — A. Signes de maturité. — On procède à la récolte des têtes, quand celles-ci et leurs pédoncules ont pris une teinte jaunâtre ou vert doré et lorsque la chute des fleurs est complète.

On ne doit pas attendre pour l'exécuter que les graines se détachent d'elles-mêmes et que les têtes aient pris une teinte roussâtre.

Lorsqu'on opère la récolte trop tôt, les bractées manquent de résistance et restent molles ; si on l'exécute trop tardivement, elles sont dures, cassantes, et les pluies ou les brouillards peuvent altérer leur couleur.

La cardère qui végète sur des sols secs et pauvres ne monte souvent à graine que la troisième année.

B. Epoque. — La récolte se fait depuis la seconde quinzaine de juillet jusqu'à la fin d'août, suivant les localités.

C. Exécution. — On coupe les pédoncules de manière que les têtes soient munies d'une queue de $0^m,10$, $0^m,20$, ou $0^m,40$, suivant les usages des contrées.

Les cardères sans queues ont une faible valeur.

On se sert, pour couper les pédoncules, d'une petite serpe semblable à celle dont on fait usage dans le Midi pour tailler la vigne, et que l'on désigne sous le nom de *faucillon*.

L'ouvrier qui opère, porte à sa ceinture, ou suspendu à son cou, un panier ou un sac à large ouverture, dans lequel il dépose les têtes qu'il a détachées à l'aide d'un coup sec de

la serpe. Il doit saisir par la main gauche la tête que porte
le pédoncule qu'il doit couper.

Lorsque le sac ou le panier est plein, on le vide sur une
des toiles qui servent à transporter les têtes à la ferme.

La récolte ne s'exécute pas en une seule fois, parce que
les têtes ne mûrissent pas toutes en même temps. On la rè-
pète tous les huit à dix jours. Quelquefois elle dure de vingt
à trente jours.

A Mézières (Seine-et-Oise), la coupe des cardères se paye
de 0 fr. 30 à 0 fr. 40 cent. les mille têtes.

Un homme peut récolter par jour de six à huit mille têtes.

D. Dessiccation des têtes. — Aussitôt que chaque récolte
partielle est terminée, on s'occupe de la dessiccation des
têtes. A cet effet, on les dépose sous un hangar ou à l'air
libre, si le temps est beau; mais de préférence à l'ombre.

Quand on expose les cardères à l'air, il faut les étendre,
autant que possible, sur un endroit pavé, macadamisé ou
bien battu et exempt d'herbes.

La dessiccation ne doit pas être précipitée, car elle rend
les bractées cassantes; en outre, il faut éviter de l'opérer à
la pluie, pour que les têtes ne perdent pas leur belle couleur blonde. C'est sous l'action simultanée de la rosée et
de la lumière du soleil, que les cardères prennent la légère
teinte roux-verdâtre si recherchée par le commerce.

Enfin, il est nécessaire de retourner les têtes une fois par
jour au moyen d'une fourche en bois, pour éviter qu'elles
fermentent. Cette opération est délicate, et il faut agir avec
prudence afin de ne pas briser les crochets.

E. Mise en paquets. — Lorsque les têtes sont sèches, et
elles le sont ordinairement après trois à six jours, selon
la latitude et l'état de l'atmosphère, on procède à la mise
en paquets.

Pendant cette opération, on procède au triage des têtes et on rejette toutes celles qui ont des taches de moisissures et qui sont noirâtres, verreuses ou fendues. En outre, on fait tomber des têtes les fleurs qui y sont adhérentes et qui les feraient déprécier.

Le nombre des têtes qui composent un paquet varie suivant les contrées. Ici, les paquets en contiennent vingt-cinq; ailleurs, ils en renferment cinquante; plus loin, ils en contiennent cent.

Quelquefois, on forme des poignées de vingt-cinq têtes et des paquets de mille.

Enfin, dans quelque localités, les têtes avec lesquelles on fait les paquets, sont d'inégale grosseur.

Nonobstant, la mise en paquets doit être faite dans une chambre ou sur une bâche, afin qu'on puisse recueillir les graines qui se détachent des têtes, lorsqu'on secoue celles-ci avant de les réunir à l'aide de liens d'osier.

Conservation des cardères. — Lorsque les cardères doivent être conservées pendant plusieurs mois dans les bâtiments de la ferme où elles ont été recueillies, on les empile en les superposant les unes aux autres, de manière à former des tas ayant la forme d'un énorme hérisson. Cette manière d'agir est nécessaire; elle empêche les rats et les souris, qui sont très-friands de graines, de se réfugier dans les tas et d'endommager les têtes en rongeant les bractées.

Les bâtiments dans lesquels on conserve les cardères ne doivent être ni trop secs, ni trop humides. Dans le premier cas, les têtes diminuent de poids; dans le second, les bractées perdent l'élasticité qui en fait tout le mérite.

Produit que fournit un hectare. — Le produit que la cardère fournit par hectare, varie suivant l'espacement des lignes et des plants, et le nombre moyen des têtes que chaque plante a développées.

Voici les rendements qu'on a observés :

Burger . . . . 100,000 à 170,000 têtes.
Mathieu de Dombasle . . . . 400,000 —
De Gasparin . . . . 500 à 1,000 —

On peut évaluer le produit moyen à 700 kilog. par hectare.

A Verviers, on récolte par hectare 12,400 paquets de 25 ou 310,000 têtes; à Mézières (Seine-et-Oise), où l'hectare contient environ 20,000 pieds, on obtient en moyenne sur cette surface 16,000 poignées de 25 ou 400,000 têtes.

C'est par exception qu'on récolte sur la même superficie de 500,000 à 600,000 têtes.

Récolte des tiges. — Lorsque les têtes sont desséchées, on coupe ou on arrache les pieds, on les met en bottes pour les conserver en meules.

Il faut les soustraire à l'action de la pluie si on doit les utiliser comme combustible.

Commerce des cardères. — Le commerce des cardères ne se fait pas partout de la même manière.

Dans le Midi, on les divise en six classes, savoir :

N° 1	têtes ayant	$0^m,027$	à	$0^m,033$	de longueur
— 2	—	0 ,033	à	0 ,040	—
— 3	—	0 ,040	à	0 ,047	—
— 4	—	0 ,047	à	0 ,054	—
— 5	—	0 ,054	à	0 ,066	—
— 6	—	0 ,066	à	0 ,080	—

M. Portal de Moux, à Conques (Aude), divise les cardères qu'il récolte en cinq classes, savoir :

N° 0	Têtes de cardères n'ayant que	$0^m,027$	de largeur.
— 1	—	0 ,027	—
— 2	—	0 ,030	—
— 3	—	0 ,036	—
— 4	—	0 ,043	—

Les têtes qui appartiennent à ces classes pèsent en moyenne les poids suivants :

N° 1	9 grammes, et 1 kilog. contient		100 à 110 têtes.
— 2	6	—	150 à 165 —
— 3	4 1/2	—	200 à 220 —
— 4	3 1/2	—	285 à 300 —
— 5	2 1/2	—	380 à 400 —
— 6	1 1/2	—	730 à 760 —
Moyennes	4 gr. 1/2		307 à 325 têtes.

Toutes ces têtes sont calibrées à l'aide d'un appareil inventé par M. Portal de Moux.

Ailleurs, on les partage en *trois catégories* :

La *première* comprend les têtes des tiges principales qu'on n'a pas taillées; ces têtes portent le nom de *maîtres*.

La *seconde* embrasse les têtes des tiges secondaires; ces têtes sont connues sous le nom d'*ailes*.

La *troisième* comprend les petites têtes qu'on nomme *turlupins*. On donne ordinairement deux *turlupins* pour une *aile*. Ces petites têtes entrent pour un vingtième dans la récolte totale d'un hectare.

Enfin, le commerce de Paris divise les cardères en deux classes :

La première comprend les *mâles*, que l'on appelle quelquefois *reines* ou *bourdons*. Ces têtes sont celles qui ont une grosseur uniforme, qui sont les plus longues et qui ont les bractées les plus résistantes.

La seconde embrasse les *femelles*. Ces têtes sont rondes et ont des bractées moins raides.

Quoi qu'il en soit, plus les cardères sont droites, allongées, cylindriques, et armées de beaux crochets recourbés en bas, et plus elles sont recherchées par les drapiers.

Valeur commerciale des cardères. — Le prix des cardères non classées varie de 80 à 120 fr. les 100 kilog., ou 45 à 50 fr. la balle contenant 10,000 têtes et le kilogramme en moyenne 200 têtes.

Les *mâles*, ou cardères de premier choix, se vendent de 5 à 7 fr. les 100 têtes, et les *femelles* de 2 à 3 fr.

Le prix des *turlupins* varie de 200 à 240 fr.

A Tarascon, les 100 kilog. de têtes classées se vendaient, en 1857, ainsi qu'il suit :

N° 1	avec bractées rapprochées, de	289	à	350 fr.
— 2	avec bractées ordinaires, de	300	à	320 »
— 3	—	280	à	300 »
— 4	—	220	à	250 »
— 5	—	150	à	180 »
— 6	—	80	à	160 »

Les cardères calibrées avec l'appareil de M. Portal de Moux, sont cotées comme il suit :

N° 0	les 100 kil.	160	fr.
— 1	—	200	»
— 2	—	200	»
— 3	—	160	»

Le cultivateur a intérêt à vendre les têtes qu'il a récoltées dans le mois de septembre. En agissant ainsi, il évite les pertes qu'occasionnent les rats et l'humidité de l'atmosphère.

Emballage. — On livre les cardères au commerce dans des balles ou de grands paniers contenant environ 10,000 têtes.

Lorsqu'on les destine à l'exportation lointaine, on les emballe dans des tonneaux de 2 mèt. de hauteur sur 1 mèt. de diamètre, et pesant en moyenne 45 kilog. Ces tonneaux, une fois remplis, pèsent, brut, 230 à 240 kilog., et net, environ 180 kilog.

Un ouvrier emballe 10,000 têtes dans une journée.

Usages. — A. Têtes. — Les têtes *mâles* servent pour peigner les couvertures et les bas dits drapés; on emploie les têtes *femelles* pour peigner les draps fins.

B. Graines. — Les graines servent à nourrir les volailles, ou on les convertit en terreau après les avoir imbibées d'urine.

C. Tiges. — On emploie les tiges pour chauffer les fours; on les utilise rarement dans les foyers, parce qu'elles ont l'inconvénient de pétiller.

Elles servent aussi à faire des haies sèches ou des abris.

Prix de revient. — M. de Gasparin évalue les dépenses d'un hectare à 304 fr. 75, et le prix de revient des 100 kilog. de têtes à 60 fr. 21.

Ces dépenses sont faibles. M. de Gasparin évalue la rente du sol à 98 fr. 29, et il porte le produit à 500 kilog. de têtes.

BIBLIOGRAPHIE.

De Bec. — Annales provençales, 1845, in-8°.
De Gasparin. — Cours d'agriculture, in-8°, 1848, t. IV, p. 221.

LIVRE VIII

PLANTES D'ORNEMENT FUNÉRAIRE.

Immortelle d'Orient.

ἥλιος, soleil, χρυσός, or ; allusion à la forme et à la couleur des capitules

HELICHRYSUM ORIENTALE, Tourn. — GNAPHALIUM ORIENTALE, L.

Plante dicotylédone de la famille des Composées.

Historique. — Localités où elle est cultivée. — Mode de végétation. — Climat. — Terrain. — Mode de propagation. — Mise en place des boutures enracinées. — Soins d'entretien. — Récolte des fleurs. — Opérations qui suivent la récolte. — Produit. — Durée d'existence. — Emballage des paquets. — Valeur commerciale. — Immortelles à teintes artificielles. — Usages.

Historique. — L'immortelle d'Orient que l'on désigne souvent sous les noms d'*éternelle*, *immortelle jaune*, est connue en Europe, depuis 1629. On la croit originaire de l'île de Crète.

Cette plante n'est cultivée comme plante industrielle que depuis 1813. Avant cette époque, elle n'était connue que comme plante d'agrément. Alors on conservait ses fleurs dans les appartements ou on les utilisait dans l'ornement des églises, comme cela a lieu encore en Portugal.

Aujourd'hui elles servent à faire les couronnes qui ornent les tombeaux.

Contrées où elle est cultivée. — L'immortelle est

cultivée en grand à Ollioules, Valette, Solliés, Saint-Nazaire et à Bandols, villages abrités des vents du nord par les hautes montagnes qui bordent à quelques kilomètres le littoral de la Provence.

M. Laure a calculé, en 1835, que le nombre de pieds qui existaient dans l'arrondissement de Toulon (Var), dépassait un million.

Nonobstant, ces plantations nombreuses ne fournissent pas toutes les immortelles dont la France a besoin. Chaque année le commerce en importe pour 800 à 900,000 fr. de la Sicile et des îles Ioniennes.

Mode de végétation. — L'immortelle d'Orient est vivace. Ses feuilles radicales sont obtuses, blanchâtres et forment des touffes ayant quelquefois de $0^m,30$ à $0^m,40$ de diamètre. Elle produit des tiges tortueuses ou ascendantes, simples ou ramifiées, un peu ligneuses à leur base, hautes de $0^m,50$ à $0^m,66$ et munies de feuilles sessiles, linéaires, molles, cotonneuses et longues de $0^m,05$ à $0^m,07$. Les tiges portent à leur sommet des capitules longuement pétiolés et disposés en corymbe irrégulier et composé. Les involucres ont une consistance scarieuse ; leurs folioles sont luisantes et d'un beau jaune doré.

Cette plante végète presque continuellement, mais elle ne développe ordinairement ses tiges que vers le milieu du printemps. Quant à ses fleurs, elle les épanouit pendant le mois de juin ou au plus tôt dans la seconde quinzaine de mai.

Climat. — L'immortelle d'Orient demande un climat chaud et sec, et ne peut être cultivée en pleine terre que dans les parties les plus chaudes de la région du Midi.

Sa culture est impossible dans les régions du Centre, de l'Ouest, de l'Est et du Nord.

En général, elle ne résiste pas à 5° au-dessous de zéro.

En 1837, la plupart des pieds d'immortelles périrent sous l'influence du froid qui fut cette année-là très-violent dans toute la Provence.

Cette plante redoute aussi les fortes rosées et les pluies abondantes et continues.

Terrain. — On cultive l'immortelle d'Orient sur des terres légères, perméables et caillouteuses.

Elle réussit très-bien sur les gradins exposés au sud que l'on observe sur les montagnes qui avoisinent le pittoresque village d'Ollioules.

Ordinairement, elle végète mieux sur les sols arides que sur les terrains fertiles.

C'est en vain qu'on voudrait la cultiver sur les sols en plaine et les terres humides.

Mode de propagation. — On la multiplie de boutures qu'on exécute pendant le mois de juillet, en séparant les vieilles souches.

A cette époque l'immortelle est presque sèche et pour ainsi dire morte.

Ces boutures doivent être plantées très-rapprochées dans un terrain bien ameubli et un peu ombragé.

Cette plantation se fait au moyen d'un plantoir ou à l'aide d'une cheville.

Elle est suivie d'un arrosage.

Quinze jours environ après leur plantation, les boutures ont développé des racines et produit quelques nouvelles feuilles.

Mise en place des boutures enracinées. — La mise en place des boutures enracinées se fait l'année suivante au mois de mars, lorsqu'on ne redoute plus de gelées.

Le terrain doit être défoncé de 0ᵐ,33 à 0ᵐ,50 de profondeur.

On y applique très-peu de fumier, car ce dernier est plus nuisible qu'utile aux immortelles.

Les pieds doivent être éloignés les uns des autres de 0ᵐ,50, 0ᵐ,60 à 0ᵐ,75. Quelques cultivateurs les plantent à 0ᵐ,30 seulement, mais cette distance n'est pas assez grande pour que les touffes puissent facilement se développer.

Au fur et à mesure que les ouvriers creusent les trous, des femmes y plantent des boutures enracinées, en ayant la précaution de bien couvrir les racines de terre passée à la claie, si elles opèrent sur un terrain pierreux.

On termine la plantation, en arrosant tous les pieds.

Plus tard, on exécute un ou plusieurs binages.

Ordinairement, un certain nombre de pieds produisent des fleurs pendant l'été qui suit l'époque de la mise en place. Il est utile de couper ces tiges aussitôt qu'elles apparaissent afin qu'elles n'affament pas les plantes et nuisent par conséquent à leur développement.

Soins d'entretien. — Chaque année, on laboure le sol à la houe et on donne ensuite les binages et les sarclages nécessaires.

On exécute la première opération en mars.

Le premier binage se fait en mai, avant que les tiges ne soient complétement développées.

Durée d'existence. — Une culture d'immortelles bien conduite et bien entretenue persiste pendant huit à dix années.

Récolte des fleurs. — La cueillette des fleurs se fait pendant le mois de mai. Quelquefois, elle se prolonge jusqu'en juin.

On coupe les tiges à 0ᵐ,25 ou 0ᵐ,30 au dessous des corymbes, un peu avant l'épanouissement des boutons, c'est-à-dire à mesure que les capitules qui ont une forme ovoïde commencent à s'ouvrir et laissent apercevoir un petit trou à leur partie médiame.

On ne doit couper les tiges ni trop tôt, ni trop tard. Le commerce refuse les fleurs qui ne sont pas assez formées et celles qui sont trop ouvertes ou trop épanouies.

Cette récolte est toujours confiée à des femmes.

Opérations qui suivent la récolte. — A mesure qu'on coupe les tiges, on les réunit en paquets qu'on suspend, les capitules en bas, pour les faire sécher en plein air.

Lorsque les fleurs sont sèches et qu'on n'a point à craindre que réunies en tas elles fermentent et s'altèrent, on les confie à de jeunes filles pour qu'elles détachent le duvet ou l'enveloppe blanchâtre qui couvre les ramifications.

Après cette opération on les met en paquets ou en bottes. On ne compte pas les tiges.

Chaque paquet a 0ᵐ,15 environ de circonférence à sa partie médiane, et doit peser de 320 à 380 grammes.

Ordinairement un kilog. contient environ 400 tiges munies chacune d'une vingtaine de fleurs.

Produit. — Chaque touffe d'immortelles produit, en moyenne, de 60 à 70 brins ou tiges portant de 20 à 30 fleurs.

Un hectare, contenant en moyenne 40,000 touffes, produit chaque année 2,400,000 à 2,800,000 tiges, 16,000 à 20,000 paquets, 5,000 à 7,000 kilog. d'immortelles.

En général, l'immortelle ne produit abondamment que tous les deux ans. Ainsi, elle fournit plus de tiges la deuxième, la quatrième, la sixième année, etc., que pendant la troisième, la cinquième, la septieme année, etc. Toutefois, les jeunes touffes, par exemple celles qui n'ont qu'une année de plantation, donnent toujours des tiges moins développées, moins garnies de ramifications et de fleurs que les pieds plus âgés.

Emballage des paquets. — On emballe les immortelles dans des caisses lorsqu'on les expédie de Toulon à Marseille, Lyon, Bordeaux et Paris. Tous les paquets y sont placés symétriquement de manière que toutes les fleurs soient en contact pour ainsi dire avec les parois intérieures.

Chaque caisse contient 100 paquets.

Valeur commerciale. — Les immortelles se vendent ordinairement au paquet.

Chaque paquet se vend de 15 à 30 centimes.

Quelquefois on les vend au poids. Le prix des 100 kilog. varie entre 30 et 45 fr.

Les négociants qui achètent les immortelles aux paquets, font souvent refaire ces derniers pour diminuer leur grosseur. Ces paquets ne contiennent alors qu'une cinquantaine de tiges, et ils pèsent environ de 120 à 130 grammes.

Immortelles à teintes artificielles. — Les immortelles se teignent de différentes couleurs. Ainsi, on les colore artificiellement en noir, en vert et en rouge ponceau. Cette dernière nuance est très-belle et la plus en vogue dans les contrées méridionales. On l'obtient au moyen d'une dissolution de borax.

Les prix des immortelles teintes varient suivant les couleurs.

Usages. — Ces fleurs servent à faire des couronnes et des bouquets. Elles ont la propriété de conserver longtemps leur forme et leur brillante couleur naturelle.

CALENDRIER AIDE-MÉMOIRE

ou

TABLEAU SYNTHÉTIQUE DES TRAVAUX A EXÉCUTER
MENSUELLEMENT.

*(Le nombre qui précède chaque article indique la page qu'il faut
consulter.)*

JANVIER.

Soins d'entretien.

300. Faire écouler les eaux stagnantes dans les champs de
roseau.
 64. Préparer les terres pour le pavot œillette.
182. Labourer les terres qu'on destine à la maurelle.
333. Abriter les cardères avec du fumier pailleux.

Récolte.

302. Récolter le bambou.

FÉVRIER.

Semailles.

321. Semer le fenugrec (Centre).
182. — la maurelle.
169. — le pastel.
 67. — le pavot œillette.
287. — la soude.

Plantation.

227. Planter les racines de garance.

Soins d'entretien.

Continuer la préparation des terres destinées aux semis de printemps.
221. Terminer la préparation des garancières.
237. Rateler les anciennes garancières.

Récolte.

302. Récolter le bambou.

MARS.

Semailles.

321. Semer le fenugrec (région du Centre).
320.   — la cardère (région du Nord).
227.   — la garance.
261.   — le carthame (région du Midi).
 93.   — le colza de printemps.
205.   — l'indigotier.
316.   — la moutarde noire.
 67.   — le pavot œillette.
192.   — la persicaire des teinturiers (région du Midi).
169.   — le pastel.
108.   — le ricin (région du Midi).
287.   — la soude.

Plantations.

272. Planter le cactus à cochenilles.
227.   — les racines de garance.
345. Transplanter les boutures d'immortelle.
170.   —   le pastel.

236. Labourer les garancières.
333. Biner les cardères.
 24. — le colza d'hiver.
 70. — le pavot.
183. — la maurelle.
 25. Écimer le colza.
334. Enlever les drageons des cardères.
273. Tailler les nopals.

AVRIL.

Semailles.

117. Semer l'arachide.
 88. — la cameline (région du Midi).
330. — la cardère (région du Nord).
307. — la chicorée à café.
 93. — le colza de printemps.
261. — le carthame.
227. — la garance.
205. — l'indigotier.
 99. — le madia.
316. — la moutarde noire.
 96. — la navette de printemps.
192. — la persicaire des teinturiers (région du Centre).
108. — le ricin (région du Midi).
123. — le sésame.
127. — le soleil.
 67. Terminer les semis de pavot œillette.

Plantations.

193. Transplanter le pastel (région du Midi).
272. Planter le cactus à cochenilles.

Soins d'entretien.

 24. Biner le colza d'hiver.
 70. — le pavot œillette.

170. Biner le pastel.
234.   — la garance.
332.   — la cardère.
334. Enlever les drageons de la cardère.
 25. Étêter le colza.
333.   — la cardère.
 70. Éclaircir le pavot œillette.
146. Préparer les terres pour le safran.

MAI.

Semailles.

261. Semer le carthame (région du Nord).
307.   — la chicorée à café.
117.   — l'arachide.
 93.   — le colza de mars.
 99.   — le madia (région du Nord).
 96.   — la navette de printemps.
 88.   — la cameline (région du Nord et de l'Est).
123.   — le sésame.
293.   — le sorgho à balais.

Plantations.

193. Transplanter la persicaire (région du Centre).

Soins d'entretien.

 70. Biner le pavot œillette.
171.   — le pastel.
183.   — la maurelle.
308.   — la chicorée à café.
109.   — le ricin.
206.   — l'indigotier.
118.   — l'arachide.
 70. Éclaircir le pavot œillette.
333. Étêter la cardère.

Récoltes.

49. Récolter la navette d'hiver (région du Midi).
346.   —   l'immortelle d'Orient.

JUIN.

Semailles.

9. Semer le colza d'hiver (région de l'Ouest).
88.   — la cameline (région de l'Est et du Nord).
93.   — la navette d'été.
117.   — l'arachide.

Plantations.

147. Planter le safran (région du midi).
193. Transplanter la persicaire des teinturiers (région du Centre).

Soins d'entretien.

308. Biner la chicorée à café.
262.   — le carthame.
332.   — la cardère.
171.   — le pastel.
194.   — la persicaire des teinturiers.
194.   — le sésame.
109.   — le ricin.
194. Arroser la persicaire.
205.   — l'indigotier.

Récoltes.

27. Récolter le colza d'hiver.
347.   —   l'immortelle.
100.   —   le madia (région du Midi).
137.   —   la gaude.
173.   —   le pastel.
72.   —   le pavot œillette (région du Midi).

49. Récolter la navette d'hiver (région du Nord).
177. — les graines de pastel.
157. Arracher les oignons dans les vieilles safranières.

JUILLET.

Semailles.

9. Semer le colza d'hiver (région du Nord).
135. — la gaude d'automne.

Plantations.

147. Planter les bulbes de safran (région du Centre).
345. Bouturer les immortelles.

Soins d'entretien.

7. Préparer les terres pour le colza.
10. — les terres pour les pépinières de colza.
332. Biner la cardère.
149. — le safran.
195. — la persicaire des teinturiers.
118. Arroser l'arachide.
171. — le pastel.
109. — le ricin.
235. — la garance.
332. — la cardère.
89. Sarcler la cameline.
332. Butter la cardère.
294. — le sorgho à balais.

Récoltes.

27. Récolter le colza d'hiver.
93. — le colza de printemps.
262. — le carthame.
137. — la gaude.
195. — la persicaire des teinturiers.

321. Récolter le fenugrec.
317.   —   la moutarde noire.
336.   —   la cardère.
173.   —   le pastel.
100.   —   le madia.
287.   —   la soude.
283.   —   le sumac.
157. Arracher les bulbes dans les vieilles safranières.

AOUT.

Semailles.

  9. Semer le colza d'hiver.
135.   —   la gaude.

Plantation.

147. Planter le safran.

Soins d'entretien.

108. Arroser l'arachide.
109.   —   le ricin.
235.   —   la garance.
171.   —   le pastel.
149. Biner le safran.
137.   —   la gaude.
294. Butter le sorgho à balais.
239. Faucher les tiges de garance.

Récoltes.

262. Récolter le carthame.
 94.   —   le colza de mars.
336.   —   la cardère.
311.   —   les graines de chicorée à café.
137.   —   la gaude de printemps.
 89.   —   la cameline.

72. Récolter le pavot œillette.
183. — la maurelle.
237. — les graines de garance.
96. — la navette d'été.
321. — le fenugrec.
317. — la moutarde noire.
195. — la persicaire des teinturiers.
173. — le pastel.
124. — le sésame.
287. — la soude.
283. — le sumac.
240. Arracher les racines de garance.

SEPTEMBRE.

Semailles.

330. Semer la cardère (région du Midi).
47. — la navette d'hiver.
169. — le pastel.
9. — le colza (région du Sud-Ouest).

Plantations.

14. Planter le colza (région du Nord).
331. Transplanter la cardère (région du Nord).

Soins d'entretien.

23. Éclaircir le colza semé en place.
48. — la navette d'hiver.
332. Butter la cardère.
136. Biner la gaude.
23. — le colza semé en place.
239. Faucher les tiges de garance.

Récoltes.

308. Récolter la chicorée à café.
262. — le carthame.

137. Récolter la gaude de mars.
 89.   —   la cameline.
 96.   —   la navette d'été.
118.   —   l'arachide.
240.   —   la garance.
195.   —   la persicaire des teinturiers.
173.   —   le pastel.
109.   —   le ricin.
295.   —   le sorgho à balais.
124.   —   le sésame.
128.   —   le soleil.
287.   —   la soude.
237.   —   les graines de garance.

OCTOBRE.

Semailles.

330. Semer la cardère (région du Midi).
135.   —   la gaude (région du Midi).
 99.   —   le madia (région du Midi).
 67.   —   le pavot (région du Midi).
287.   —   la soude (région du Midi).
321.   —   le fenugrec (région du Midi).
169.   —   le pastel.
 48.   —   la navette.

Plantations.

170. Transplanter le pastel.
302. Planter le bambou.
300.   —   le roseau à canne.
 14.   —   le colza.

Récoltes.

118. Récolter l'arachide.
173.   —   le pastel.
240.   —   la garance.

183. Récolter la maurelle.
128.   —   le soleil.
295.   —   le sorgho à balais (région de l'Ouest).
109.   —   le ricin.
150.   —   le safran.

Soins d'entretien.

333. Butter la cardère.
 23. Biner le colza.
 48. Éclaircir la navette.
 21. Paloter le colza (région du Nord).
156. Biner le safran (région du Centre).

NOVEMBRE.

Semailles.

205. Semer l'indigotier.
135.   —   la gaude (région du Midi).
 99.   —   le madia (région du Midi).
 67.   —   le pavot (région du Midi).
287.   —   la soude.
169.   —   le pastel.

Plantations.

231. Planter la garance.
272.   —   les nopals ou cactus.
283.   —   le sumac.
302.   —   le bambou.
300.   —   le roseau à quenouilles.

Soins d'entretien.

156. Biner le safran (région du Centre).
235. Butter la garance.
170. Biner le pastel.
171. Éclaircir le pastel.
 21. Paloter le colza (région du Nord),

Récoltes.

150. Récolter le safran (région du Midi).
109.   —   le ricin.

DÉCEMBRE.

Semailles.

205. Semer l'indigotier.

Plantations.

231. Planter la garance (région du Midi).
272.   —   les nopals ou cactus.
283.   —   le sumac.

Soins d'entretien.

Labourer les terres qu'on destine aux cultures du printemps.
Conduire du fumier sur les terres labourées.
156. Biner le safran (région du Midi).

BIBLIOGRAPHIE DES PLANTES INDUSTRIELLES.

A. — Traités généraux.

Culture des plantes économiques, par Schwertz ; Paris, in-8°, 1847.

B. — Traités spéciaux.

1ª Plantes oléagineuses.

De la culture du colza, par Hotton ; Paris, in-8°, 1832.

Culture du colza, par du Moncel ; Paris, in-8°, 1850.

Culture de la julienne, par Sonnini ; Paris, in-8°, 1804.

Culture des plantes oléagineuses, par Le Docte ; Bruxelles, in-12, 1852.

Expérience de l'arachide dans les landes, par *** ; Mont-de-Marsan, in-8°, 1802.

Instruction sur la culture de l'œillette, par *** ; Paris, in-8°.

Instruction sur la culture de la navette d'été, par *** ; Paris, in-8°.

Instruction sur le pavot, sa culture et son huile, par Tessier ; Paris, in-8°, 1820.

Mémoire sur la culture de l'arachide, par Tenore ; in-8°, 1807.

Mémoire sur la culture du colza dans le Berry, par Turin ; Bourges, in-8°, 1847.

Mémoire sur la culture du colza dans le Lot-et-Garonne, la Gironde, etc., par J.-A. Fabre ; Bordeaux, in-8°, 1842.

Notice sur l'arachide, par Frémont; Poitiers, in-8°, 1804.

Notice sur le madia, par Philippar; Paris, in-8°, 1840.

Traité de l'arachide, par Sonnini; Paris, in-8°, 1808.

Traité de la meilleure manière de cultiver la navette et le colza, par Rozier; Paris, in-8°, 1774.

2° Plantes tinctoriales.

Culture de la cochenille en Algérie, par Guérin-Menneville; Paris, in-8°, 1850.

Description de la culture de la garance, par Verplanker; Bruxelles, in-8°, 1835.

Discours sur le cultivement du safran de Larochefoucauld, par ***; Poitiers, in-4°, 1567.

Du carthame ou safran bâtard, par d'Ozonzo Gabrielle Costa; Alger, in-8°, 1845.

Du pastel et de l'indigotier, par de Lasteyrie; Paris, in-8°, 1811.

Essai sur la culture, le commerce des garances de Vaucluse, par J. Bastet; Orange, in-8°, 1836.

Études sur les plantes indigolifères en général, et particulièrement sur le polygonum tinctorium, par N. Joly; Montpellier, in-8°, 1839.

Guide pour la culture des garances en Limagne, par Laur; Paris, in-8°, 1842.

Instruction sur la culture de la garance, par Colbert; Paris, in-4°, 1671.

Instruction sur la culture de la garance, par Dambourney; Rouen, in-4°, 1771.

Instruction sur la culture et la préparation du pastel, et sur l'art d'extraire l'indigo de ses feuilles, par ***; Lille, in-12, 1812.

Le parfait indigotier ou description de l'indigo, par Élie Monnereau; Marseille, in-12, 1765.

Mémoire sur la culture des indigotifères, par Perrotet; Paris, in-8°, 1832.

Mémoire sur les indigotifères du Bengale, par J. Saint-Hilaire; Paris, in-8°, 1816.

Mémoire sur la culture de la garance, par Althen; Amiens, in-4°, 1772.

Mémoire sur la culture de la garance, par de Gasparin; Toulouse, in-8°, 1824.

Mémoire sur la garance et sa culture, par Duhamel; Paris, in-4°, 1757.

Mémoire sur la garance, par J. Gerber et E. Dolfus; Paris, in-8°, 1853.

Mémoire sur la renouée des teinturiers, par Philippar et Colin; Versailles, in-8°, 1840.

Mémoire sur le safran, par de La Taille des Essarts; Orléans, in-8°, 1766.

Notice sur le pastel, par Puymaurin; Paris, in-8°, 1813.

Observations sur la culture de la gaude, par Mordret; Paris, in-4°, 1794.

Observations sur la culture et la préparation qu'on fait en Languedoc du pastel, par *** ; in-8°, 1757.

Rapport sur le polygonum tinctorium, par Marguerin; in-8°, 1840.

Recherches physiologiques sur la garance, par Decaisne; Bruxelles, in-8°, 1837.

Traité sur la culture de la garance, par J. O.; Marseille, in-8°, 1827.

Traité de la garance, par Lesbos de La Versanne; Paris, in-8°, 1768.

Traité de la culture du nopal et de l'éducation de la cochenille dans les colonies françaises de l'Amérique, par Thierry de Menonville; Paris, 2 vol., in-8°, 1787.

Traité de la culture du pastel et par l'extraction de son indigo, par Giobert ; Paris, in-8°, 1813.

Traité sur le safran du Gatinais, par Conrad et Waldmann, Paris, in-8°, 1846.

C. — **Plantes diverses.**

Mémoire sur la culture de la soude dans les Bouches-du-Rhône, par Paris ; Paris, in-8°, 1810.

Études sur le bambou, par Verdier-Latour ; Alger, in-8°, 1843.

De l'importance de la culture de la racine de chicorée en France, par Géenen ; Paris, in-4°, 1819.

FIN DE LA PREMIÈRE PARTIE DES PLANTES INDUSTRIELLES.

APPENDICE.

Page 6. — **Colza.**

En 1788, on cultivait aux environs de Lille trois variétés de colza:
1° *le colza à fleur blanche*, variété qu'on avait introduite en Flandre
en 1758; 2° *le colza chaud* qui avait une fleur jaune; 3° *le colza froid*
dont la tige était plus élevée et plus forte que celles des variétés
précédentes; cette variété avait aussi une fleur jaune. On reprochait
au colza à fleur blanche et au colza chaud d'avoir des ramifications
presque à fleur de terre; ces deux variétés étaient fort peu cultivées.
En 1797, les cultivateurs belges donnaient la préférence au *colza
chaud.*

D'après un mémoire publié en avril 1770, le *colza chaud* mûris-
sait quinze jours plus tôt que le *colza froid.* Le premier arrivait à
maturité à la Saint-Jean.

On croit généralement que les graines du *colza parapluie* contiennent moins d'huile que les semences du *colza ordinaire.* Les résultats
de deux analyses faites par M. Bénard, pharmacien à Amiens,
prouvent que cette opinion n'est pas exacte. Voici les chiffres obtenus
par M. Benard :

100 de graine sont donné :

     Colza parapluie...................... 37,80 d'huile.
       — ordinaire...................... 37,15   —

Ces chiffres démontrent la faute que commettent les fabricants
d'huile qui refusent d'acheter au prix de la cote commerciale les
graines de colza parapluie.

Page 16. — **Colza.**

M. Pigeon, cultivateur aux Graviers, près Villepreux (Seine-et-
Oise), a fait planter cette année son colza suivant un procédé

nouveau. Tous les ouvriers suivaient la charrue comme s'il avait été question d'une plantation de pommes de terre. Des femmes les précédaient et posaient des plants sur la dernière bande renversée par la charrue. Par cette méthode la terre n'a été nullement piétinée ou tassée par les planteurs, et les mottes, qui ont une si grande influence sur le colza pendant les gelées, sont restées telles que la charrue les avaient formées au mois d'octobre.

Page 43. — **Colza.**

M. Morrière a publié le compte suivant d'une culture de colza dans la plaine de Caen :

Dépenses par hectare....................	588 fr. 13 c.
Produit brut...........................	750 »
Bénéfice par hectare..	161 87
Prix de revient de l'hectolitre.............	19 60
Prix de vente de 1847 à 1854....	25 »
Bénéfice par hectolitre...................	5 40

Page 104. — **Ricin.**

M. Hardy espace le ricin en Algérie à 2 mètres de distance. Il a récolté en juin sur du ricin de deux ans ainsi planté, 3220 kilogr. de graines par hectare.

Page 155. — **Safran.**

« Ordonnance de Henri II, en date du 18 mars 1550 et enregistrée au parlement le 12 juin 1551.

Henry, etc.... comme entre les fertilitez, pays, terres, et seigneuries, et mesmement au pays d'Albigeois, Lauragnes et Angoumois, y croit grande quantité de saffrans de pareille, en plus grande beauté, que ceux qui croissent en autres pays étrangers, et partant les marchands d'Allemagne et d'ailleurs ont toujours accoutumé d'en venir acheter, même en nos foires de Lion, pour les mener en leur pays, et en ce faisant laissent en notre dit royaume par chacun an, plus de deux ou trois cent mille livres, outre les droits de nos gabelles, et autres droits qu'ils nous payent, et pour obvier aux abus qui pourroient empêcher le cours desdites marchandises, soit expressément défendu par les priviléges desdites foires et plusieurs

nos édits, à toute personne de notre royaume, pays, terre et seigneuries, et autres fréquentans ou iceux, de déguiser, sophistiquer
ou altérer lesdites marchandises à ce que tous marchands étrangers
ayant meilleur vouloir et assurance de les venir enlever et achepter en
leur propre bonté et valleur naturelle, sans ce qu'ils ayent occasion
d'en divertir et d'en aller chercher et acheter hors de notre royaume,
toutes fois nous ayant été duement averti que depuis quelques
temps en ça s'est trouvé certain nombre dudit saffran qui a été altéré,
déguisé et sophistiqué, et chargé d'huile, miel, moulx et autres
mixions et sophistications, afin que ledit saffran, qui se vend au
poids, se trouve plus pesant, encore y mettent plusieurs autres
herbes approchant de la couleur et des chairs de bœufs recuites et
effilandrées..., à quoi avons bien voulu obvier à tels abus..., fais
et faisons par ces présentes inhibitions et deffenses à tous de quelque
état, qualité et condition qu'ils soient de faire lesdites mixions et
autres quelconques esdits saffrans pour altérer les vraie, propre et
naturelle bonté, et ce sur peine de confiscation desdits saffrans, que
nous voulons être ars et brulez en plein marché et lieu public, et sur
peine corporelle sur ceux qui auront altéré et corrompu lesdits
saffrans et d'amande arbitraire : et neanmoins à ce que nos officiers
en puissent avoir plus prompte et facile connoissance et révélation,
nous voulons et ordonnons que les dénonciateurs qui découvriront
révelleront lesdits abus , faussetez et du profit qui proviendra des
confiscations, condamnations et amandes.... sophistifications de marchandises, ayent et leur soit adjugé la tierce partie du profit qui proviendra des confiscations, condamnations et amendes....

Page 150. — **Maurelle.**

C'est M. Clergame qui a constaté pour la première fois, en 1808,
que la maurelle se propageait par semence et qu'on pouvait la cultiver
aux environs de Gallargues.

Page 165. — **Pastel.**

L'ordonnance de Charles Le Bel du 13 décembre 1334, relative aux
exportations, contient, article 7, les lignes suivantes :

« Guedes pour chacun vingt sols, on paiera quatre deniers et au-
dessus de vingt sols, néant. »

Cet impôt prouve qu'on exportait à cette époque du pastel hors de la France.

On lit dans une ordonnance de Jean II, en date de 1350 :

« Nuls laboureurs de houe ne pourront labourer de houe ou de bêche qu'en vignes, excepté les terres où les chevaux ne pourroient labourer, et aussi les terres à guesdes et cortillages. » (Titre **XX**.)

Page 201. — **Indigotier**.

On pense que l'indigotier argenté (*indigofera argentea*,) est l'espèce qui présente le plus de chances de réussite en Algérie.

Cet indigotier, au dire de M. Pietro Greco, est cultivé dans la province de Reggio.

On le coupe quand les 2/3 de ses fleurs sont épanouies.

Page 214. — **Garance**.

Arrest du conseil d'État séant à Versailles le 24 février 1756 :

« Le roi était en son conseil d'État, a ordonné et ordonne que ceux qui voudront entreprendre de cultiver des plantations de garence dans des marais et autres lieux de pareille nature qui ne sont point cultivées, ne pourront, pendant vingt années, à compter du jour que les desséchements et défrichements auront été commencés, être imposés à la taille, eux ni ceux qui seront employés à la dite exploitation, pour raison de la propriété, ou du profit à faire sur l'exploitation desdits marais et terres cultivées en garence.... Ordonne Sa Majesté, qu'en outre ils jouiront de tous les priviléges portés par l'édit de 1607 et sur la déclaration de 1641, en faveur des entrepreneurs des desséchements. »

Page 236. — **Gárance**.

Lorsque les racines de garance sont bien sèches, on les soumet à l'action d'une *meule à rober*, afin d'enlever à la garance ou alizari la terre qui lui est adhérente et la pellicule qui l'enveloppe. Cette opération fait perdre à la racine 5 à 6 pour 100 de son poids, déchet qu'il faut ajouter à une perte de 18 pour 100 qu'elle subit en se desséchant. Au moyen d'un blutoir grossier, on obtient la racine pure qu'on soumet immédiatement à l'action de meules verticales qui la convertissent en une poudre d'un brun rouge d'une grande finesse.

C'est par l'eau et l'acide sulfurique qu'on extrait de la poudre le produit appelé *garancine*. Voici comment on opère : on verse la poudre dans de grands filtres de laine contenus dans des caisses en bois ou en plomb ; on la lave à grandes eaux afin que celles-ci entraînent la *partie sucrée*. Les eaux de lavage arrivent dans des cuves en pierre où elles fermentent presque toutes seules. Alors on en extrait 5 à 6 pour 100 *d'alcool*. Quand la garancine a perdu sa partie sucrée, on la met dans des chaudières en cuivre ou des tonnes en bois avec un mélange d'eau et d'acide sulfurique ; cet acide dissout les parties mucilagineuses et s'empare de la partie colorante jaune. Alors on désacidule l'eau en lavant de nouveau la garance dans les filtres. Quand la désacidulation est complète, on met la garance dans des cabas et on soumet ceux-ci à l'action d'une presse hydraulique. Les galettes qu'on en retire ont $0^m,20$ d'épaisseur ; on les porte ensuite dans une étuve où elles sèchent sur des claies. Dès qu'elles ne contiennent plus d'eau, on les réduit en poudre au moyen de meules ; on emballe cette poudre dans des barriques.

Page 259. — **Carthame.**

Dans les environs de Naples on sème le carthame à la volée, en mars ou avril. Suivant M. D'Oronzo Gabrielle-Costa, il épanouit ses fleurs dans la contrée de Lecée, soit à la fin de juin, soit dans les premiers jours de juillet. On récolte les fleurs après la rosée, quand elles sont bien ouvertes, contrairement à ce qu'a écrit A. Thouin. On les dessèche dans un lieu abrité du soleil.

Cette plante est attaquée par le *curculio carthami*, OLIV., insecte qui a été importé dans le royaume de Naples, et surtout dans la province d'Otrante, par des graines venues d'Égypte. On le détruit en exposant les semences au soleil ; alors il sort de la graine et on le ramasse pour l'écraser.

Un hectare produit 254 kilog. de carthame au prix moyen de 2 fr. le kilog.

M. Hardy a constaté à Alger qu'on devait récolter les fleurs du carthame tous les quatre à cinq jours, et les renfermer dans des sacs quand elles sont sèches, pour que l'air n'altère pas leur couleur.

La récolte d'un hectare exige trente journées d'enfant.

Les pétales fournissent seules la matière rouge : celle-ci y existe dans la proportion de 15 pour 100.

Le carthame d'Égypte de première qualité ou *safranon beledy* se récolte aux environs du Caire ; celui de deuxième qualité ou *safranon sheblaouy* se récolte sur les terrains en remontant le Nil. Le carthame de troisième qualité porte le nom de *safranon de Saydy* où on le cultive.

Page 271. — **Cactus à cochenilles.**

La culture du cactus à cochenilles a lieu très en grand aux îles de Lancerote, Fostaventure, Canaries, Palma et Ténériffe (Îles des Canaries).

M. Hardy a constaté qu'il fallait planter 5000 de boutures de nopal par hectare. Voici le compte qu'il a donné d'une nopalerie.

Années.	*Dépenses.*	
1re	Plantation d'un hectare....	4700 fr. »
2e	Entretien et plantation d'un hectare....	8957 »
3e	— — —	8700 »
4e	Récolte et soins d'entretien....	5000 »
5e	— — —	7000 »
6e	— — —	7280 »
7e	— — —	7360 »
	Total....	48997 fr. »

Recettes.		
3e	Récolte de la plantation de la 1re année....	19239 fr. »
4e	— — de la 2e année....	19239 »
5e	— des plantations de la 1re et 3e année....	38478
6e	— de la plantation de la 2e année....	19239 »
7e	— — de la 3e année....	19239 »
	Total....	115434 fr. »

Ce qui donne un bénéfice de 66,437 fr., soit 9,776 fr. par an et par hectare 3,258 fr.

Page 280. — **Jujubier.**

M. E. Latour a extrait en 1857 une matière colorante rouge, du bois de jujubier (*Ziziphus, sativus* L) qui croît à l'état sauvage dans les plaines et les terrains sablonneux de l'Afrique. Le bois de jujubier rouge en contient 10 pour 100. Cette matière est d'un beau rouge carminé et elle est très-soluble.

Page 280. — **Lawsonie.**

Le *henné tamru* est très-cultivé dans les jardins qui avoisinent les grandes villes d'Égypte. Ses fleurs développent une odeur forte; mais qui plaît aux femmes. On les distille pour en obtenir une eau qui sert dans les bains ou à parfumer les vêtements.

Le *henné kenani* est celui qui fournit la poudre avec laquelle les peuples de l'Afrique se teignent en rouge la paume de la main, etc. La couleur produite par le henné ne s'efface qu'à force de lavages, après trente ou quarante jours.

Les tiges sèches de cet arbrisseau servent aux Égyptiens à faire des paniers très-solides mais communs.

Page 282. — **Sumac.**

Le sumac le plus estimé est récolté dans le Val de Mazacca, aux environs de Carini dans le royaume de Naples.

M. F. Marini recommande de planter le sumac en lignes à la distance de 0^m,50 à 0^m,60 en tous sens. Après la plantation qu'on opère en décembre ou janvier, on rabat les plants à 0^m,30 au-dessus du collet. L'année suivante, on taille de nouveau en janvier ou en février, et on donne un labour à la houe. La récolte a lieu à la fin de juillet ou au commencement d'août.

Le sumac de Carini se vend sur place 18 fr. les 100 kilog.; ceux de Malaga et de Porto ne valent sur les lieux de production que de 10 à 15 fr. le même poids.

En Algérie on le vend de 20 à 22 fr.

Page 302. — **Bambou.**

M. Hardy plante le bambou en Algérie depuis le 15 de mars jusqu'au 15 de mai.

Page 306. — **Chicorée à café.**

J'ai dit que la chicorée à café était très-épuisante. Au commencement de ce siècle la commission des hospices de Lille insérait la clause suivante dans les baux qu'elle renouvelait : *Le fermier n'ensemencera ni ne fera ensemencer aucune desdites parties de terre en chicorée, à peine de résiliation de bail.*

Page 311. — Chicorée à café.

Les touraillons valent 3 fr. les 100 kilog.

La poudre de qualité supérieure se vend de 65 à 70 fr. les 100 kilog.

Page 315. — Moutarde.

La moutarde noire est très-cultivée dans le département du Bas-Rhin. On cultive à Strasbourg, et principalement dans le canton de Gevry, une sous-race à graine rougeâtre qu'on préfère à la moutarde noire parce que ses semences sont plus grosses.

TABLE ALPHABÉTIQUE

DES PLANTES MENTIONNÉES DANS CE VOLUME.

(Les *noms latins* ou *scientifiques* sont en *italique*; *les genres* formant des sections ont été imprimés en petites *normandes*.)

FIN DE LA TABLE ALPHABÉTIQUE.

TABLE DES MATIÈRES.

LIVRE II.

Plantes tinctoriales.

LIVRE III.

Plantes salifères.

LIVRE IV.

Plantes à balais.

LIVRE V.

Plantes à cannes.

LIVRE VI.

Plantes condimentaires.

LIVRE VII.

Plantes à cardes.

LIVRE VIII.

Plantes d'ornement funéraire.

FIN DE LA TABLE DES MATIÈRES.

9 782329 255811